Kompendium der Chronologie

HANS-ULRICH KELLER

Kompendium der Chronologie

EINE EINFÜHRUNG
IN DIE WISSENSCHAFT
VON DER ZEIT

KOSMOS

☞ *Inhalt*

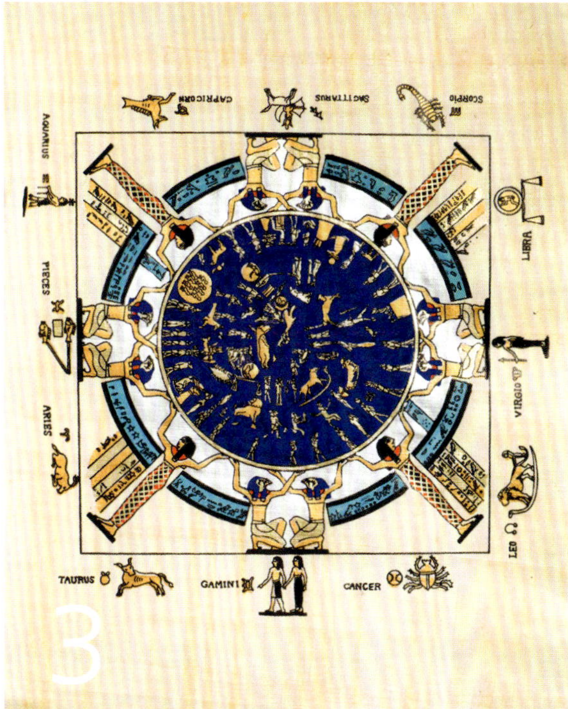
TAURUS
GAMINI
CANCER
3

4

5

6

7

ZUM GELEIT

Hans-Ulrich Keller legt hier ein Kompendium vor, das den Leserinnen und Lesern einen gediegenen Überblick über die zahlreichen Aspekte bietet, die mit dem Begriff „Zeit" verbunden sind.

Das Kompendium führt ein
— in das Wesen der Zeit überhaupt,
— in die Grundbegriffe der astronomischen Zeitbestimmung,
— in die Historische Chronologie vom ägyptischen über den römischen zum neuzeitlichen Kalender,
— in die verschiedenen Zeitskalen wie etwa die Weltzeit und die Zonenzeit.

Hier kann der Leser sich eine Vorstellung von den komplizierten Methoden historischer und moderner Zeitmessung verschaffen und erfährt, mit welchen Zeitbegriffen die Physik heute arbeitet. Auch die Zeit als biologische und psychologische Erscheinung findet hier Berücksichtigung.

Lange Zeit – *sit venia verbo* – ist es her, dass Hans-Ulrich Keller und ich uns darüber unterhielten, wie sonderbar es ist, dass das Wort „Zeit" in der Öffentlichkeit omnipräsent ist, aber oft unreflektiert und unhinterfragt, und der Meinung waren, dass gerade Studierende – zumal in den Geschichtswissenschaften – sich darüber bewusst Klarheit verschaffen sollten, was „Zeit" ist und was „Zeit" kann. Wünschenswert war deshalb ein praktisches Kompendium, das hierzu die notwendige Anleitung gibt.
Ein solches Kompendium, das Hans-Ulrich Keller schon damals im Sinn hatte, liegt jetzt vor und spricht in seiner unprätentiösen, griffigen, anschaulichen Sprache jede und jeden an, die und der irgendwann über Begriffe wie „lange Zeit", „schwere Zeit", „glückliche Zeit", „zeitlos" oder „eine Zeitlang" stolpert und daher mehr darüber wissen will sowie sich überhaupt authentisch über alles informieren möchte, was „Zeit" bedeutet.
Prof. Dr. Hans-Ulrich Keller ist Gründungsdirektor des Carl-Zeiss-Planetariums Stuttgart (1976–2008) und ist Honorarprofessor für Astronomie der Fakultät für Luft- und Raumfahrttechnik an der Universität Stuttgart. Er gibt seit 1982 das beim Kosmos-Verlag erscheinende Himmelsjahr heraus, und publiziert u.a. immer wieder in der „Stuttgarter Zeitung" aktuell interessierende astronomische Erscheinungen wie besondere Sternkonstellationen, Planeten, Kometen und Asteroiden, deren einer 2006 von der Internationalen Astronomischen Union nach Hans-Ulrich Keller „Hukeller" benannt wurde, um seine Verdienste um die Astronomie in Forschung und Publizistik zu würdigen.

Prof. Dr. Eckart Olshausen
Emeritierter Ordinarius für Alte Geschichte an der Universität Stuttgart

VORWORT

Die Zeit – ein Welträtsel! Gibt es sie überhaupt oder ist sie nur eine Illusion, wenn auch eine hartnäckige, wie Albert Einstein einst meinte? Seit Jahrtausenden haben große Geister versucht, das Wesen der Zeit zu ergründen. Für die meisten Menschen ist die Zeit etwas Alltägliches. Sie benutzen Uhren und Kalender, um den Ablauf der Zeit zu erfassen und ihr tägliches Leben zu strukturieren. Der Wechsel von hellem Tag und dunkler Nacht, die verschiedenen Lichtgestalten des Mondes und die Abfolge der Jahreszeiten beruhen auf astronomischen Vorgängen. Schon in ferner Vergangenheit haben die Astronomen aus dem

Lauf der Gestirne versucht, den Zeitablauf zu erfassen, die Zeit einzuteilen und Kalender aufzustellen. Schon in der Antike hatte man erstaunlich präzise Kenntnisse von Himmelserscheinungen und wie sie zur Zeiteinteilung sowie zur Einrichtung von Kalendern zu nutzen sind.

Vorliegendes Kompendium enthält eine Zusammenfassung der Lehrinhalte der Vorlesung „Einführung in die astronomische Chronologie", die der Verfasser auf Vorschlag von Prof. Dr. Eckart Olshausen, Ordinarius für Alte Geschichte, seit Jahrzehnten an der Universität Stuttgart gehalten hat. Professor Olshausen war es auch, der den Verfasser dazu anregte, die einzelnen Vorlesungsskripten zu einem Buch zusammenzustellen. Ohne Kenntnis des Zeitablaufes und des Kalenderwesens ist eine Geschichtswissenschaft undenkbar. Die Chronologie, die Lehre von der Zeit, ist das Fundament jeder Geschichtsschreibung. Kurz: Ohne einen Zeitablauf gäbe es keine Geschichte.

Leider fehlte bisher in der deutschsprachigen Literatur eine Gesamtübersicht zum Thema „Zeit". Um Studierenden und allgemein Interessierten an Fragen zum Komplex „Zeit" einen Überblick zu verschaffen, wurde das vorliegende Kompendium der Chronologie erstellt. Es ist kein ausführliches Lehrbuch, sondern eine kurze Zusammenfassung vieler Aspekte der Zeit.

Im ersten Abschnitt dieses Buches werden die Ansichten bedeutender Wissenschaftler zu den Fragen der Zeit vorgestellt und weshalb man überhaupt zwischen Vergangenheit, Gegenwart und Zukunft unterscheiden kann. Warum können wir nicht in die Vergangenheit zurückkehren, weshalb ist ein Vorauseilen in die Zukunft nicht möglich? Niemand kann aus dem Fluss der Zeit aussteigen oder den Zeitablauf anhalten. Wie kommt der Zeitpfeil zustande?

Der zweite Abschnitt ist den Grundlagen der astronomischen Zeitbestimmung gewidmet. Im dritten Teil werden die verschiedenen Kalendersysteme und ihre Anwendung bei Ägyptern, Babyloniern, Griechen, Römern, Chinesen, Japanern, Mayas, Azteken u.a. vorgestellt. Jüdischer und Islamischer Kalender sowie der Julianische und der Gregorianische Kalender, der heute weltweit in Gebrauch ist, werden erläutert. Auch die neuzeitlichen Reformversuche (französischer und sowjetischer Revolutionskalender, Weltkalender) und ihr Scheitern werden kurz gestreift. Ferner werden die Kalenderzyklen wie Sonnenzirkel, Goldene Zahl, Epakte und Indiktion und ihre Bedeutung erklärt.

Der vierte Abschnitt stellt die verschiedenen Zeitskalen vor: Sonnenzeit, Sternzeit, Weltzeit und Zonenzeiten, Ephemeridenzeit und Atomzeitskala sowie die Julianische Periode mit ihrer durchlaufenden Tageszählung.

Der fünfte Abschnitt stellt die verschiedenen Methoden der Zeitmessung von Sonnenuhren, Pendeluhren bis zu modernen Atomuhren vor.

Die Rolle der Zeit in der Physik von der klassischen Mechanik über die Relativitätstheorien bis zur Quantenmechanik wird im sechsten Teil besprochen.

Der siebente Teil behandelt kurz die Chronobiologie einschließlich der psychologischen Aspekte des subjektiven Zeiterlebens.

Im achten Teil werden als Anhang die Ostertermine und ihre Berechnung erläutert, historische Sonnen- und Mondfinsternisse gelistet, ferner wichtige chronologische Begriffe erklärt und Akronyme aufgeführt.

Ein Literaturverzeichnis und ein Register stehen am Ende des Buches.

Das *Kompendium der Chronologie* möge als Leitfaden zur Orientierung im unumkehrbaren Strom der Zeit dienen, der uns alle mitreißt und aus dem niemand aussteigen kann.

Hans-Ulrich Keller
Stuttgart, im August 2022

1. GRUNDGEDANKEN ZUR ZEIT

1.1 DAS PHÄNOMEN DER ZEIT

Die Zeit ist ein eigenartiges und faszinierendes Phänomen. Aber was ist Zeit? Jeder meint zu wissen, was Zeit ist. Doch niemand weiß genau zu sagen, was Zeit ist. Unaufhaltsam verrinnt die Zeit: Sekunde folgt auf Sekunde, Stunde auf Stunde, Tag auf Tag. Wir erleben den Ablauf der Zeit rein gefühlsmäßig. Die Zeit steht nicht still, sagt der Volksmund. Unerbittlich vergehen die Jahre. Die Zeit scheint zu fließen, wir treiben der Zukunft zu, die in einem undurchsichtigen Nebel erscheint.

WER KENNT SCHON DIE ZUKUNFT?

Die Zeit scheint alles zu besiegen. Nichts hält ihr stand. Alles geht eines mehr oder minder fernen Tages zu Grunde. „Tempus vincit omnia" sagten die alten Römer. Wir können die Zeit weder anhalten noch ihren Lauf umkehren. Das Rad der Zeit lässt sich nicht zurückdrehen. Wir leben in der Gegenwart, in die Vergangenheit können wir nicht zurückkehren und die Zukunft liegt vor uns, verborgen in ihrer Unbestimmtheit. „Alles fließt" sagten schon die alten Griechen.

Was also ist Zeit? Darüber ist viel spekuliert und philosophiert worden. Der große Kirchenlehrer **Aurelius Augustinus von Hippo** (354–430 n. Chr.) meinte einst in seinen Bekenntnissen: „Quid est ergo tempus? Si nemo me quaerat, scio; si quaeranti explicare velim, nescio! (Was ist aber Zeit? Wenn mich niemand danach fragt, weiß ich es. Wenn ich es aber einem Fragenden erklären will, dann weiß ich es nicht!)."

Augustinus sagte aber auch: Die Welt ist nicht *in* der Zeit entstanden, sondern Raum und Zeit wurden *mit* der Welt erschaffen. Dies ist ein Vorgriff auf die moderne Kosmologie und geht auf die Idee Platons (427–347 vor Chr.) zurück: „Die Zeit entsteht und vergeht mit der Welt."
Im Widerspruch dazu behauptet der ionische Naturphilosoph **Demokrit** von Abdera (um 200 vor Chr.): „Die Zeit ist ewig. Nicht alles auf der Welt ist entstanden."
Dieser Vorstellung schließt sich auch **Isaac Newton** (1643–1727) an mit seiner Fiktion einer absoluten Zeit. Auch **Immanuel Kant** (1724–1804) schreibt der Zeit eine absolute, unabhängige Existenz zu und zählt sie zu seinen Kategorien.
Einen Hinweis auf den physikalischen Charakter der Zeit gibt der Vorsokratiker **Anaximander** (611–546 vor Chr.): Zeit

1.1 Der Kirchenlehrer Augustinus von Hippo (354–430 nach Chr.)

1.2 Der ionische Naturphilosoph Demokrit von Abdera (470–380 vor Chr.)

1.3 Der Physiker Isaac Newton (1643–1727)

setzt immer Bewegung voraus. Ohne Bewegung gibt es weder Entstehen noch Vergehen. In der Mechanik ist Zeit gleich Weg durch Geschwindigkeit (t = s/v).
Die jüdisch-christliche Tradition übernahm die Platonsche Idee von der Endlichkeit der Zeit. Am Anfang schuf Gott Himmel und Erde. Für alles gibt es einen Anfang, also auch für die Zeit. Mit dem Ende der Welt nimmt auch die Zeit ein Ende. Es gibt einen letzten Tag aller Kalender, den „Jüngsten Tag", den Gerichtstag nach den Propheten des Alten Testaments: „Seht, der Tag des Herrn kommt…".
Ein Hinweis auf den permanenten, offensichtlich nicht beeinflussbaren Lauf der Zeit gibt **Heraklit von Ephesos** (550–483 vor Chr.): Πάντα ρεῖ („Alles fließt"). Von den alten Römern stammt der Spruch, der viele Sonnenuhren ziert: Tempus fugit! („Die Zeit flieht"). Gelegentlich heißt es auch: „Wie Schatten flieht die edle Zeit, oh Mensch, gedenk der Ewigkeit." Dass schließlich alles ein Ende und nichts ewig Bestand hat, war schon im römischen Weltreich bekannt: Tempus vincit omnia – die Zeit besiegt alles!
Auf den eiligen Lauf der Zeit weist auch **Wilhelm Busch** (1832–1908) hin: „Eins, zwei, drei im Sauseschritt läuft die Zeit, wir laufen mit."
Wie Heraklit andeutet, sind wir Gefangene der Zeit. Wir können offensichtlich den Zeitablauf weder beschleunigen noch bremsen. Die Zeit lässt sich nicht beeinflussen. Wir haben uns unseren Geburtstermin ebenso wenig ausgesucht wie den Geburtsort oder die Eltern …
Auf die Unerbittlichkeit der Zeit macht **Johann Gottfried Herder** (1744–1803) aufmerksam: „Die zwei größten Tyrannen der Erde: der Zufall und die Zeit."
„Ich habe keine Zeit", hört man oft. Doch jeder hat täglich 24 Stunden zur Verfügung. **Georg Christoph Lichtenberg** (1742–1799) stellt fest: „Die Leute, die niemals Zeit haben, tun am wenigsten." Der Termindruck wächst, wenn man erinnert wird an „Zeit ist Geld". Besinnliche Menschen finden meistens die nötige Muße, um nachzudenken, was manchmal auch zum Grübeln führt. So muntert **Ludwig Wittgenstein** (1889–1951) auf: Der Gruß der Philosophen untereinander sollte sein: „Lass dir Zeit!". Jedoch meint **Johann Wolfgang von Goethe** (1749–1832): „Nichts ist schwerer zu ertragen, als eine Reihe langer Tage." Erlebnisreiche Tage ver-

1.4 Der Physiker und Aphoristiker Georg Friedrich Lichtenberg (1742–1799)

1.5 Der Himmelsmechaniker Pierre Simon de Laplace (1749–1827)

gehen scheinbar schnell, in der Erinnerung bleibt aber eine lange Zeitspanne. Langweilige, ereignisarme Tage dagegen vergehen scheinbar kaum, in der Erinnerung bleibt jedoch eine kurze Zeitspanne. Warten kann als unerträglich lang empfunden werden. Offensichtlich gibt es ein subjektives Zeitempfinden, das sich von einem objektiven Zeitablauf unterscheidet. Auf die Relativität der Zeit weist der 2. Petrusbrief (Psalm 90, 4) hin: „Beim Herrn ist ein Tag wie tausend Jahre und tausend Jahre sind wie ein Tag."

Ist die Zukunft vorherbestimmt? Nach dem berühmten Himmelsmechaniker **Pierre Simon de Laplace** (1749–1827) ist die Zukunft determiniert. Wenn ein überragender Geist – heute als **Laplacescher Dämon** bezeichnet – zu einem bestimmten Zeitpunkt die Orts- und Impulskoordinaten aller Partikel kennt, so ist er prinzipiell in der Lage, Vergangenheit und Zukunft zu berechnen. Der **Laplacesche Dämon** muss eben über ein gutes Gedächtnis (besser: über einen enormen Datenspeicher) und über ein hervorragendes Kalkulationsvermögen verfügen. Nach Laplace ist damit das zukünftige Geschehen festgelegt. Wir kennen die Zukunft nur nicht, weil wir den physikalischen Istzustand nicht vollständig erfassen können und nicht über die nötigen Rechenkapazitäten verfügen. Bei einer deterministischen Zukunft gibt es keine Freiheitsgrade und somit letztendlich keinen freien Willen. Dieser Auffassung schließt sich auch **Friedrich Engels** (1820–1895) an. Das Weltgeschehen ist vorherbestimmt durch ewig sich bewegende und verändernde Materie – ein permanenter Kreislauf.

Laplace, Engels und ihre Anhänger irrten. Die Quantenmechanik, neben der Relativitätstheorie die zweite, revolutionäre physikalische Theorie des 20. Jahrhunderts, zeigt, dass alle Ereignisse nur mit einer bestimmten Wahrscheinlichkeit eintreten. Die Zukunft lässt sich je nach Größe eines Systems nur mit einer mehr oder minder hohen Wahrscheinlichkeit vorhersagen. Die Positionen der Planeten lassen sich auf einige tausend Jahre im Voraus recht genau angeben, eine zutreffende Wettervorhersage gelingt meist nur für einen halben Tag, das Leben eines Menschen steht in jeder Minute zur Disposition. Die Zukunft ist nicht vorherbestimmt. Sie ist offen und prinzipiell nicht mit beliebiger Genauigkeit zu errechnen.

1.6 Der Mönch Giordano Bruno (1548–1600)

1.7 Der Philosoph Ludwig Wittgenstein (1889–1951)

Grundlegende Fragen zur Zeit sind mit philosophischen Spekulationen nicht zu lösen. Fragen wie

— Warum ist der Zeitablauf nicht umkehrbar?
— Warum erscheint der Zeitpfeil als skalare Größe?
— Läuft die Zeit kontinuierlich oder in diskreten Sprüngen ab?

können nur durch physikalische Überlegungen geklärt werden.

Das Phänomen Zeit ist so komplex, dass es mit unseren Verstandeskräften wohl niemals vollständig zu erfassen sein wird. Aber die wichtigsten Eigenschaften der Zeit, vor allem ihre Messung und ihre Einteilung, lassen sich mit den Methoden der Astronomie und Physik recht gut erfassen. Astronomische Vorgänge wie der Wechsel von Tag und Nacht, der Mondlauf und das Auftreten der Jahreszeiten lassen den Ablauf der Zeit deutlich werden und ermöglichen die Aufstellung von Kalendern. Schwingungen verschiedener Art erlauben den Bau von Chronometern (Zeitmessern), landläufig als Uhren bezeichnet. Mit zunehmender Ganggenauigkeit der Uhren infolge des technischen Fortschritts erkannte man, dass astronomische Vorgänge wie beispielsweise die Erdrotation als Zeitmesser nur sehr bedingt geeignet sind und dass es eine universelle, gleichförmig ablaufende Zeit im Newtonschen Sinne nicht gibt. Der experimentelle Beweis für die Relativität der Zeit konnte mit hochpräzisen Atomuhren erbracht werden.

1.2 DER BEGRIFF DER ZEIT

Der Begriff der Zeit entwickelte sich ganz allmählich im Laufe der Menschheitsgeschichte. Als vor rund 300 000 Jahren der Homo sapiens auf der Weltbühne auftauchte, da machte er sich über das Wesen der Zeit noch keine Gedanken. Damals lebten die Menschen im wahrsten Sinne des Wortes „in den Tag hinein“. Es war die Ära der (scheinbaren) *Zeitlosigkeit* der Jäger und Sammler. Der römische Dichter **Publius Ovidius Naso** (43 vor Chr. – 18 n. Chr.) spricht vom Goldenen Zeitalter (Aurea prima sata est), die Bibel vom Paradies. Termindruck gab es in jenen längst vergangenen Tagen nicht.

Erst allmählich drang die Vorstellung vom Ablauf der Zeit in das Bewusstsein der Menschen. Mit der Sesshaftwerdung der Menschen, mit Einführung von Ackerbau und Viehzucht, von Saat und Ernte mussten Witterung und Klima beobachtet und beachtet werden. Bald wurde klar, dass viele Naturvorgänge in periodischen Zyklen ablaufen. Flüsse traten zu bestimmten Terminen über die Ufer und machten das Land fruchtbar. Für die Bewohner eines Landstrichs war es lebenswichtig, einen Überblick über den Zeitablauf zu gewinnen. Die Rhythmen der Naturphänomene zu erfassen wie Überschwemmungsperioden von Flüssen, der Wechsel von kalten und warmen Jahreszeiten sicherte den Ernteertrag und damit das Überleben. Der Zyklus von Geburt, Leben und Tod zeigte sich in der Natur allgegenwärtig.

Im Laufe der Menschheitsentwicklung erkannte man, dass sich die Gestirne offensichtlich in konstanten Perioden bewegen. Sie eignen sich darum zur Registrierung des Zeitablaufes, zur Messung und Einteilung der Zeit. Nicht nur Saat und Ernte, auch Feste und Riten bedürfen der Festlegung von Terminen. Ein System zur Kontrolle und Terminierung des Zeitablaufes stellt der Kalender dar. Ein Kalender ist nicht naturgegeben, sondern eine Erfindung der Menschheit. Drei periodische, astronomische Vorgänge liefern die wesentlichen Grundlagen für alle Kalendersysteme: Die Rotation der Erde, die den Wechsel von Hell und Dunkel bewirkt, der Lauf des Mondes um die Erde mit seinen veränderlichen Lichtgestalten und der Lauf der Erde um die Sonne, der in Kombination mit der Schrägstellung der Erdachse zu den unterschiedlichen Tageslängen, Änderungen der Mittagshöhen der Sonne sowie ihrer Auf- und Untergangspunkte und zur Klimavariation führt. Tag, Monat und Jahr sind die natürlichen Zeitspannen, um den Zeitablauf zu bestimmen und einen Kalender aufzustellen (siehe Abschnitt 3.1 auf Seite 67).

Auch astronomisch nicht weiter vorgebildete Menschen registrieren den Wechsel von Tag und Nacht, das Zu- und Abnehmen des Mondes, sowie die unterschiedlichen Tageslängen und Temperaturen im Sommer und Winter. In alten Zeiten, als es noch keine künstliche Straßenbeleuchtung gab, spielte der Mond als Leuchte der Nacht eine wichtige Rolle. Vor allem in heißen Klimazonen traf man sich nachts im Schein des Vollmondes, um Versammlungen abzuhalten. Der milde Schein des Mondes begleitete die Menschen schließlich auf ihrem Heimweg.

Auch kürzere Zeitspannen als einen Tag lassen sich in der Natur beobachten. Die Änderung der Länge und Richtung der Schatten in der freien Natur zeigt das Vorrücken der Zeit ebenso wie das Auf- und

Absteigen des Sonnenballs am Firmament. Die Beobachtung dieses Phänomens führte schließlich zum Bau von Sonnenuhren. Die rhythmischen Herzschläge eines Menschen lassen kurze Zeitspannen abschätzen. Der Wechsel von Wachzustand und Schlaf oder der Menstruationszyklus sind weitere periodische Vorgänge, die den Ablauf der Zeit bewusst werden lassen.

1.2.1 ZEIT IN DER PHYSIK

Die *Messung* der Zeit erfolgt durch fortlaufendes Zählen periodischer Vorgänge und Vergleich mit dem zu bestimmenden Ablauf eines Geschehnisses. Rund dreißig Mal wechseln Tag und Nacht, bis der Vollmond wieder am Himmel steht, oder 365 Tage und Nächte vergehen, bis der Nil wieder über die Ufer tritt. Soundso viele Herzschläge dauert es, bis ein abgeschossener Pfeil sein Ziel trifft. Die *Genauigkeit* einer Zeitmessung hängt somit direkt davon ab, wie konstant der periodische Vorgang ist, dessen Vielfache die Dauer eines Geschehens angeben. So sah man lange die Erdrotation als höchst konstanten Vorgang an und definierte als kleine Zeiteinheit die Sekunde als 86 400sten Teil eines mittleren Sonnentages (siehe Abschnitt 3.1 auf Seite 67). Biologische Rhythmen wie Herzschlag, Schlafdauer, Menstruation sind starken Schwankungen in ihrer Länge unterworfen und eignen sich daher nur sehr bedingt als Zeitmesser.

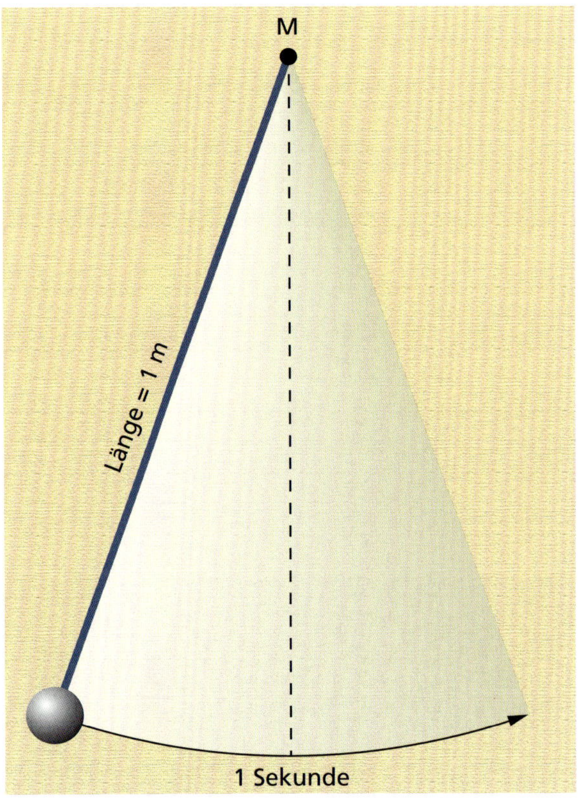

1.8 Ein ein Meter langes Pendel vollführt bei mittlerer Schwerebeschleunigung auf der Erdoberfläche eine Halbschwingung in einer Sekunde.

Zeitmesser, in allgemeinem Sprachgebrauch als *Uhren* bezeichnet, beruhen auf der Zählung periodischer, physikalischer Vorgänge wie Pendelschwingungen, Schwingungen von Quarzkristallen oder Atomen. Mit fortschreitender Zeitmesstechnik und immer genaueren Uhren stellte man beispielsweise fest, dass die Erdrotation keineswegs so konstant erfolgt wie ursprünglich angenommen, sondern dass außer kurzfristigen, jahreszeitlichen Schwankungen die Tageslänge immer mehr zunimmt, was sich zunächst in einer scheinbaren Beschleunigung der Himmelskörper (**„Akzeleration des Mondes"**) bemerkbar macht. Deshalb definiert man heute die Sekunde nicht mehr über die Erddrehung, sondern atomphysikalisch (siehe Abschnitt 4.4 auf Seite 165).
Der physikalische Zeitbegriff reduziert sich im Wesentlichen auf den Vergleich von Ereignisabläufen mit konstanten, periodischen Vorgängen, deren einzelne Perioden als Zeitnormale oder Zeitstandards angesehen werden können.
Die **Schwingungsdauer eines Pendels** wird häufig als Referenzperiode benutzt, was zur Konstruktion von Pendeluhren

geführt hat (siehe Abschnitt 5.4 auf Seite 195). Die Schwingungsdauer eines Pendels hängt von dessen Länge und der Gravitationsbeschleunigung ab. Im Schwerefeld der Erde beträgt sie somit:

$$t_p = 2\pi\sqrt{\frac{l}{g}}$$

Die Schwingungsdauer ist also umso länger, je kleiner die Gravitationsbeschleunigung g und je größer die Pendellänge l ist. Die Schwerebeschleunigung in mittleren geographischen Breiten beträgt $g = 9{,}81\ m/s^2$. Ein Pendel von einem Meter Länge hat somit eine Schwingungsdauer von 2,006 Sekunden. Eine Halbschwingung dauert also ziemlich genau eine Sekunde. Deshalb eignen sich schwingende Pendel hervorragend zur Konstruktion von Uhren. Die Zeitmessung **(Chronometrie)** erlebte mit Einführung der Pendeluhren einen gewaltigen Aufschwung, deren Konstruktion im Wesentlichen auf den niederländischen Physiker **Christian Huygens** zurückgeht (siehe Abschnitt 5.4 auf Seite 195).

In der griechischen Mythologie war Χρόνος **(Chronos)** der Gott der Zeit. Er bestimmte über das Schicksal der Menschen, vor allem über die Lebensspanne, die jedem Einzelnen zugestanden wurde und wird. Aus dem Griechischen leitet sich auch das Wort Chronologie ab, die Lehre von der Zeit (ὁ λόγος – das Wort, die Lehre).

In der Physik ist der Zeitbegriff schärfer gefasst. Die Zeit ist eine eindimensionale, skalare Größe. Im Gegensatz zu den Raumdimensionen hat sie keine Richtung, ihr fehlt der vektorielle Charakter. Wenn man dennoch den Eindruck hat, dass die Zeit in eine Richtung läuft, nämlich von der Vergangenheit über die Gegenwart in die Zukunft, so ist dies ein Phänomen, das nur in Vielteilchensystemen auftritt. Weder im Elementarteilchenbereich noch in der klassischen **Newtonschen Mechanik** „vergeht" die Zeit im landläufigen Sinne. Ein Photon oder ein Elektron altern nicht, nach einer

1.9 Der Astronom und Physiker Christian Huygens (1629–1695)

vollen Schwingung nimmt ein Pendel wieder seine Ausgangsposition ein, als wäre zwischendurch nichts passiert. Erst in einem Ensemble von vielen Teilchen lässt sich über die Entropiefunktion ein Zeitablauf, ein Vergehen der Zeit, definieren. Wir Menschen altern und müssen sterben. Dieser Vorgang ist nicht umkehrbar. Einen Jungbrunnen gibt es nicht (siehe Abschnitt 1.3 auf Seite 23)! Die Aufspaltung der Zeit in Vergangenheit, Gegenwart und Zukunft geschieht in unserem Bewusstsein. Die Entstehung dieser Vorstellungen hat etwas mit unseren Denkstrukturen zu tun. Sie zu klären ist ein weites und spannendes Forschungsfeld der Psychologie.

Die eindimensionale, skalare Zeit wird in der Physik häufig mit Raumdimensionen gekoppelt, um Vorgänge und Abläufe zu beschreiben oder darzustellen. In einem graphischen Fahrplan wird Länge (eindimensionale Raumdimension) mit Zeit kombiniert. Um die Bewegungen von Körpern im Raum zu beschreiben, verwendet man ein vierdimensionales **Raum-Zeit-Kontinuum**. Die Zeit tritt im Raum-Zeit-Kontinuum als vierte Dimension bei der Beschreibung der Weltlinie eines Partikels

1.10 Der Physiker Albert Einstein (1879–1955)

auf, sie ist aber nicht die vierte Dimension, denn sie unterscheidet sich von den Raumdimensionen.

Nach Newton existiert eine universell gültige, gleichförmig ablaufende Zeit, unabhängig von den jeweiligen konkreten Zuständen eines Systems. Die Gleichzeitigkeit von Ereignissen gilt prinzipiell in allen Raumpunkten und allen Bezugssystemen. **Albert Einstein** (1879–1955) hat jedoch gezeigt, dass eine absolute Zeit nicht existiert. Der Zeitablauf ist abhängig vom Bewegungszustand und von Kraftfeldern in einem Bezugssystem.

„Gleichzeitigkeit" ist demnach ein relativer Begriff. In einem System liegt ein Ereignis in der Vergangenheit, während es in einem anderen noch ein Zukunftsereignis ist. Schnell bewegte Uhren gehen langsamer, ebenso Uhren im Gravitationsfeld (Zeitdilatation). Eine genaue Beschreibung dieses Sachverhalts liefern die **Spezielle** und die **Allgemeine Relativitätstheorie**. Bei geringen Geschwindigkeiten und niedrigen Beschleunigungen können relativistische Effekte meist vernachlässigt werden und die Zeit kann gemäß der klassischen Vorstellung behandelt werden (siehe Abschnitt 6.1 auf Seite 209).

Eine weitere Eigenschaft des fiktiven Newtonschen Zeitbegriffes ist ihr kontinuierlicher Verlauf. In der Realität fließt die Zeit jedoch nicht kontinuierlich dahin, sondern sie verstreicht in winzig kleinen Sprüngen. Die Zeit vergeht eher ruckweise, vergleichbar mit dem steten Vorrücken einer Bahnhofsuhr. Die einzelnen Zeitportionen, die **Zeitquanten**, sind dabei unvorstellbar klein. Im makroskopischen Weltgeschehen kann man daher die Zeit so behandeln, als fließe sie kontinuierlich dahin. Ähnlich geht es uns bei einer Filmvorführung: Werden 24 oder mehr Bilder pro Sekunde geboten, so sieht man keine einzelnen Bilder mehr, keine ruckweisen Veränderungen, sondern man gewinnt den Eindruck einer gleichförmigen Bewegung.

Astronomen rechnen mit großen Zeiträumen, die weit jenseits menschlichen Vorstellungsvermögens liegen. Der Lebensweg von Sternen vollendet sich erst in Millionen und Milliarden Jahren, das Universum ist rund vierzehn Milliarden Jahre alt, und stellare **Schwarze Löcher** werden erst nach zehn Dezilliarden (= 10^{64}) Jahren detonieren.

In der Welt der Atome und Elementarteilchen treten dagegen winzig kleine Zeitabschnitte auf. Ein freies Neutron zerfällt im Mittel nach einer Viertelstunde. Dies ist ein leicht überschaubarer Zeitraum. Sehr viele Elementarteilchen wie Pionen, Lambda-, Sigma- und Omega-Teilchen leben aber viel kürzer, sie zerfallen bereits nach einer Zehnmilliardstel (10^{-10}) Sekunde. Dennoch zählen die Physiker sie noch zu den langlebigen Partikeln. Denn ein ganzes Ensemble weiterer, recht exotischer Teilchen zerfällt bereits nach 10^{-20}, also einem Zehnmilliardstel einer Zehnmilliardstel Sekunde. Solch extrem kurze Zeitspannen entziehen sich ebenso unserer Vorstellungskraft wie die riesigen Zeiträume im Makrokosmos.

1.11 Max Planck (1858–1947), Vater der Quantentheorie

1.12 Karl Ernst von Baer (1792–1876)

Es gibt jedoch noch kürzere Zeiten, die man kennt. Die sogenannte ***Elementarzeit*** ist noch tausend Mal kürzer, nämlich 10^{-23} (ein Hundertrilliardstel) Sekunden. Die Elementarzeit gibt an, wie lange das Licht zur Durchquerung eines Elektrons benötigt: $9{,}39 \times 10^{-24}$ Sekunden.
Die Quantenmechanik liefert uns die Erkenntnis, dass die Zeit in einzelnen Sprüngen fortschreitet und nicht kontinuierlich dahinfließt. Die kürzest mögliche Zeitspanne nennt man ein Zeitquant. Ein solches Zeitquant wird **Plancksche Fundamentalzeit** genannt nach **Max Planck** (1858–1947, Nobelpreis für Physik 1918), der sie selbst berechnet hat. Ein Zeitquant hat eine Größe (Dauer) von $0{,}54 \times 10^{-43}$ Sekunden.
Die **Planckzeit** hat eine fundamentale Bedeutung in der Physik. Auch in der Kosmologie des sehr jungen Kosmos spielt sie eine wichtige Rolle. Die Planckzeit stellt eine untere Schranke für das Weltgeschehen dar. Innerhalb von 10^{-43} Sekunden geschieht nichts, jeder Vorgang dauert mindestens solange. Ein Zeitpunkt Null – Beginn des Universums mit einem Urknall – ist beispielsweise überhaupt nicht exakt angebbar. Denn kein Zeitpunkt oder Termin kann genauer als auf 10^{-43} Sekunden fixiert werden (siehe Abschnitt 6.3.1 auf Seite 214).

1.2.2 ZEIT IN DER PSYCHOLOGIE

Im Gegensatz zur objektiven Zeit in der Physik, bei der Albert Einstein meint, „Zeit ist das, was man an einer Uhr abliest", existiert eine subjektive Zeit im Bewusstsein der Menschen. Wir haben keinen Zeitsinn, kein explizites Sinnesorgan für die Erfassung der Zeit. Wir unterscheiden jedoch sehr gut zwischen einem bestimmten **Zeitpunkt** und einer **Zeitspanne** oder **Zeitdauer**. Ein bestimmtes Geschehen dauert eine Zeitlang. Nach dem Psychologen **Hubert Rohracher** (1903–1972) ist die Grundlage der Zeit*wahrnehmung* das Gedächtnis, denn es gibt keine direkte Sinneswahrnehmung der Zeit. Das

Gedächtnis ermöglicht die zeitliche Einordnung vergangener Ereignisse und erzeugt in Kombination mit den gegenwärtig aufgenommenen Sinnesreizen das Zeiterleben. Das Vergangene wird mit dem gerade Geschehenen im Bewusstsein zu einem **Zeitkontinuum** verknüpft.
Dabei entsteht eine **Zeitvorstellung**, deren Grenzen durch unser bewusstes Erleben vorgegeben sind. Wir können uns im wahrsten Sinne des Wortes weder extrem lange noch extrem kurze Zeiträume *vorstellen*. Die obere Grenze unserer Zeitvorstellung liegt bei etwa hundert Jahren. Mit fortschreitendem Lebensalter überblicken wir einige Jahrzehnte und können hundert Jahre auch gefühlsmäßig erfassen. Ein Jahrtausend erscheint in unserer Vorstellung bereits recht verschwommen. Jahrmillionen und Jahrmilliarden entziehen sich unserer Vorstellung völlig, sie können nur noch rational erfasst werden. Ähnlich ergeht es uns mit sehr kurzen Zeitabschnitten. Eine Hundertstelsekunde mögen wir gerade noch in unserer Vorstellungswelt verkraften, aber die extrem kurzen Zeitspannen der Lebensdauer von bestimmten Elementarteilchen, die häufig weit unter einer Milliardstel Sekunde liegen, sind weit jenseits unseres Vorstellungsvermögens.
Mit fortschreitendem Alter rast die Zeit scheinbar immer schneller dahin. Für einen Zehnjährigen ist ein Jahr immerhin zehn Prozent seiner Lebensdauer und Erfahrung; ein Fünfzigjähriger hat in seiner Vorstellung von zehn Prozent seiner Lebenszeit immerhin schon eine Spanne von fünf Jahren. Wie Untersuchungen zeigen, scheint die „Mitte des Lebens" bei 18 Jahren zu liegen, was das Zeitgefühl betrifft, und zwar unabhängig vom tatsächlichen Lebensalter. Alles, was nach dem zweiten Lebensjahrzehnt erlebt und erfahren wird, schrumpft in der Erinnerung auf die gleiche Länge, wie die ersten beiden Lebensjahrzehnte in unserem Gedächtnis erscheinen.

1.13 Horizontalsonnenuhr

Wir haben oft das Gefühl, von der Zeit getrieben zu werden. Zeit ist offenbar nicht frei verfügbar. „Ich habe keine Zeit" wird häufig beteuert. Und doch hat jeder Tag für Tag gleich viel Zeit, nämlich 24 Stunden oder 86 400 Sekunden …
Nach **W. Stern** (1871–1938) gibt es eine **Psychische Präsenzzeit**: Im Wachzustand ist das eben Vergangene noch bewusst, ohne dass das Gedächtnis bemüht werden muss. Stern schreibt 1897: „Es zeigt sich hier ein über eine kleine Zeitstrecke sich ausdehnendes Kontinuum, welches eben als solches den Inhalt des Bewusstseinsaktes ausmacht und die Wortauffassung auslöst." Gemeint ist Folgendes: Spricht man das Wort „Weltraumfahrt" aus, so benötigt dies eine gewisse Zeit. Wenn man bei der letzten Silbe „fahrt"

angelangt ist, so ist der Teil „Weltraum-" zwar schon ausgesprochen und damit Vergangenheit, aber dennoch im Bewusstsein präsent. Erst wenn das Vergangene bereits ins Unbewusste gesunken war und durch das Gedächtnis wieder ins Bewusstsein geholt werden muss, ist ein Ereignis für unser Zeiterleben vergangen. Was ich vor einer Viertelstunde getan habe, muss ich mir wieder ins Bewusstsein rufen, es ist nicht mehr präsent, also *gegenwärtig*. Der Inhalt ist dann eine **Erinnerungsvorstellung**. Man weiß, dass das Ereignis, an das man gerade denkt, schon vergangen ist. Je nach Wachzustand und körperlicher sowie seelischer Kondition liegt die Dauer der Psychischen Präsenzzeit zwischen sechs und zwölf Sekunden – mehr nicht.

Es existiert eine kürzeste Zeitspanne, in der ein Vorgang noch als singuläres Ereignis getrennt von anderen wahrgenommen wird. **Karl Ernst von Baer** (1792–1876) hat dafür 1864 den Begriff **„Moment"** geprägt. Ein Moment ist die kürzeste, gerade noch wahrnehmbare Dauer eines Reizes. Das menschliche Moment liegt bei 1/18 Sekunde. Folgen Reizimpulse in kürzeren Abständen aufeinander, so werden sie nicht mehr getrennt erlebt, sondern verschmelzen zu einem Ereignis. Folgen mehr als 18 Bilder pro Sekunde, so erleben wir im Film eine kontinuierliche Bewegung und nicht das ruckweise präsentieren von lauter Einzelbildern. Mehr als 18 Luftschwingungen pro Sekunde erscheinen uns als tiefer, gleichmäßiger Ton und nicht als einzelne Geräusche. Im Übrigen sind die Momente für verschiedene Sinne (Sehen, Hören, taktile Reize) gleich lang. Dies liegt daran, dass die Reize im Zentralnervensystem verarbeitet werden und nicht im Empfangsorgan (Auge, Ohr, Hautoberfläche …).

Kürzere Momente bedeuten eine höhere **Zeitauflösung**. Wäre das menschliche Moment tausendmal kürzer, könnte man eine Pistolenkugel fliegen sehen und ihr gegebenenfalls ausweichen. Hätten wir ein tausendmal längeres Moment, so könnten wir die Pflanzen wachsen sehen, die Sonne raste täglich über den Himmel und unser Leben wäre schnell vorüber, selbst wenn es hundert Jahre dauerte. In gewissem Sinne sind **Zeitlupe** und **Zeitraffer** künstliche Variationen des menschlichen Moments. Dieses hängt im Übrigen bis zu einem gewissen Grade vom jeweiligen Wachzustand und dem Allgemeinbefinden ab. Chemische Wirkstoffe – sowohl Sedativa (Bromkalium, Morphium u.a.) als auch Exzitantia (Koffein, Alkohol) führen zur Verlängerung des Moments (bis auf eine halbe Sekunde), was für den Straßenverkehr sehr gefährlich sein kann. Eine Verkürzung der Momente durch Drogen ist bisher noch nicht gelungen. Ein Boxer, dessen Moment erheblich verkürzt wäre, hätte den Eindruck sein Gegner würde in Zeitlupe zuschlagen – sein eigener Sieg wäre gewiss, er könnte nämlich jedem Schlag rechtzeitig ausweichen.

Die zeitliche Wahrnehmungswelt ist für diverse Lebewesen sehr unterschiedlich. So hat die Schnecke ein Moment von ¼ Sekunde. In der Welt der Schnecke läuft somit alles wesentlich rascher ab – ihr Kriechen kommt ihr gar nicht so langsam vor. Der Kampffisch hat einen Moment von 1/30 Sekunde – alles scheint sich für ihn etwa halb so schnell zu bewegen wie für uns Menschen. So kann er seine Beute relativ leicht erjagen. Auch der Mungo hat mit 1/32 Sekunde eine hohe zeitliche Auflösung und ist deshalb in der Lage, mit einem gezielten Biss die auch nicht ganz langsame Kobra zu töten.

Die **Zeitschätzung** ist bei vielen Menschen oft erstaunlich genau ausgeprägt. Viele können exakt zu einer bestimmten Stunde aufwachen oder die Tageszeit auf den Bruchteil einer Stunde schätzen. Wenn sie aufgeweckt werden, können sie recht gut die ungefähre Uhrzeit angeben. Wie Untersuchungen zeigen, hat der **Neocortex** (Großhirnrinde) kein Zeitgedächtnis. Posthypnotische Suggestionen und Befehle („Sie werden zwei Stunden nach Erwachen dies und jenes tun") werden offensichtlich ohne Beteiligung des Bewusstseins realisiert. Auch wenn durch Narkotika das Bewusstsein ausgeschaltet wird (für eine bestimmte Dauer), so bleibt die Fähigkeit zur Zeitschätzung fast immer erhalten. Offensichtlich spielt hier der Stoffwechsel eine dominierende Rolle. Die **„innere Uhr"** wird vermutlich im Stammhirn bzw. in der Formatio Reticularis (auch als **ARAS** – **A**ufsteigendes **R**eticuläres **A**ktivierungs-**S**ystem bezeichnet) gesteuert. Das ARAS reguliert auch den Bewusstseinszustand (hellwach sein – dahindämmern – schlafen).

Zeitliche Desorientierung ist fast immer ein ernstzunehmendes Zeichen einer geistigen oder psychischen Störung. Wer im Wachzustand die ungefähre Tagesstunde, den Wochentag, Monat oder Jahreszeit nicht anzugeben vermag, ohne länger nachzudenken, ist zeitlich desorientiert. Ursache kann außer einer beginnenden Geisteskrankheit, einer akuten Gehirnerschütterung oder Hirnverletzung auch Drogenkonsum sein.

1.3 DER PFEIL DER ZEIT

„Das Rad der Zeit lässt sich nicht zurückdrehen" sagt eine alte Volksweisheit. In der klassischen Mechanik gilt dies offensichtlich nicht. Nach einer vollen Schwingung nimmt ein Pendel wieder die gleiche Stellung ein wie zum Ausgangszeitpunkt. Nach zwölf Stunden deuten die Zeiger einer Analoguhr wieder in dieselbe Richtung, als wäre gar keine Zeit vergangen. Der ursprüngliche Zustand ist wieder hergestellt. Dies gelingt aber nicht immer. Die Auflösung eines Stückes Würfelzucker in einer Tasse Kaffee kann nicht so einfach rückgängig gemacht werden – wenn überhaupt. Offensichtlich laufen in der makroskopischen Welt Prozesse ab, die irreversibel sind. Ein alter Mensch wird nicht wieder zu einem Säugling. Ein vom Herd genommener Topf mit kochendem Wasser kühlt allmählich ab. Ohne erneute Energiezufuhr fängt das Wasser nicht wieder zu kochen an. Es erwärmt sich auch nicht, sondern nimmt allmählich die Umgebungstemperatur an. Physikalisch betrachtet strebt das Wasser einen Zustand thermodynamischen Gleichgewichts an.

In der Welt der Elementarteilchen gibt es offensichtlich keinen Alterungsprozess. Photonen, Elektronen und Protonen altern nicht. Auch wenn Elementarteilchen spontan und akausal zerfallen, so sind dies keine Ereignisse, die einen Zeitablauf und damit einen Zeitpfeil abzuleiten gestatten. In der Mechanik und im Mikrokosmos sind alle Vorgänge reversibel, also umkehrbar bezüglich der Zeit. Die fundamentalen Naturgesetze sind „zeitumkehrsymmetrisch". Statt dieses etwas komplizierten Wortes sprechen die Physiker meist von „zeitsymmetrisch" oder kurz von **„T-Symmetrie"**. Es gibt aber offensichtlich Ausnahmen. Die schwache Wechselwirkung, die den radioaktiven Zerfall von Atomkernen bestimmt, verletzt die T-Symmetrie. Um aus radioaktiven Zerfallsprozessen einen Zeitablauf, eine eindeutige Richtung des Zeitpfeils im Sinne Vergangenheit – Gegenwart – Zukunft ableiten zu können, genügt keineswegs ein einzelner Atomkern. Vielmehr ist eine sehr große Zahl von radioaktiven Atomkernen erforderlich, um ein Fortschreiten der Zeit zu registrieren. Paläontologen nutzen dies zur Altersbestimmung **(C-14-Methode)**. Offenbar taucht der Zeitpfeil erst in Vielteilchensystemen auf. Im Makrokosmos sind aber alle Dinge **Vielteilchensysteme**. Denn alle Objekte setzen sich aus einer ungeheuren Zahl von Atomen und Molekülen zusammen. Die Einheit der Stoffmenge, ein **Mol**, dies ent-

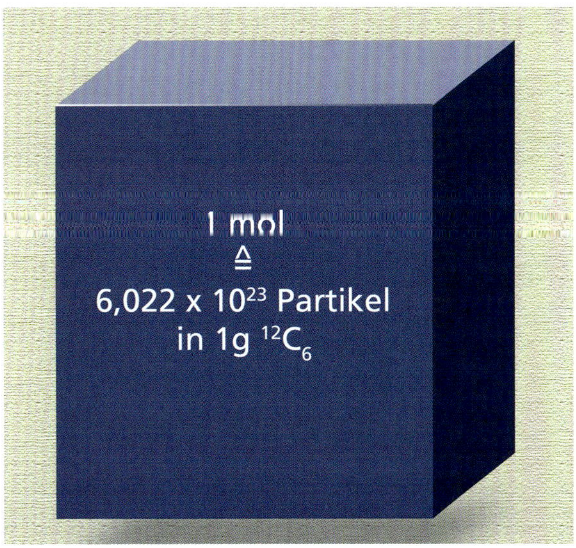

1.14 Ein Mol ist die Einheit der Stoffmenge: ein Gramm Kohlenstoff enthält 6 × 10^{23} Kohlenstoffatome.

1.15 Der Physiker Amadeo Avogadro (1776–1856)

1.16 Der Begründer der Thermodynamik Ludwig Boltzmann (1844–1906)

spricht etwa zwölf Gramm Kohlenstoff, setzt sich aus 6,022 × 10^{23} Kohlenstoffatomen zusammen. Diese ungeheuer große Zahl wird **Avogadro-Zahl** oder **Loschmidtsche Zahl** genannt, nach den Physikern **Amedeo Avogadro** (1776–1856, Professor für Physik in Turin) und **Joseph Loschmidt** (1821–1895, Professor für physikalische Chemie in Wien).

Die Teilchen, aus denen sich makroskopische Körper zusammensetzen, sind in ständiger Bewegung. Dabei gilt es zu unterscheiden zwischen geordneter und ungeordneter Bewegung. Wird ein Stein durch die Luft geworfen, so bewegen sich alle Moleküle des Steins mit gleicher Geschwindigkeit (Richtung und Betrag!) wie der Schwerpunkt des Steins. Ruht aber der Stein auf dem Erdboden, so bewegen sich dennoch seine Moleküle ständig hin und her, und zwar mit sehr unterschiedlichen Geschwindigkeiten was Betrag und Richtung betrifft. Ein Maß für ihre *mittlere* Geschwindigkeit ist die Temperatur des Steins. Die **Temperatur** eines Körpers ist nämlich proportional der *mittleren* **kinetischen Energie** seiner Moleküle bzw. Atome.

Obwohl die fundamentalen Naturgesetze keine Richtung der Zeit vor der anderen auszeichnen, laufen zahlreiche Naturvorgänge offenbar nur in einer Richtung ab und sind nicht umkehrbar, also irreversibel. Es gibt offensichtlich kein Naturgesetz, das die Richtung des Zeitablaufes festlegt, was Albert Einstein zu der Bemerkung veranlasste: „Der Unterschied zwischen Vergangenheit, Gegenwart und Zukunft ist für uns Wissenschaftler eine Illusion, wenn auch eine hartnäckige."

Tatsächlich könnte unser Planetensystem auch rückwärts laufen ohne mit dem Newtonschen Gravitationsgesetz in Konflikt zu kommen. Würde jemand einen Film von unserem Planetensystem drehen und ihn fernen außerirdischen Intelligenzen zukommen lassen, so könnten die Empfänger den Film vor- oder rückwärts laufen lassen. Aus der Betrachtung des Filmes könnten sie nicht auf die tatsächliche Bewegungsrichtung der Planeten schließen.

Es gibt aber genügend drastische Beispiele von makroskopischen Vorgängen, die eindeutig irreversibel zu sein scheinen. Meteoriten schlagen auf der Erde ein. Dass ein

Meteorit wieder von der Erdoberfläche ins Weltall fliegt, wurde noch nie beobachtet. Eine Weckeruhr zeigt nach jeweils zwölf Stunden wieder die gleiche Zeigerstellung. Schleudert man den Wecker mit großer Gewalt gegen eine Wand, zerbricht er. Dann kann man lange warten, bis die Uhr wieder im ursprünglichen Zustand erscheint. Die Zerstörung des Weckers ist offensichtlich nicht umkehrbar. Das Gleiche gilt für eine eingeworfene Fensterscheibe oder das Blechknäuel zweier kollidierter Autos. Niemals wurde beobachtet, dass sich die Scherben wieder zu einer kompletten Scheibe zusammensetzen oder aus Autowracks wieder intakte Fahrzeuge werden, die sich voneinander wegbewegen. Dies scheint so trivial, dass man darüber meist nicht nachdenkt. Und doch legen solche Vorgänge den **Pfeil der Zeit** fest. Liegen einzelne Bilder von der Fahrt eines Autos gegen einen Baum vor, so kann man die Bilder ohne Mühe nach der richtigen zeitlichen Folge ordnen: das Auto vor dem Baum, die erste Berührung, die eingedrückte Vorderfront, das total zerstörte Wrack. Hat man jedoch vier Aufnahmen eines Billardspiels vor sich, so wird man sich mit der Reihung nach zeitlicher Folge schwertun. Denn der Ablauf eines Billardspiels ist (weitgehend) zeitsymmetrisch. Es sind beim Billardspiel aber nur wenige Kugeln („Teilchen“) in Aktion.

Nimmt man einen Kübel und schüttet in ihn ein Kilogramm weißen, feinen Sand und anschließend ein Kilogramm Kohlenstaub, so liegt der Kohlenstaub auf der weißen Sandschicht. Nun wird der (verschlossene) Kübel kräftig geschüttelt. Die weißen Sandkörner vermischen sich mit den feinen Kohlenstaubteilchen. Wie lange muss man anschließend den Kübel schütteln, damit sich weißer Sand und Kohlenstaub wieder trennen, also der weiße Sand ohne ein Teilchen Kohlenstaub unten liegt, der gesamte Kohlenstaub ohne ein weißes Sandkörnchen

1.17 Das schwingende Pendel einer Uhr lässt die Richtung der Zeit nicht erkennen.

1.18 Die Kollision eines Autos mit einem Baum ist ein zeitlich irreversibler Prozess.

1.19 Der Mathematiker und Himmelsmechaniker Henri Poincaré (1854–1912)

wieder die obere Schicht bildet? Der „gesunde Menschenverstand" sagt „unendlich lange". Dies ist jedoch nicht zutreffend, wie **Henri Poincaré** (1854–1912), der große Mathematiker und Himmelsmechaniker, schon nachwies. Er geriet damit in heftigen Disput mit dem österreichischen Physiker **Ludwig Boltzmann** (1844–1906), einem der Begründer der Thermodynamik, der unter anderem nachwies: Wärme fließt immer in Richtung der kälteren Region, nie umgekehrt. Ob ein Vorgang reversibel oder irreversibel ist, hängt einzig von der Zahl der beteiligten Teilchen in einem System ab. Man betrachte einen quaderförmigen Raum (siehe Abb. 1.20). In ihm befinde sich ein einziges Molekül, das hin und her fliegt und von den Wänden elastisch abprallt. In Gedanken teile man den Raum in zwei Zellen. Etwa alle Sekunde wechselt das Teilchen von der linken in die rechte Zelle und vice versa. Blickt man zu einem bestimmten Zeitpunkt in den Raum, so wird man mit 50 % Wahrscheinlichkeit das Teilchen in der linken Zelle beobachten.

Enthält der abgeschlossene Raum nun zwei Teilchen, so können sich beide in der linken Zelle, beide in der rechten Zelle oder Teilchen 1 in der linken und Teilchen 2 in der rechten Zelle oder auch Teilchen 2 in der linken und Teilchen 1 in der rechten Zelle aufhalten. Zu einem bestimmten Zeitpunkt ist die Wahrscheinlichkeit, beide Teilchen in der linken Zelle anzutreffen, nur noch 25 % oder ¼. Bei drei Teilchen sinkt die Wahrscheinlichkeit, alle drei in der linken Zelle zu sehen, auf ⅛. Bei zehn Teilchen kann man nicht einmal mehr in jedem tausendsten Fall alle in der linken Zelle „erwischen". Die Wahrscheinlichkeit sinkt auf $^1/_{1024}$! Sind n Teilchen in dem abgeschlossenen Raum vorhanden, so beträgt die Wahrscheinlichkeit, alle in der linken Zelle anzutreffen $½^n$. Je größer also die Teilchenzahl, desto weniger wahrscheinlich ist es, alle in einer Zelle anzutreffen. Meist werden sich in der linken wie in der rechten Zelle etwa gleich viele Teilchen aufhalten. Je größer die Ungleichheit zwischen der Teilchenzahl in der linken und der rechten Zelle ist, desto seltener tritt ein solcher Fall auf. Trägt man die Wahrscheinlichkeiten der möglichen Verteilungen aller Teilchen auf beide Zellen in ein Diagramm ein, so erhält man eine glockenförmige Kurve, die man **Gaußsche Normalverteilung** nennt, nach dem Göttinger Mathematiker und Astronomen **Carl Friedrich Gauß** (1777–1855) – siehe auch Abb. 1.22 auf S. 29.

Die linke und die rechte Zelle des eben beschriebenen Raumes sei nun durch eine Wand getrennt. In die linke Zelle füllt man ein Mol eines Gases, die rechte Hälfte sei leer, also ein Vakuum. Dann entfernt man die Wand. Schnell strömen die Teilchen in die rechte Zelle. Bald stellt sich eine Normalverteilung ein. Die Schwankungen der Teilchenzahlen zwischen linker und rechter Zelle halten sich in Grenzen. Mal sind links, dann wieder rechts ein paar Teilchen mehr vorhanden als in der Nachbarzelle.

Wann werden wieder alle Gasmoleküle in der linken Zelle vereinigt sein? Ein solcher

Vorgang ist noch nie beobachtet worden! Noch nie hat man beobachtet, dass sich plötzlich aufgrund der zufälligen, thermischen Bewegungen von Gasmolekülen in einer Ecke eines abgeschlossenen Raumes ein Vakuum bildet. Im Gegenteil: Das Gas diffundiert in alle Bereiche eines Raumes, wenn es nicht durch Wände gehemmt wird. Um ein Vakuum zu erzeugen, muss man von außen in das geschlossene System eingreifen und eine entsprechende Pumpe anschließen. Dabei ist Energie aufzuwenden.
Allerdings gibt es kein Naturgesetz, das verbietet, dass sich alle Teilchen (Gasmoleküle) in die linke Zelle begeben. Ein solcher Vorgang ist lediglich extrem unwahrscheinlich. Für unser Beispiel von der vergleichsweise geringen Stoffmenge von nur einem Mol ergibt sich die Wahrscheinlichkeit, alle Teilchen (Gasmoleküle) in der linken Zelle anzutreffen und in der rechten somit ein Vakuum vorzufinden zu: $W = 2^{(-6 \times 10^{23})}$. Dies ist eine ungeheuer kleine Zahl! Man müsste somit etwa $10^{(10^{23})}$ Sekunden warten, bis dieser extrem unwahrscheinliche Fall eintrifft. Dies geschieht offenbar erst nach einer Zeit, die viele Zehnerpotenzen größer ist als das heutige Alter des Universums, also praktisch nie. Die Expansion eines Gases ins Vakuum ist ein irreversibler Vorgang.
Eine Umkehr irreversibler Vorgänge (Prozesse, Abläufe) ist nicht grundsätzlich unmöglich, sondern nur extrem unwahrscheinlich. Die in 1.21 dargestellten beiden Zustände lassen sich in eine *zeitliche Reihenfolge* bringen. In Fall (a) sind alle Moleküle in der linken Zelle, in der rechten herrscht Vakuum. In Fall (b) ist die Normalverteilung erreicht. Kein Betrachter zweifelt daran, dass (a) zeitlich vor (b) kommt und die Reihenfolge (b) vor (a) nicht zutrifft. Damit bekommt aber der Zeitablauf eine wohlbestimmte Richtung. Irreversible Prozesse legen die Richtung des Zeitpfeils fest.
Vielteilchensysteme mit ungeordneten Bewegungen werden in der Thermodynamik

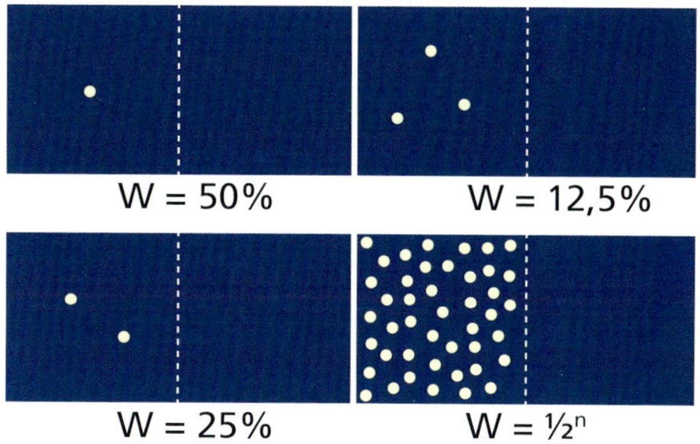

1.20 Zur Aufenthaltswahrscheinlichkeit von Teilchen in einem Raum. Nähere Erläuterungen siehe Text.

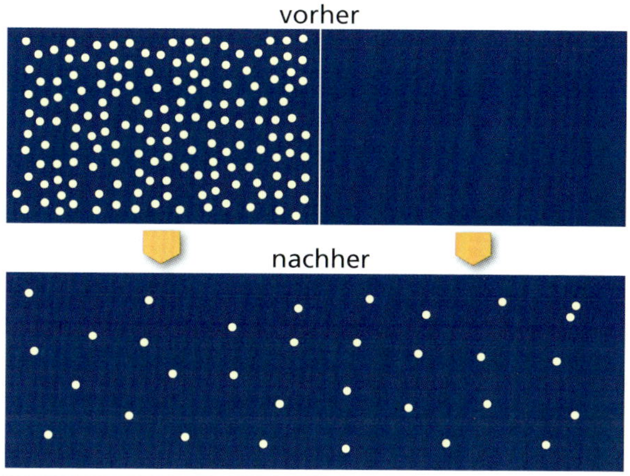

1.21 Zum Begriff der Entropie – nähere Erläuterungen siehe Text zur Wahrscheinlichkeit eines Zustandes.

behandelt. Die **Temperatur** ist eine statistische Größe für die *mittlere* Teilchenenergie einer bestimmten Materiemenge.
Da die Masse der Moleküle in der Regel konstant bleibt, so ist die Temperatur eine statistische Größe für die Normalverteilung der Molekülgeschwindigkeiten. Einige Moleküle bewegen sich recht langsam, einige sehr schnell, die meisten werden ihre Geschwindigkeiten im Mittelfeld haben. Erhöht man die Temperatur, so steigt die *Durchschnitts*geschwindigkeit aller Teilchen an.
Rudolf Clausius (1822–1888), Professor für Physik an den Universitäten Zürich, Würz-

burg und Bonn, führte 1865 den Begriff „Entropie" ein, nachdem er fünfzehn Jahre zuvor den II. Hauptsatz der Thermodynamik formuliert hatte.

Die **Entropie** ist eine Funktion der Wahrscheinlichkeit, ein **Vielteilchensystem** in einem bestimmten Zustand anzutreffen.

Die Entropie S ist proportional dem Logarithmus naturalis des Wahrscheinlichkeitszustandes W eines Vielteilchensystems. Es gilt:

$$S = k \times \ln W$$

Der Proportionalitätsfaktor k wird als **Boltzmann-Konstante** bezeichnet. Sie hat den Wert: $k = 1{,}38 \times 10^{-23}$ J/K.

Bei allen Vorgängen oder Prozessen kann die Entropie niemals abnehmen. Bei **reversiblen Prozessen** bleibt die Entropie konstant ($dS/dt = 0$). Bei **irreversiblen Prozessen** nimmt die Entropie stets zu: $dS/dt > 0$.

Für die Volumenverdoppelung eines Gases mit n Molekülen, das ins Vakuum diffundiert ohne Arbeit zu leisten, gilt beispielsweise:

$$\Delta S = 0{,}7 \times k \times n$$

Die Zunahme der Entropie erfolgt mit fortschreitender Zeit. Oder anders ausgedrückt: Irreversible Prozesse laufen so ab, dass die Entropie stets zunimmt, wodurch die Richtung des Zeitablaufes festgelegt wird. Die Vergangenheit ist damit abgeschlossen und kann nicht mehr verändert werden. Die Zukunft hingegen ist offen. Bei wenigen Teilchen kann der zukünftige Zustand eines Systems vorausberechnet werden.

Jahrbücher geben die vorausberechneten Positionen der Planeten für die Zukunft an. Ebenso lassen sich mit hoher Präzision Sonnen- und Mondfinsternisse vorausberechnen. Das Wetter lässt sich nicht so exakt vorhersagen. Hier sind wegen der großen Zahl der Teilchen im System der Atmosphäre (und der Erdoberfläche) nur statistische Aussagen möglich.

Die Zunahme der Entropie bei irreversiblen Prozessen geht aber einher mit einem Informationsverlust, was gleichbedeutend ist mit einer Abnahme der Ordnung in einem System. Man kann die Entropie auch als Maß der fehlenden Information über ein thermodynamisches System ansehen.

Irreversible Prozesse führen zu einer Verminderung von Informationen: Strukturen werden zerstört, Ordnungen verringert. Jeder kennt das aus dem täglichen Leben: Die Unordnung nimmt ganz von selbst zu, und zwar mit fortschreitender Zeit. Es sei denn, man macht wieder Ordnung. Und das ist allerdings mit Mühe verbunden. Genauer: Um Ordnung zu schaffen, benötigt es ein offenes System. In einem Teilchensystem kann es zur Abnahme der Entropie und Zunahme der Information (Aufbau von Strukturen, Erhöhung des Informationsgehaltes) nur bei Energiezufuhr von außen kommen. Integriert man den Energielieferanten mit in das System, so zeigt sich stets, dass die Entropie des erweiterten Systems wieder mit der Zeit zunimmt. Die Steigerung der Komplexität in biologischen Systemen (Informationsspeicherung des Bauplans eines Lebewesens in den Genen) ist nur durch Energiezufuhr von außen möglich. Letztendlich ist die gesamte **biologische Evolution** auf unserer Erde nur durch die Energielieferungen von unserer Sonne ermöglicht worden.

Die Zeit läuft also in der Richtung ab, die zu größeren Wahrscheinlichkeitszuständen eines Systems führt, wobei Energiedifferenzen ausgeglichen und immer stabilere Zustände angestrebt werden. Genau genommen gibt es in der Realität keine absolut reversiblen Prozesse. Auch in der Mechanik tritt Reibung auf. Ein Teil der gerichteten Bewegung wird dadurch in ungeordnete molekulare Bewegungen verwandelt, was zu einer Erhöhung des Wärmeinhalts eines Systems führt. Deshalb sind die Lager ausgeschlagen und die Uhr ist nicht mehr funktionsfähig.

Auf lange Frist gesehen trifft zu, was schon die alten Römer sagten und auf manchen

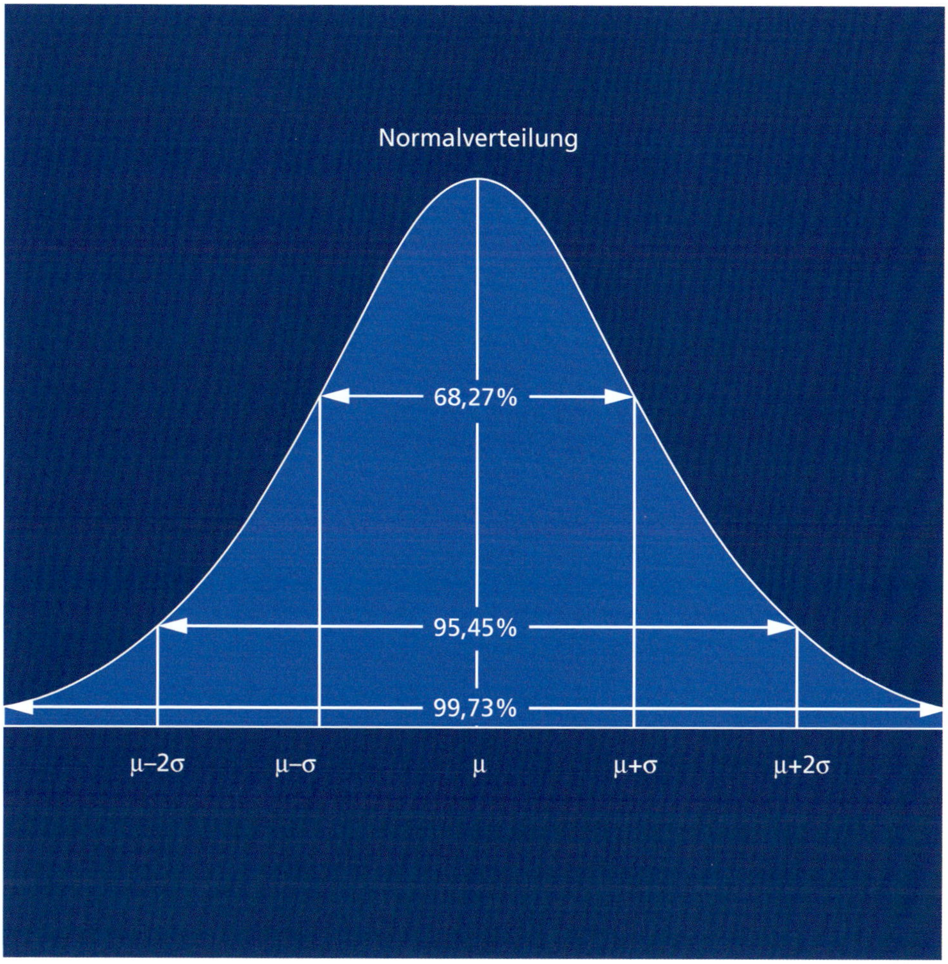

1.22 Die Gaußsche Normalverteilung

Sonnenuhren zu lesen ist: Tempus vincit omnia – die Zeit besiegt alles. Im 19. Jahrhundert sprach man vom **Wärmetod** der Welt, weil jede Bewegung irgendeinmal in ungeordnete Molekularbewegung übergeht und somit die Temperatur erhöht. Dies machte aber die falsche Vorstellung von einem **„Hitzetod"**, der aus diversen Gründen nicht eintreten wird. Vielmehr führt die Zunahme der Entropie dazu, dass immer mehr Energiedifferenzen ausgeglichen werden und Prozesse somit immer langsamer ablaufen, bis sie letztendlich nicht mehr stattfinden. Es tritt somit eine Erstarrung des Weltgetriebes ein. Allerdings war im 19. Jahrhundert die Expansion des Weltalls noch nicht bekannt. In einer sehr fernen Zukunft wird das Universum in den zeitlosen Zustand der Ewigkeit übergehen, in der ein Zeitablauf grundsätzlich nicht mehr feststellbar ist. Ähnlich beschreibt die moderne Kosmologie den hypothetischen Zustand vor dem **Big Bang** (Urknall), der den Beginn des Zeitablaufs in unserem Universum markiert. Im **primordialen**, fluktuierenden **Quantenvakuum** gab und gibt es keinen Zeitablauf, ein Zeitpfeil ist nicht definierbar (siehe auch Kapitel 6.3).

2. ASTRONOMISCHE GRUNDLAGEN DER ZEITBESTIMMUNG

2.1 KOORDINATENSYSTEME IN DER ASTRONOMIE

Um die Positionen der Gestirne im Raum festlegen zu können, bedient man sich verschiedener Koordinatensysteme. In der Astronomie verwendet man in der Regel dreidimensionale Koordinatensysteme, um die Gestirnsörter anzugeben. Hinzu kommt als vierte Dimension die Zeit. Meistens werden in der Himmelskunde sphärische Polarkoordinaten (Kugelkoordinaten) benutzt. Zwei Winkel (φ und ϑ) geben die Richtung und eine Strecke (r) die Distanz eines Raumpunktes vom Ursprung des Koordinatensystems an. Will man nur die Richtung eines Gestirns festlegen, so genügen zwei Winkelangaben.

Nach Lage des Ursprungs (Origenes) unterscheidet man folgende astronomische Koordinatensysteme:

1. **Topozentrische Koordinaten**
2. **Geozentrische Koordinaten**
3. **Baryzentrische Koordinaten**
4. **Heliozentrische Koordinaten**
5. **Galaktozentrische Koordinaten**

Die **topozentrischen Koordinaten** haben ihren Ursprung im Auge des Beobachters auf der Erdoberfläche bzw. im Achsenschnittpunkt der Fernrohrmontierung. Topozentrische Koordinaten sind die einzigen, die tatsächlich *gemessen* werden, während alle anderen davon abgeleitet sind.
Die **geozentrischen Koordinaten** haben ihren Ursprung im Erdmittelpunkt. Für große Distanzen (Entfernungen im interstellaren Raum) kann der Unterschied zwischen topozentrischen und geozentrischen Koordinaten vernachlässigt werden, da die Differenzen weit unter der Messgenauigkeit liegen.
Im Nahbereich, vor allem beim Mond, ist jedoch der Unterschied schon für das freie Auge auffallend. Der topozentrische Mondort kann um etwa 1° (= 60') vom geozentrischen Mondort differieren. So sind beispielsweise die Angaben für Sternbedeckungen ortsabhängig.
Die **baryzentrischen Koordinaten** haben ihren Ursprung im Schwerpunkt des Systems Erde – Mond. Das Baryzentrum umkreist die Sonne in einer Kepler-Ellipse.
Bei den **heliozentrischen Koordinaten** liegt der Ursprung im Schwerpunkt des Sonnensystems, der nicht genau mit dem Sonnenmittelpunkt zusammenfällt. Sie werden auch gelegentlich **heliobaryzentrische Koordinaten** genannt.
Die **galaktozentrischen Koordinaten** haben ihren Ursprung im Zentrum der Milchstraße. Sie sind nicht zu verwechseln mit den galaktischen Koordinaten (siehe weiter unten), die zu den geozentrischen Koordinaten zählen.

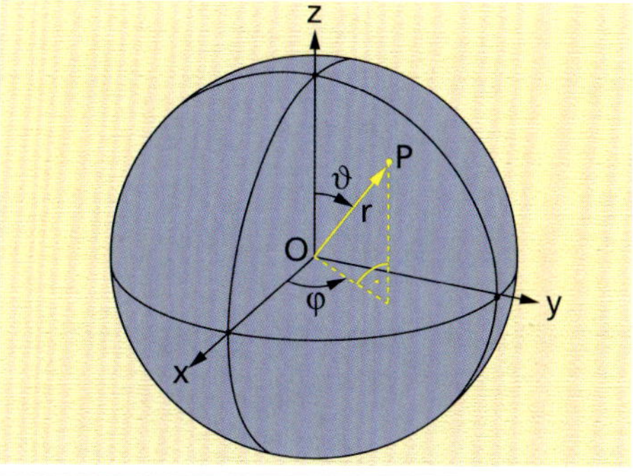

2.1 Zum Prinzip der Kugelkoordinaten

Die topozentrischen bzw. geozentrischen Koordinatensysteme unterscheiden sich durch die Großkreise, die von der jeweiligen Hauptebene aus der Himmelskugel herausgeschnitten werden, und die Pole, die die Durchstoßpunkte der auf der jeweiligen Hauptebene senkrecht stehenden Achse mit der Himmelskugel darstellen.
Folgende vier Koordinatensysteme sind gebräuchlich:

2.1.1 HORIZONTAL-KOORDINATEN

Die Horizontebene schneidet aus der Himmelskugel den Großkreis des Horizonts heraus. Vom Horizont aus wird die Höhe (h) eines Gestirns gemessen. Gestirne im Horizont haben die Höhe 0°. Die Senkrechte auf der Horizontebene durchstößt die Himmelskugel im Zenit (Scheitelpunkt) und im Nadir (Fußpunkt). Der Zenit hat eine Höhe von h = 90°, der Nadir von h = –90°. Gestirne unterhalb des Horizonts haben negative Höhenwinkel. Statt der Höhe wird auch die Zenitdistanz (z) verwendet. Die Zenitdistanz ist der Komplementärwinkel zur Höhe. Es gilt $z = 90° - h$. Ein Gestirn im Horizont hat somit die Zenitdistanz $z = 90°$. Zenitdistanzen über 90° geben an, dass das Gestirn unter dem Horizont steht und somit unsichtbar ist. Der Nadir hat eine Zenitdistanz von 180°.
Während ihres Tageslaufes infolge der Erdrotation ändern die Gestirne permanent ihre Höhe. (Ausnahme: Für einen Beobachter am Nord- oder Südpol bleibt die Gestirnshöhe durch die Tagesdrehung unverändert.) Verbindet man alle Punkte der Himmelskugel, in denen die Gestirne ihre größte Höhe erreichen miteinander, so erhält man einen Großkreis, der Meridian (Mittagslinie) genannt wird. Der **Meridian** steht senkrecht auf dem Horizont und geht durch Zenit und Nadir. Er schneidet den Horizont im Süd- und im Nordpunkt. Der Südpunkt wird als Nullpunkt der zweiten Koordinate des Horizontsystems genommen. Diese zweite Koordinate wird in der Ebene des Horizonts gemessen und heißt das **Azimut (A)**. Der Großkreis, der ebenfalls senkrecht zum Horizont steht, aber um 90° (im Azimut) zum Meridian gedreht ist, heißt **Erstes Vertikal**. Das Erste Vertikal geht durch Zenit und Nadir und schneidet den Horizont in den Punkten West und Ost.
Die Punkte Süd, West, Nord und Ost werden die **Kardinalpunkte** des Horizonts genannt. Das **Azimut** wird in der Astronomie vom Südpunkt aus in Richtung West gezählt. Ein Gestirn in Südrichtung hat das Azimut $A = 0°$, in Westrichtung ist $A = 90°$, in Nordrichtung ist $A = 180°$ und in Ostrichtung $A = 270°$. In der Navigation dagegen wird das Azimut vom Nordpunkt über Ost gezählt, ist also um 180° gegenüber der astronomischen Zählweise verschoben.
Die beiden Winkel, Höhe (bzw. Zenitdistanz) und Azimut geben die Richtung

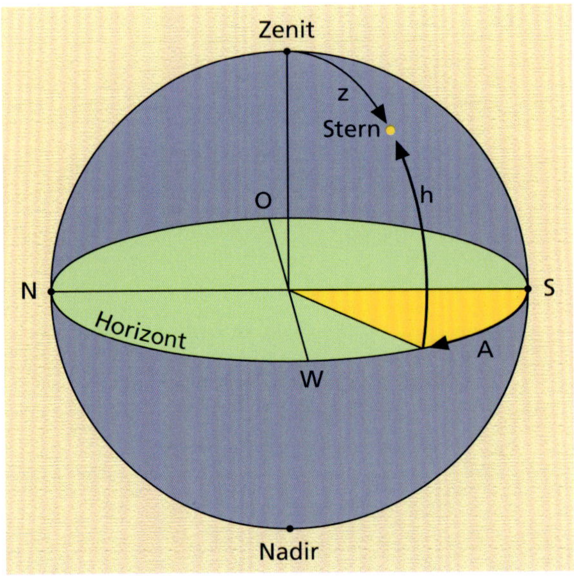

2.2 Das Horizontsystem mit den Koordinaten Azimut A und Höhe h bzw. Zenitdistanz z

zu einem Gestirn an. Durch die tägliche Himmelsdrehung ändern sich jedoch beide Koordinaten ständig mit der Zeit. Die Änderung erfolgt nicht gleichförmig, sondern mit variabler Winkelgeschwindigkeit. Für die Einstellung eines Teleskops auf ein bestimmtes Gestirn oder die Angabe von Gestirnsörtern in einem Katalog oder Jahrbuch sind die Horizontalkoordinaten nicht besonders geeignet. Für solche Zwecke sind die Äquatorialkoordinaten zu verwenden.

2.1.2 ÄQUATORIAL-KOORDINATEN

Die Äquatorebene der Erde schneidet aus der Himmelskugel den **Himmelsäquator** als Großkreis heraus. Der Himmelsäquator ist also der auf die Himmelskugel projizierte Erdäquator. Er teilt die Himmelskugel in eine Nord- und eine Südhälfte. Die auf der Äquatorebene senkrecht stehende Rotationsachse der Erde durchstößt die Himmelskugel im Himmelsnord- und Himmelssüdpol.
Die Entfernung eines Gestirns wird vom Äquator aus als Koordinate **Deklination** (δ) angegeben. Gestirne, die im Äquator liegen, haben die Deklination $\delta = 0°$. In Richtung Nord wird die Deklination positiv gezählt, in Richtung Süd negativ. Der Himmelsnordpol hat eine Deklination von $\delta = +90°$, der Himmelsüdpol von $\delta = -90°$.
Die zweite Koordinate wird in der Ebene des Äquators gemessen. Hier unterscheidet man zwischen zwei Systemen, dem ortsfesten oder erdverbundenen und dem mitbewegten oder rotierenden Äquatorsystem. Beim ortsfesten Äquatorsystem wird der **Stundenwinkel** (t) vom Schnittpunkt des Äquators mit dem Meridian in Richtung West gezählt. Ein Gestirn im Meridian hat somit den Stundenwinkel 0° bzw. 0^h. Der Stundenwinkel wird üblicherweise nicht in Winkelgrad, sondern im Zeitmaß angegeben. Ein voller Kreis hat somit $360° = 24^h$. Damit ergeben sich folgende Unterteilungen:

$1^h = 15°$
$1^m = 15'$
$1^s = 15''$

Der Stundenwinkel eines Gestirns wächst mit ablaufender Zeit an, die Periode ist 24^h. Zwei Stunden nach Meridiandurchgang hat ein Gestirn den Stundenwinkel $t = 2^h$, dies entspricht 30° im Winkelmaß. Ortsfest wird das Äquatorsystem genannt, da für einen feststehenden Beobachter auf der Erde die Richtung zum Schnittpunkt Äquator mit Meridian stets unveränderlich bleibt und nur vom Ortsmeridian des Beobachters abhängig ist.
Die Deklination (δ) des Gestirns bleibt infolge der Erdrotation jedoch unverändert. Beim mitbewegten Äquatorsystem nimmt der Nullpunkt der Koordinatenzählung an der täglichen Himmelsdrehung teil. Als Nullpunkt für die Koordinaten in der Äquatorebene dient der Frühlingspunkt (♈). Der **Frühlingspunkt** ist der Schnittpunkt des aufsteigenden Astes der Ekliptik (scheinbare Sonnenbahn) mit dem Himmel-

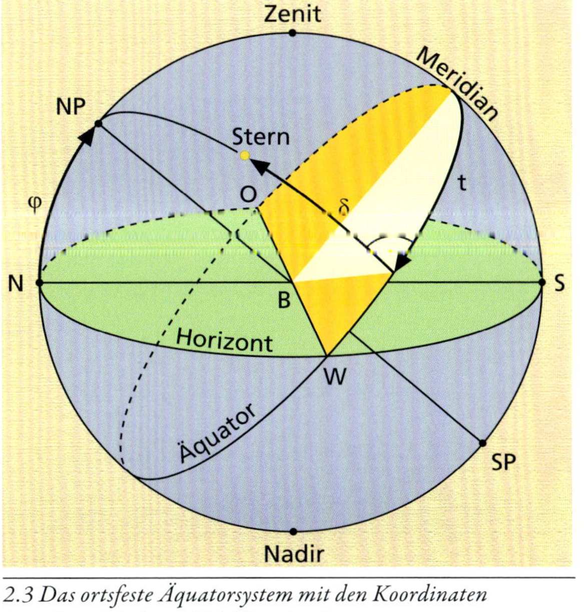

2.3 Das ortsfeste Äquatorsystem mit den Koordinaten Stundenwinkel t und Deklination δ

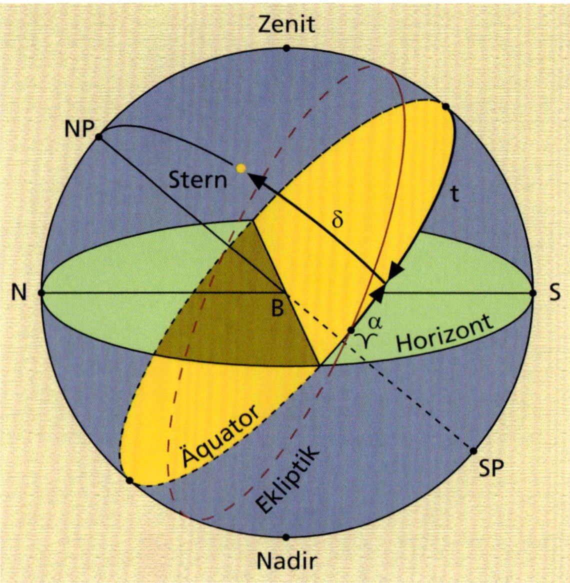

2.4 Das mitrotierende Äquatorsystem mit den Koordinaten Rektaszension α und Deklination δ

äquator. Im mitbewegten Äquatorsystem wird die Koordinate **Rektaszension** (α) in der Ebene des Äquators vom Frühlingspunkt in Richtung Ost gezählt. Die Rektaszension wird ebenfalls wie der Stundenwinkel im Zeitmaß angegeben ($24^h = 360°$). Der Frühlingspunkt hat die Rektaszension $\alpha = 0^h$, der Herbstpunkt $\alpha = 12^h$. Die Rektaszension bleibt von der täglichen Himmelsdrehung unberührt, da der Frühlingspunkt als Nullpunkt ebenfalls mitrotiert. Die Koordinaten Rektaszension (α) und Deklination (δ) des rotierenden Äquatorsystems eignen sich daher zur Angabe von Gestirnsörtern in Sternkatalogen und Jahrbüchern. Die Rektaszension („gerade Aufsteigende") wird in Richtung Ost gezählt, da sich sowohl die Sonne als auch der Mond von West nach Ost unter den Sternen weiterbewegen und somit ihre Rektaszensionen mit fortschreitender Zeit anwachsen. Auch die Planeten bewegen sich in der Regel (wenn sie rechtläufig sind) von West nach Ost, so dass ihre Rektaszensionen mit Ablauf der Zeit größer werden. Nur in ihrer rückläufigen Phase nehmen die Rektaszensionen eine Zeitlang ab.

Die beiden Äquatorsysteme sind über die Sternzeit (ϑ) miteinander gekoppelt. Die Sternzeit entspricht dem Stundenwinkel des Frühlingspunktes ($\vartheta = t_\Upsilon$). Geht der Frühlingspunkt durch den Meridian, so ist es 12^h Sternzeit. Es gilt folgende Beziehung:

$$\vartheta = \alpha + t$$

Die Sternzeit ϑ ist gleich der Summe von Rektaszension α und Stundenwinkel t eines Gestirns.

Kennt man die Rektaszension eines Gestirns (z. B. aus dem Sternkatalog) und die Sternzeit (von einer Uhr abgelesen), so kann man den Stundenwinkel des Gestirns bestimmen und eventuell ein Fernrohr entsprechend einrichten. Es gilt: $t = \vartheta - \alpha$. Der Stundenwinkel t eines Gestirns ist gleich der Differenz aus Sternzeit ϑ minus Rektaszension α des Gestirns.

Kulminiert ein Gestirn, so passiert es den Meridian und hat den Stundenwinkel $t = 0^h$. Seine Rektaszension entspricht dann der Sternzeit: $\alpha = \vartheta$.

Registriert man beim Meridiandurchgang eines Sternes die genaue Sternzeit, so hat man für das Gestirn die Koordinate Rektaszension bestimmt, da $\vartheta = \alpha$ ist. Kennt man andererseits die genaue Rektaszension eines (Fundamental-)Sterns, so ist aus seinem Meridiandurchgang die genaue Sternzeit abzuleiten.

2.1.3 EKLIPTIKAL-KOORDINATEN

Die durch den Umlauf der Erde um die Sonne aufgespannte Ebene wird Erdbahnebene genannt. Die Erdbahnebene schneidet aus der Himmelskugel den Großkreis der **Ekliptik** heraus. Entlang der Ekliptik läuft die Sonne durch die Sternbilder als Spiegelbild des Erdumlaufes. Die Ekliptik wird deshalb auch scheinbare Sonnenbahn genannt. Die

Sternbilder, durch die die Ekliptik zieht, bilden den Tierkreis oder lat. Zodiacus. Die Ekliptik ist zum Himmelsäquator um rund 23,4° geneigt. Diese Neigung nennt man Schiefe der Ekliptik. Entsprechend ist die Senkrechte auf der Erdbahnebene zur Erdachse um 23,4° geneigt. Die Senkrechte auf der Erdbahnebene, kurz Ekliptikachse genannt, durchstößt die Himmelskugel im Ekliptiknord- und Ekliptiksüdpol.

Die Koordinaten des Ekliptiksystems sind die **ekliptikale Breite** (β) und die **ekliptikale Länge** (λ). Die ekliptikale Breite wird von der Ekliptik aus nach Norden positiv und nach Süden negativ gezählt. Ein Stern in der Ekliptik hat die ekliptikale Breite $\beta = 0°$, für den Ekliptiknordpol gilt $\beta = 90°$, für den Ekliptiksüdpol ist $\beta = -90°$.

Die ekliptikale Länge wird in der Ebene der Ekliptik gemessen. Als Nullpunkt dient der Frühlingspunkt $\lambda = 0°$. Die ekliptikalen Längen werden in Richtung Ost vom Frühlingspunkt aus gezählt. Der Herbstpunkt hat $\lambda = 180°$.

Die Koordinaten der Ekliptik sind die primären Koordinaten für die Beschreibung der Kinematik der Körper des Sonnensystems. So ist es sinnvoll, anzugeben, welche ekliptikale Breite der Mond in Neu- oder Vollmondposition einnimmt, weil davon abhängt, ob es zu einer Sonnen- oder Mondfinsternis kommt.

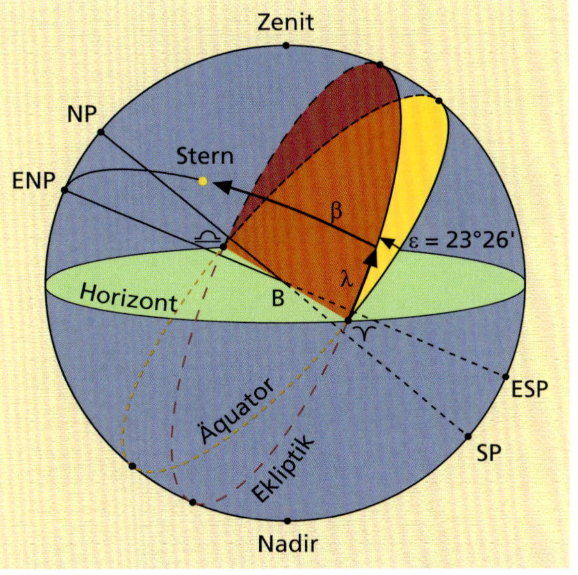

2.5 Das Ekliptiksystem mit den Koordinaten ekliptikale Länge λ und ekliptikale Breite β.

2.1.4 GALAKTISCHE KOORDINATEN

Will man die Verteilung von offenen Sternhaufen oder Galaxien an der Himmelskugel untersuchen, so sind weder äquatoriale noch ekliptikale Koordinaten besonders sinnvoll oder hilfreich. Denn sowohl die Rotationsachse der Erde als auch die Lage der Erdbahnebene sind rein zufällig zur Hauptebene der Milchstraße orientiert. Für galaktische und extragalaktische Objekte – also Objekte außerhalb unseres Sonnensystems – verwendet man daher auch die **galaktischen Koordinaten**. Sie beziehen sich auf die Hauptebene unseres Milchstraßensystems. Die Milchstraßenhauptebene schneidet aus der Himmelskugel den **galaktischen Äquator** heraus. Er ist zum Himmelsäquator um 62°36,0' geneigt. Die Senkrechte auf der galaktischen Hauptebene durchstößt die Himmelskugel in den beiden Punkten galaktischer Nord- und galaktischer Südpol.

Die Koordinate, die angibt, wie weit ein Gestirn vom galaktischen Äquator entfernt ist, wird **galaktische Breite** (b) genannt. Ein Stern auf dem galaktischen Äquator hat die galaktische Breite $b = 0°$. Der galaktische Nordpol hat die Breite $b = 90°$, der galaktische Südpol $b = -90°$. Der galaktische Nordpol hat die äquatorialen Koordinaten $\alpha = 12^h51^m$, $\delta = +27°08'$ (2000.0) und liegt somit im Sternbild Coma Berenices (Haar der Berenike). Die Koordinate, die in der Ebene des galaktischen Äquators gezählt

wird, heißt **galaktische Länge** (l). Der Nullpunkt der galaktischen Länge wird durch die Richtung zum galaktischen Zentrum (Mittelpunkt der Milchstraße) am galaktischen Äquator festgelegt.
Der Nullpunkt der Galaktischen Koordination liegt im Sternbild Schütze und hat die äquatorialen Koordinaten $\alpha = 17^h45{,}7^m$ und $\delta = -29°00'$ (2000.0).
Anmerkung: Ursprünglich wurde als Nullpunkt der galaktischen Länge der Schnittpunkt des galaktischen Äquators mit dem Himmelsäquator (aufsteigender Knoten des galaktischen Äquators) genommen. Diese alten galaktischen Koordinaten wurden als l^I und b^I bezeichnet, im Gegensatz zu den neuen, die eine Zeitlang mit l^{II} und b^{II} vermerkt wurden. Gegenüber dem alten System ist der neue galaktische Äquator um –1,40° geneigt.

2.1.5 BEZIEHUNG DER KOORDINATENSYSTEME ZUEINANDER

Für zahlreiche Zwecke ist es erforderlich, die Koordinaten eines Systems in die eines anderen Systems umzurechnen. Nachstehend sind die wichtigsten Fälle kurz skizziert.

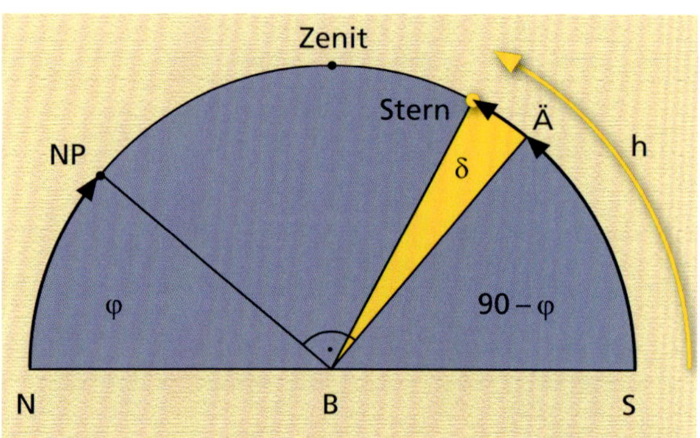

2.6 Meridianschnitt: die Höhe h eines Sterns über dem Südpunkt S am Horizont ergibt sich zu 90 – φ+ δ. Dabei ist φ die geografische Breite des Beobachters B. Sie entspricht der Höhe des Nordpols NP über dem Nordpunkt N am Horizont.

Der Himmelsäquator ist um den Winkel (90° – φ) gegen die Horizontebene gekippt. φ gibt dabei die geografische Breite des Beobachterstandortes an. Die Kippachse ist die Ost-West-Linie in der Horizontalebene. Daraus folgt: Der Schnittpunkt Himmelsäquator–Meridian (= Äquatorkulm) hat eine Höhe über dem Südpunkt von h = 90° – φ. Ein Gestirn auf dem Himmelsäquator (Deklination δ = 0°) kulminiert also in einer Höhe von h = 90° – φ für den Standort mit der geografischen Breite φ.
Weiter gilt: Der Himmelsnordpol (δ = +90°) hat eine Höhe (h) über dem Nordpunkt, die der geografischen Breite φ des Beobachters entspricht: $h_{Nordpol} = \varphi$.
Allgemein gilt für die **Kulminationshöhe** eines Gestirns mit der Deklination δ:

$$h = 90° - \varphi + \delta$$

Diese Gleichung ist algebraisch zu behandeln, das heißt, negative Deklinationen sind abzuziehen.
Die Kulminationshöhe wird in der Regel gemessen (mit Sextant, Mauerquadrant, Meridiankreis). Bei bekanntem Standort φ kann auf diese Weise einfach die Deklination δ eines Gestirns ermittelt werden.
Kennt man seinen Standort und die Deklination eines Gestirns (beispielsweise der Sonne aus einem Jahrbuch), so kann man schnell die Kulminationshöhe errechnen (Mittagshöhe der Sonne).
Misst ein Seefahrer die Kulminationshöhe h eines Gestirns mit der bekannten Deklination δ, so kann er sofort die geografische Breite φ seines Schiffes ermitteln.
Weiter folgt aus obiger Gleichung: Hat ein Gestirn die Deklination δ = φ, so wird h = 90°. Dies bedeutet, dass das Gestirn in der geografischen Breite φ im Zenit (z = 0°) kulminiert.

Zenitalbedingung: δ = φ

Gestirne, deren Deklination δ größer oder gleich (90° – φ) sind, haben in unterer

Kulmination eine positive Höhe bzw. Höhe = 0°. Solche Gestirne gehen in der Breite φ nicht unter. Sie werden zirkumpolar genannt.

Zirkumpolarbedingung: $\delta \geq 90° - \varphi$
Dadurch, dass der Himmelsäquator aus der Horizontebene herausgekippt ist, ist auch ein Teil der Gestirne des Südhimmels in der geografischen Breite φ (bzw. des Nordhimmels analog für einen Beobachter auf der Südhalbkugel der Erde) zu sehen. Da der Äquator in der Höhe $h = 90 - \varphi$ kulminiert, so sind alle Gestirne zu sehen, deren Deklination $\delta \geq \varphi - 90°$ ist. Für den Fall $\delta = \varphi - 90°$ steht ein Gestirn bei seiner Kulmination genau im Südpunkt am Horizont. Gestirne, deren Deklination $\delta < \varphi - 90°$ ist, gehen in der Breite φ nicht auf und bleiben stets unter dem Horizont. Sie sind für einen Standort mit der Breite φ niemals sichtbar.

SONDERFÄLLE

Für $\varphi = 0°$ und für $\varphi = \pm 90°$ ergeben sich folgende beide Sonderfälle:

1. Beobachter auf dem Nord- bzw. Südpol: $\varphi = 90°$ bzw. $-90°$
Der Äquator fällt mit dem Horizont zusammen, der Kippwinkel $(90 - \varphi)$ ist 0°. Der Himmelsnordpol liegt im Zenit, der Himmelssüdpol im Nadir (für Beobachter auf dem Südpol fällt der Himmelssüdpol mit dem Zenit und der Nadir mit dem Himmelsnordpol zusammen).
Die Gestirnshöhen h entsprechen den Deklinationen δ der jeweiligen Gestirne. Es sind somit auf dem Nord- bzw. Südpol nur Gestirne mit positiven bzw. negativen Deklinationen über dem Horizont beobachtbar.
Auf den Polen der Erde ist jeweils nur eine Hälfte der Himmelskugel zu sehen, die andere bleibt stets unter dem Horizont verborgen. Alle Gestirne sind hier zirkumpolar und laufen infolge der täglichen Himmelsdrehung parallel zum Horizont. Da die Sonne vom 21. März bis 23. September positive Deklinationen aufweist, so ist sie in diesem Zeitraum ununterbrochen über dem Horizont. Der Polartag dauert ein halbes Jahr. Vom 23. September bis 21. März hat die Sonne negative Deklinationen, am Nordpol bleibt sie in dieser Zeitspanne stets unter dem Horizont, die Polarnacht dauert ein halbes Jahr.
Analog sind die Verhältnisse für die Südhalbkugel der Erde. Dort sind nur Gestirne mit negativen Deklinationen über dem Horizont. Alle Gestirne der nördlichen Himmelshalbkugel bleiben unsichtbar. Da die Sonne vom 23. September bis 21. März negative Deklinationen hat, so herrscht am Südpol in dieser Zeit der Polartag, während die Polarnacht vom 21. März bis 23. September dauert.
Dies gilt für die idealisierte Vorstellung einer Erde ohne Lufthülle. Durch die atmosphärische Strahlenbrechung (Refraktion) erscheinen Gestirne am Horizont jedoch rund ein halbes Grad angehoben.

2. Beobachter auf dem Äquator: $\varphi = 0°$
Für einen Beobachter auf dem Erdäquator ist der Himmelsäquator um den Winkel $90° - \varphi = 90°$ aus der Horizontebene herausgekippt. Der Himmeläquator geht hier durch die Punkte Zenit und Nadir. Er fällt mit dem **Ersten Vertikal** (Großkreis im Horizontsystem, durch die Punkte Ost, Zenit, West, Nadir) zusammen. Der Himmelsnordpol liegt im Nordpunkt am Horizont, der Himmelssüdpol koinzidiert mit dem Südpunkt am Horizont.
Auf dem Äquator der Erde sind somit alle Gestirne der Himmelskugel (Sphäre) von $\delta = -90°$ Deklination bis $\delta = +90°$ zu sehen. Zirkumpolare Gestirne gibt es hier nicht zu beobachten. Alle Gestirne gehen auf und unter, wobei die Tag- und Nachtbögen gleich lang sind. Die Gestirne sind daher für einen Beobachter auf dem Erdäquator jeweils zwölf Stunden über und zwölf Stunden unter dem Horizont.

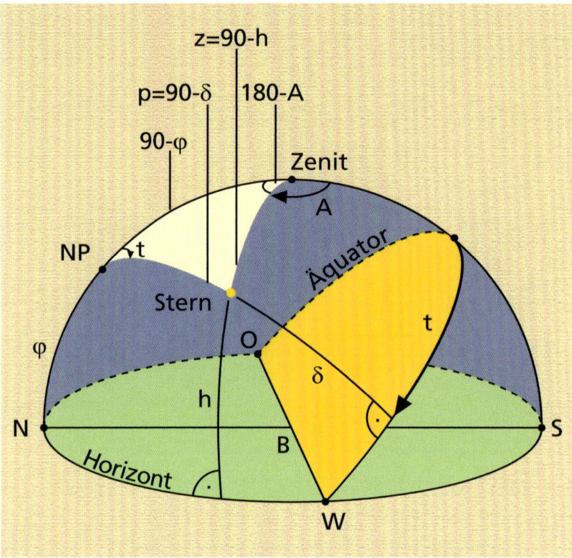

2.7 Das Nautische Dreieck setzt sich aus den drei Punkten Stern S, Zenit Z und Nordpol NP zusammen.

2.1.6 DAS NAUTISCHE (ASTRONOMISCHE) DREIECK

Kulminiert ein Gestirn, so befindet es sich im Meridian. In diesem Falle ist die Umrechnung von Horizontal- in Äquatorialkoordinaten besonders einfach. Das Azimut $A = 0°$, der Stundenwinkel $t = 0^h$, die Rektaszension α entspricht der Sternzeit ϑ und für die Höhe über dem Südpunkt (Kulminationshöhe) gilt $h = 90° - \varphi + \delta$. Im allgemeinen Fall befindet sich ein Gestirn nicht im Meridian ($t \neq 0°$). Dann bilden Gestirn – Zenit – Himmelsnordpol (bzw. -südpol ein Dreieck, das **nautisches** oder auch **astronomisches Dreieck** genannt wird.

Das nautische Dreieck ist ein sphärisches Dreieck. Seine Seiten sind ebenfalls Winkel, und zwar $(90° - \varphi)$ die Strecke Pol – Zenit, $(z = 90° - h)$ die Strecke Zenit – Gestirn und $(p = 90° - \delta)$ die Strecke Pol – Gestirn, p steht für die Poldistanz des Gestirns.

Der Innenwinkel beim Pol ist der Stundenwinkel t und beim Zenit der Supplementärwinkel zum Azimut 180° – A.

Aus den Regeln der sphärischen Trigonometrie folgen die Transformationsgleichungen:

$\cos z = \sin \varphi \times \sin \delta + \cos \varphi \times \cos \delta \times \cos t$

$\sin z \times \sin A = \cos \delta \times \sin t$

Für cos z kann auch sin h gesetzt werden und cos t ist gleich $\cos (\vartheta - \alpha)$, wenn man den Stundenwinkel durch die Differenz Sternzeit minus Rektaszension ersetzt.

2.1.7 UMRECHNUNGEN ANDERER KOORDINATENSYSTEME

Bei Umrechnungen anderer Koordinatensysteme geht man ähnlich vor und konstruiert die entsprechenden sphärischen Dreiecke. Zu beachten ist der jeweilige Kippwinkel zwischen zwei Polarkoordinatensystemen. So ist beispielsweise das Ekliptiksystem gegen das Äquatorsystem um den Winkel $\varepsilon = 23{,}4°$ (**„Schiefe der Ekliptik"**) geneigt. Der Winkel ε ist das Analogon zum Winkel $(90° - \varphi)$, um den das Äquatorsystem aus dem Horizontsystem gekippt ist.

2.2 ERDROTATION, ERDREVOLUTION, MONDLAUF

2.2.1 ZEIT UND KALENDER

Die Zeitbestimmung ist von alters her eine Domäne der Astronomie. Gerade die Einteilung der Zeit und die Aufstellung von Kalendern bezeugt, dass die Astronomen nicht nur eine esoterische Wissenschaft pflegen, sondern durchaus Bezug zur Praxis des täglichen Lebens haben. Ohne präzise Zeitmessung und allgemein gültige Kalenderregeln käme unsere heutige Zivilisation schnell in große Schwierigkeiten. Schon im Altertum hatte die Astronomie durch die Messung und Einteilung des Zeitlaufes ihre praktische Bedeutung bewiesen.
Hauptsächlich drei astronomische periodische Vorgänge bieten sich zur Zeiteinteilung und -zählung an: der Wechsel von Tag und Nacht, die Lichtgestalten des Mondes und die Erscheinung der Jahreszeiten. Schon in grauer Vorzeit haben unsere Ahnen diese natürlichen Zeitmarken verwendet. Die modernen astronomischen Zeitbestimmungen beruhen prinzipiell auf den gleichen Naturvorgängen: der Erdrotation, der periodischen Änderung des Phasenwinkels des Mondes und der Erdrevolution, also des Umlaufs der Erde um die Sonne.

2.2.2 ERDROTATION

Aus der Erdrotation lassen sich fünf Zeitintervalle definieren:

1. Wahrer Sonnentag
= Zeit zwischen zwei aufeinanderfolgenden Kulminationen der wahren Sonne

2. Mittlerer Sonnentag
= Zeit zwischen zwei aufeinanderfolgenden Kulminationen der mittleren Sonne
= per definitionem $24^h00^m00{,}00^s$ Sonnenzeit
= $24^h03^m56{,}555^s$ in Sternzeit

3. Wahrer Sterntag
= Zeit zwischen zwei aufeinanderfolgenden Kulminationen des wahren Frühlingspunktes

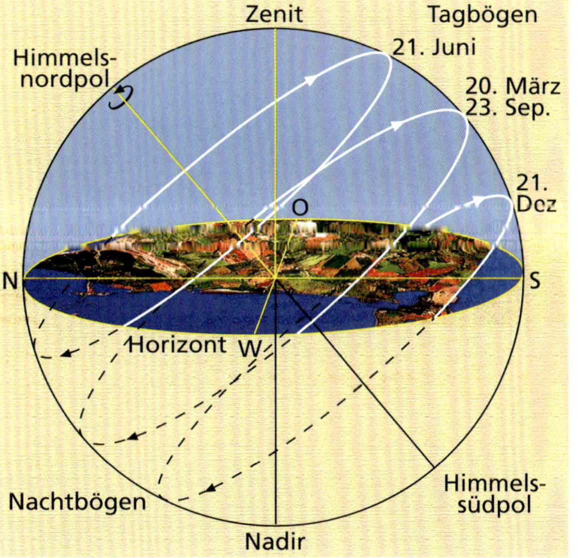

2.8 Tag- und Nachtbögen der Sonne zu verschiedenen Jahreszeiten

4. Mittlerer Sterntag
= Zeit zwischen zwei aufeinanderfolgenden Kulminationen des mittleren Frühlingspunktes
= per definitionem $24^h00^m00{,}00^s$ Sternzeit
= $23^h56^m04{,}091^s$ in Sonnenzeit

5. Siderische Erdrotation
= Zeit zwischen zwei aufeinanderfolgenden Kulminationen eines Fixsternes mit verschwindender Eigenbewegung (EB = 0)
= $23^h56^m04{,}100^s$ in Sonnenzeit

Der mittlere Sonnentag und der mittlere Sterntag sind Zeitintervalle von konstanten Längen, weshalb sie für die Zeitrechnung brauchbar sind. Sie sind allerdings nicht beobachtbar. Beobachtbar hingegen sind der wahre Sonnentag und die siderische Erdrotation, die im Mittel nur um 0,009 Sekunden länger dauert als ein mittlerer Sterntag.

Der Ablauf der Zeit wird anhand des wachsenden Stundenwinkels der Gestirne ermittelt.

Die **Sonnenzeit** entspricht dem **Stundenwinkel** der Sonne, vermehrt um zwölf, die **Sternzeit** ist gleich dem **Stundenwinkel** des **Frühlingspunktes.**

Die obere Kulmination der wahren Sonne entspricht somit 12 Uhr wahrer Sonnenzeit, die des wahren Frühlingspunktes 0 Uhr wahrer Sternzeit.

Da der Stundenwinkel eines Gestirns von der geografischen Länge des Beobachters abhängt, handelt es sich bei den oben definierten Zeiten um **Ortszeiten.** Für den gleichen Erdmeridian gelten dieselben Sonnen und Sternzeiten.

Eine Längendifferenz von 15° entspricht jeweils einer Differenz der Ortszeiten von einer Stunde. Sternzeiten sind immer Ortszeiten. Deshalb ist bei jeder Zeitangabe stets der Ortsmeridian (= geografische Länge), auf den sich die Zeitangabe bezieht, zu nennen. In Jahrbüchern wird üblicherweise die Sternzeit für den **Null-Meridian der Erde** (Meridian der alten Sternwarte von Greenwich bei London) tabuliert. Häufig findet man für sie die Abkürzung: GMST **(Greenwich Mean Sidereal Time).**

Die auf den Null-Meridian bezogene mittlere Sonnenzeit wird Weltzeit (WZ) oder Universal Time (UT) früher auch Greenwich Mean Time (GMT) genannt.

Aus verkehrstechnischen Gründen wurden für die mittlere Sonnenzeit sogenannte **Zonenzeiten** geschaffen. Laut Übereinkunft gilt für alle ungefähr 15° breiten Zonen innerhalb einer jeden die gleiche mittlere Sonnenzeit, unabhängig von der tatsächlichen geografischen Länge des Beobachtungsortes. An der Grenze zweier Zeitzonen springt die mittlere Sonnenzeit um eine Stunde. Beim Überschreiten einer Zeitzonengrenze von West nach Ost ist eine Stunde zu addieren, beim Überschreiten von Ost nach West ist eine Stunde zu subtrahieren.

Für die mitteleuropäische Zonenzeit (MEZ) gilt die mittlere Sonnenzeit des 15°-Meridians östlich von Greenwich. Sie geht gegenüber der Weltzeit um eine Stunde vor. Es gilt: MEZ = UT + 1

Die Westeuropäische Zonenzeit (WEZ) korrespondiert mit der Weltzeit (0°-Meridian), die Osteuropäische Zonenzeit (OEZ) entspricht der mittleren Sonnenzeit des 30°-Meridians östlich von Greenwich (OEZ = UT + 2).

2.2.3 ERDREVOLUTION

Aus der Erdrevolution lassen sich drei Zeitintervalle definieren:

1. Tropisches Jahr:
365,242 189 79 – 0,000 000 061 4 × T
Zeit zwischen zwei aufeinanderfolgenden Durchgängen der mittleren Sonne durch den mittleren Frühlingspunkt

2. Siderisches Jahr:
365,256 360 42 + 0,000 000 001 × T

Zeit zwischen zwei aufeinanderfolgenden Vorübergängen der mittleren Sonne an einem Fixstern mit verschwindender Eigenbewegung

3. Anomalistisches Jahr:
365,259 641 34 + 0,000 003 04 × T
Zeit zwischen zwei aufeinanderfolgenden Durchgängen der Erde durch ihr Perihel
Dabei wird T in Julianischen Jahrhunderten (36 525 Tage) angegeben.

Das tropische Jahr ist kürzer als das siderische, da der Frühlingspunkt infolge der Erdpräzession sich rückläufig durch den Tierkreis bewegt und somit der Sonne entgegenkommt.

Das anomalistische Jahr ist länger als das siderische, da sich die Apsidenlinie der Erdbahn (Verbindungslinie Perihel – Aphel) rechtläufig dreht und das Perihel sich daher unter den Sternen in gleicher Richtung wie der Sonnenlauf weiterbewegt. Es läuft damit der Sonne gewissermaßen ein Stückchen pro Umlauf davon, man spricht von einem Vorrücken des Erdbahnperihels.

Aus den Umläufen des Frühlingspunktes und den Apsiden durch den Tierkreis, also entlang der Ekliptik, ergeben sich drei langfristige Zeitintervalle, die man als die **„Großen Jahre"** bezeichnet. Sie sind folgendermaßen definiert:

1. Platonisches Jahr: 25 784
Siderische Umlaufszeit des wahren Frühlingspunktes (rückläufige Bewegung)

2. Euklidisches Jahr: 111 270
Siderische Umlaufszeit des Erdbahnperihels (rechtläufige Bewegung)

3. Pythagoreïsches Jahr: 20 934
Tropische Umlaufszeit des Erdbahnperihels (rechtläufige Bewegung)

Das pythagoreïsche Jahr ist am kürzesten, da Erdbahnperihel und Frühlingspunkt gegenläufig durch den Tierkreis wandern, also einander entgegenkommen.

Für die Aufstellung von Kalendern eignen sich weder das tropische, noch das siderische, noch das anomalistische Jahr, da sie

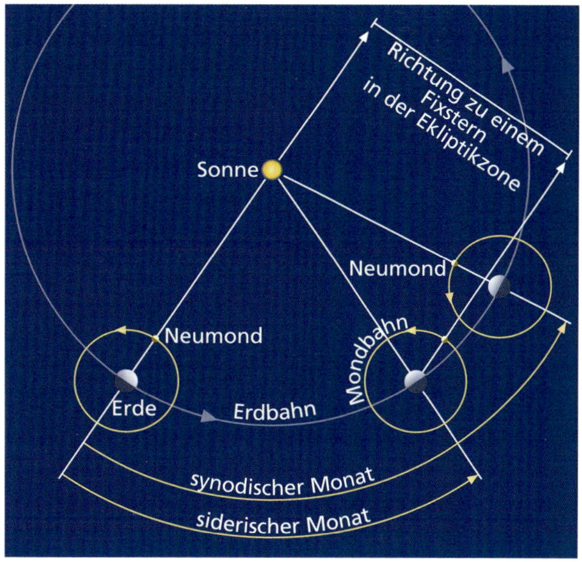

2.9 Ein siderischer Monat ist um zwei Tage und fünf Stunden kürzer als ein synodischer, da der Mond ein längeres Wegstück zurücklegen muss, um wieder von der Erde aus in Richtung Sonne zu stehen (Neumondposition).

zur Länge eines Sonnentages inkommensurabel sind, also in keinem ganzzahligen Verhältnis stehen.

Um dem tropischen Jahr möglichst nahezukommen, das ja die Jahreszeiten bedingt, verwendet man Schaltregeln. Nach dem **Julianischen Kalender** (so benannt nach Gaius Julius Caesar) folgt nach vier Gemeinjahren zu 365 Tagen ein Schaltjahr zu 366 Tagen. Damit dauert:

1 julianisches Jahr = 365,2500 mittlere Sonnentage

Das julianische Jahr ist also $11^{m}15^{s}$ länger als ein tropisches Jahr. Nach 128 Jahren summiert sich diese Differenz zu einem ganzen Tag, der Frühlingsbeginn (Passage der Sonne durch den Frühlingspunkt) erfolgt dann einen Tag früher. Im Laufe der Jahrhunderte verschob sich der kalendarische Frühlingsbeginn gegenüber dem astronomischen immer mehr. Um zu verhindern, dass der kalendarische Frühlingsbeginn schließlich mit dem Sonnenhöchst-

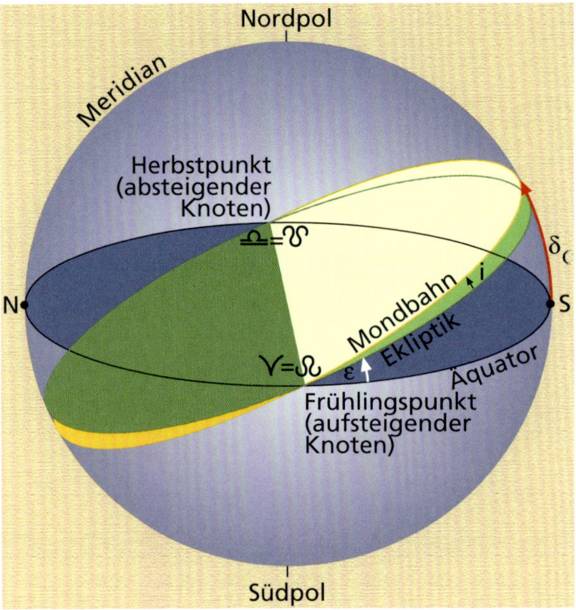

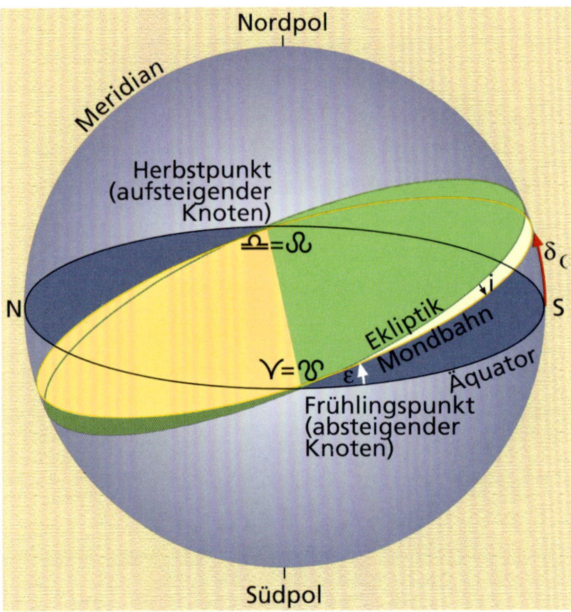

2.10 und 2.11 Extreme Mondpositionen: in der oberen Darstellung addiert sich die Schiefe der Ekliptik ε zur Mondbahnneigung i, da Frühlingspunkt und aufsteigender Knoten zusammenfallen. Im unteren Teil liegt der absteigende Knoten im Frühlingspunkt, von der Schiefe der Ekliptik ε ist die Mondbahnneigung i abzuziehen.

stand zusammenfällt (= Sommerbeginn), ließ Papst Gregor XIII. den Kalender im Jahre 1582 reformieren.
Auf seine Veranlassung folgte unmittelbar auf den 4. Oktober der 15. Oktober 1582 – zehn Tage wurden übersprungen und somit die aufgelaufene Differenz zwischen kalendarischen und astronomischen Jahreszeiten beseitigt. Ferner ergänzte man die Schaltregel um zwei weitere Vorschriften (siehe Kapitel 3.6 und Kapitel 3.7).

2.2.4 MONDLAUF

Aus dem Mondlauf lassen sich fünf Zeitintervalle definieren.
Der Mond ist der einzige natürliche Himmelskörper, der die Erde umkreist. Seine Lichtgestalten oder Phasen eignen sich zur Zeiteinteilung und Aufstellung von Kalendern. Wenn der Mond die Erde in rund 27,3 Tagen einmal umrundet, ist die Sonne fast ein Zwölftel in ihrer Jahresbahn weitergewandert. Deshalb muss der Mond noch ein weiteres Bahnstück zurücklegen, um wieder in die gleiche Phase, also von Neumond zu Neumond oder Vollmond zu Vollmond zu gelangen. Die Zeit zwischen zwei aufeinanderfolgenden Neumondpositionen nennt man eine **Lunation**. Sie dauert 29,5 Tage. Diese Zeitspanne wird synodischer Monat genannt und ist für die Kalenderrechnung maßgebend. Der volle Umlauf um die Erde wird hingegen als siderischer Monat bezeichnet.
Die elliptische Mondbahn ist um 5° zur Erdbahnebene (Ekliptikebene) geneigt.
Die Schnittpunkte der Mondbahn mit der Ekliptik heißen **Knoten** oder **Drachenpunkte**. Sie wandern *retrograd (rückläufig)* in 18,61 Jahren durch den Tierkreis. Nach jeweils 18,61 Jahren passiert somit der aufsteigende Knoten den Frühlingspunkt. Passiert der Mond den aufsteigenden Knoten, so wechselt er von der Süd- auf die Nordseite

der Erdbahnebene. Im absteigenden Knoten kreuzt er die Erdbahnebene in südlicher Richtung. Infolge der retrograden Bewegung der Knoten dauert die aufeinanderfolgende Passage des Mondes durch den gleichen Knoten (auf- oder absteigender Knoten) um rund 2,6 Stunden weniger als ein siderischer Monat. Diese Zeitspanne wird drakonitischer Monat genannt.
Die Mondbahnellipse dreht sich *prograd* *(rechtläufig)* im Raum. Eine volle Umdrehung der **Apsidenlinie** (Verbindungsstrecke zwischen Perigäum und Apogäum) dauert 8,85 Jahre. Das Perigäum läuft damit dem Mond ein wenig davon. Die Zeit zwischen zwei aufeinanderfolgenden Perigäumspassagen des Mondes ist somit um 5,6 Stunden länger als ein siderischer Monat. Der Zeitraum zwischen zwei aufeinander folgenden Perigäumspassagen heißt anomalistischer Monat.

MONATSDEFINITIONEN

	TAGE UND TAGESBRUCHTEILE	TAGE, STUNDEN, MINUTEN, SEKUNDEN
SYNODISCHER MONAT (NEUMOND – NEUMOND)	29,530 589^d	29^{d}12^{h}44^{m}02,9^s
SIDERISCHER MONAT (STERN – STERN)	27,321 662^d	27^{d}07^{h}43^{m}11,6^s
TROPISCHER MONAT (FRÜHLINGSPUNKT – FRÜHLINGSPUNKT)	27,321 582^d	27^{d}07^{h}43^{m}04,7^s
DRAKONITISCHER MONAT (KNOTEN – KNOTEN)	27,212 221^d	27^{d}05^{h}05^{m}35,9^s
ANOMALISTISCHER MONAT (PERIGÄUM – PERIGÄUM)	27,554 550^d	27^{d}13^{h}18^{m}33,1^s

Lunation: Die Zeitspanne, die der Mond benötigt, um alle Phasen einmal zu durchlaufen, also von Neumond bis zum nächsten (= Dauer eines synodischen Monats) wird Lunation genannt. Auf Vorschlag von **Ernest William Brown** (1866–1938) werden die Lunationen durchnummeriert. Die Lunation Nr. 1 begann am 16. Januar 1923. Die Lunation Nr. 1 000 startete am 25. Oktober 2003.

2.3 PRÄZESSION UND NUTATION

2.3.1 DIE PRÄZESSION DER ERDE

Schon die alten Griechen legten Wert auf möglichst umfangreiche, vollständige und genaue Sternkataloge. Sie gaben dabei die Positionen relativ zur scheinbaren Sonnenbahn an, bevorzugten also das ekliptikale Koordinatensystem. Die Entfernung eines Sternes von der Ekliptik wird dabei als ekliptikale Breite bezeichnet. Als Nullpunkt für die ekliptikale Länge dient der Frühlingspunkt, der Ort, an dem die Sonne zur Frühlings-Tagundnachtgleiche steht. **Hipparch von Nikaia** (190–120 vor Chr.) fiel auf, als er selbst einen Katalog zusammenstellte, dass die Längenangaben aller Sterne im Tierkreis gegenüber den Beobachtungen von **Timocharis**, der um 290 vor Chr. einen Sternkatalog erarbeitete, also rund 150 Jahre vor Hipparch, alle größer ausfielen. Hipparch schloss daraus, dass alle Sternörter in 100 Jahren rund 1° an ekliptikaler Länge zunehmen. Er nannte diese Erscheinung **Präzession** (von lat.: praecedere = voranschreiten). Die Sterne schreiten scheinbar langsam aber stetig vom Frühlingspunkt weg. Hipparch meinte, diese Erscheinung beziehe sich nur auf die Tierkreissternbilder. Erst Claudios Ptolemaios konnte 300 Jahre später zeigen, dass sich die gesamte Fixsternsphäre gegenüber dem Frühlingspunkt verschiebt und dass der Himmelsnordpol einen Kreis um den Nordpol der Ekliptik beschreibt, wobei der Öffnungswinkel 47° misst, also das Doppelte der Schiefe der Ekliptik. Die Ursache der Präzessionserscheinung blieb im Altertum verborgen. Nicht die Sterne schreiten voran, sondern der Frühlingspunkt wandert *rückläufig* (also entgegen der Sonnenbewegung) durch den Tierkreis, pro Jahr zwar nur um den winzigen Betrag von rund 50". In 26 000 Jahren ergibt dies dann einen vollen Umlauf durch den Tierkreis. Man nennt den Zeitraum von 26 000 Jahre eine Präzessionsperiode oder ein platonisches Jahr. Da sich der Frühlingspunkt rückläufig bewegt, müsste diese Erscheinung eigentlich *Rezession* heißen. Aber niemand denkt daran, den einmal eingebürgerten Begriff *Präzession* umzutaufen. Erst Isaac Newton (1643–1727) fand den wahren Grund für die lange merkwürdige Erscheinung der Präzession. Unsere rotierende Erde ist physikalisch gesehen ein Kreisel. Die Rotationsachse steht dabei nicht senkrecht auf der Erdbahnebene (Ekliptikebene), sondern weicht um rund 23,4° von der Senkrechten ab oder, was dasselbe bedeutet, die Ekliptik (scheinbare Sonnenbahn) ist zum Erdäquator um 23,4° geneigt – die Schiefe der Ekliptik (siehe Abbildung 2.12 auf Seite 45). Wäre die Erde eine ideale Kugel, dann könnten die Gravitationskräfte von Sonne und Mond im Erdmittelpunkt angreifen. Dem ist aber nicht so – die Erde ist abgeplattet, ein sogenanntes Rotationsellipsoid. Der Poldurchmesser ist etwas kürzer als der Äquatordurchmesser. Man kann sich dabei die Erde zusammengesetzt denken aus einer Kugel mit dem Polradius und einem torusartigen Ring um den Äquator, meist als „Äquatorwulst" bezeichnet.

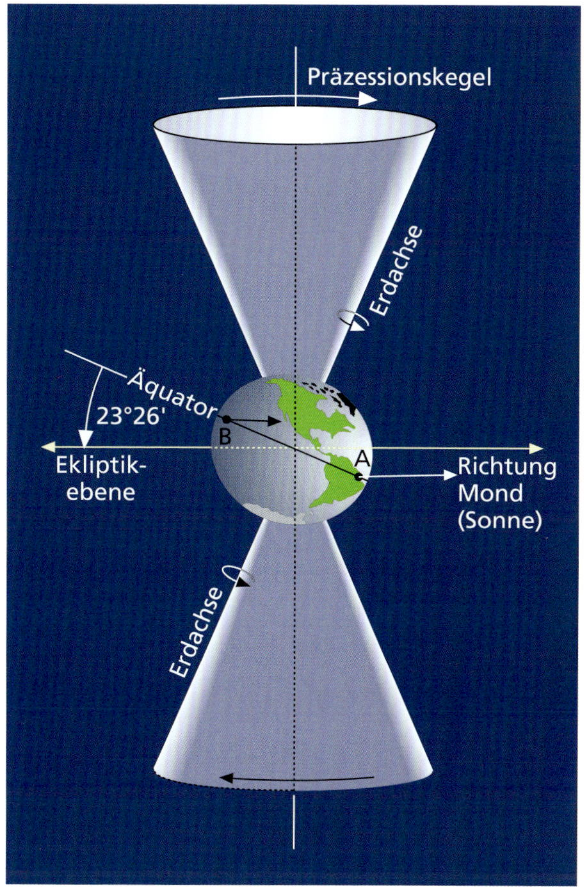

2.12 Entstehung der Präzession: Mond (und Sonne) wirken mit ihrer Anziehungskraft auf den Äquatorwulst der Erde. Die Anziehungskraft ist im Punkt A größer als im Punkt B. Auf die Erdachse wird somit ein Drehmoment ausgeübt (Pfeile), das versucht, sie aufzurichten. Gemäß den Kreiselgesetzen weicht die Erdachse rechtwinkelig aus und beschreibt einen doppelten Kegelmantel.

Kugelförmige Himmelskörper ziehen einander nach Newton derart an, als ob ihre gesamte Masse im geometrischen Mittelpunkt vereinigt ist. Bei der abgeplatteten Erde ist ihr Gravitationsfeld nicht kugelsymmetrisch. So ist im Punkt A des Äquatorwulstes die Anziehung des Mondes bzw. der Sonne größer als im Punkt B, der weiter entfernt ist (siehe Abb. 2.12). Dadurch wird auf den Erdkörper ein Drehmoment ausgeübt (Pfeile c und d). Mond und Sonne versuchen die Erdachse aufzurichten und damit die Schiefe der Ekliptik zu verkleinern. Als rotierender Körper reagiert die Erde gemäß den physikalischen Kreiselgesetzen: Die Rotationssache richtet sich nicht auf, sondern weicht rechtwinkelig aus, wobei die Neigung (Schiefe der Ekliptik) konstant (im Wesentlichen) bleibt.
Die Erdachse bleibt somit nicht raumfest, sondern beschreibt im Laufe von 26 000 Jahren einen doppelten Kegelmantel. Die Himmelspole wandern um die Pole der Erdbahnebene. So zeigt die Erdachse gegenwärtig zum Stern α UMi, den man darum Polarstern nennt. Im Jahre 4000 werden dann Alrai (γ Cephei), im Jahre 10 000 Deneb (α Cygni) und im Jahre 14 000 Wega (α Lyrae) den Polarstern abgeben – freilich so nahe (knapp 1°) wie der letzte Deichselstern des Kleinen Wagens (α UMi) werden sie nicht an den Himmelsnordpol herankommen.
Ferner wandern als Folge der Präzession die beiden Schnittpunkte der Ekliptik mit dem Himmeläquator (Frühlings- und Herbstpunkt) rückläufig durch den Tierkreis. Diese beiden Punkte heißen auch **Äquinoktialpunkte. Äquinoktium** bedeutet **Tagundnachtgleiche**. Die Position der Sonne zu Frühlingsbeginn (Frühlings-Tagundnachtgleiche) verschiebt sich somit. Vor 2500 Jahren stand die Sonne zu Frühlingsanfang im Sternbild Widder, heute im Sternbild der Fische und ab dem Jahre 2610 im Wassermann. In der Zeit um das Jahr 14 000 wird die Sonne dann zum Frühlingsäquinoktium im Sternbild Jungfrau stehen. Zu dieser Zeit werden als Folge der Präzession von Mitteleuropa aus auch das Kreuz des Südens sowie die beiden hellen Sterne α und β Centauri tief am Südhorizont zu sehen sein.
Da der Frühlingspunkt der Nullpunkt sowohl des äquatorialen als auch des ekliptikalen Koordinatensystems ist, ändern sich auch die Koordinaten der Fixsterne ständig.

Die ekliptikalen Längen wachsen, Rektaszension und Deklination variieren, nur die ekliptikale Breite der Sterne bleibt gleich (von nutationsbedingten Schwankungen abgesehen). Denn das Koordinatennetz verschiebt sich.
Die Verschiebung pro Jahr ist relativ gering. Sonne und Mond bewirken eine ekliptikale Längenänderung von 50,37", wobei ein Anteil von 30" allein auf den Mond zurückgeht. Zu dieser sogenannten **Lunisolarpräzession** kommt noch ein kleiner Term vom –0,12", der durch die Anziehung der Planeten zu erklären ist, sowie ein relativistischer Term von 0,02" (geodätische Präzession). Die **Planetenpräzession** wirkt der Lunisolarpräzession entgegen, daher ist ihr Wert negativ. Aus den einzelnen Termen leitet sich die sogenannte Gesamtpräzession in ekliptikaler Länge von 50,27" pro Jahr ab Daraus folgt eine Präzessionsperiode von 25 780 Jahren. Dies ist nur ein mittlerer Wert für das platonische Jahr. Denn die präzessionserzeugenden Kräfte, die von Sonne, Mond und Planeten auf den Äquatorwulst der Erde ausgeübt werden, wechseln nach Betrag und Richtung durch die sich ständig ändernden Positionen der Gestirne. Dadurch treten periodische Schwankungen sowohl des Präzessionswertes als auch der Schiefe der Ekliptik auf, die man unter dem Begriff Nutation zusammenfasst. Der Beobachter muss berücksichtigen, für welchen Zeitpunkt seine Koordinatenangaben gelten, will er zum Beispiel einen Planetoiden aufsuchen. Bei allen Sternkarten und Ephemeriden ist stets zu vermerken, auf welchen Zeitpunkt sich die Lage des Frühlingspunktes bezieht. Man spricht vom Äquinoktium. Benutzt man eine Sternkarte, deren Äquinoktium 1950.0 lautet, so bedeutet das: Das eingetragene Koordinatennetz bezieht sich auf die Lage des Frühlingspunktes zu Jahresanfang 1950 (daher 1950.0). Sind nun die Koordinaten des zu suchenden Planetoiden für das Äquinoktium 2000.0 angegeben, so muss man die Koordinaten auf 1950.0 umrechnen, um die Position des Planetoiden richtig in die Sternkarte eintragen zu können. Denn in 50 Jahren ergibt die Präzession in der Nähe der Ekliptik die stattliche Differenz von $2{,}5^{m}$ in Rektaszension, also mehr als den Vollmonddurchmesser!
Da Sternkarten und -atlanten aber nicht jedes Jahr neu gezeichnet werden, erscheinen sie meist in Sprüngen von 50 Jahren (früher 25 Jahre) Präzessionsdifferenz. Viele ältere Sternatlanten gelten noch für 1950.0, die neueren meist für 2000.0.
Um die Präzession schnell umrechnen zu können, findet man auf Seite 242 eine kleine Hilfstafel. Seit 1984 unterscheidet man noch zwischen Julianischen und Bessel-Äquinoktien (z. B. J2000.0 und B2000.0). Die ersten beziehen sich auf den julianischen Jahresbeginn (1. Januar 2000, 12^{h} TT), die anderen auf den Besselschen (Sonnenlänge = 280° ekl. Länge, also $18^{h}40^{m}$ Rektaszension). Zwischen beiden Äquinoktien liegt die Zeitdifferenz des Dies Reductus. Der Unterschied zwischen beiden Äquinoktien ist minimal.

2.3.2 DIE NUTATION DER ERDACHSE

Die **Nutation** hat die gleiche physikalische Ursache wie die Präzession. Während die Präzession ein langperiodischer Vorgang ist – ein Umlauf des Himmelpols um den Ekliptikpol dauert fast 26 000 Jahre –, stellt die Nutation eine kurzperiodische Schwankung der Erdachse innerhalb von knapp 19 Jahren dar. Während die Präzession bereits im Altertum von Hipparch gefunden wurde, entdeckte die Nutation erst der englische Astronom **James Bradley** (1692–1762) im Jahre 1747. Der Präzessionsbewegung überlagert ist die Nutation, die ein Schwanken der Erdachse um eine Mittellage darstellt. Einerseits erfolgt die Präzessionsbewegung, also der Rücklauf des Frühlingspunktes, nicht mit gleichförmiger Geschwindigkeit. Die ekliptikalen Längenänderungen der Sterne gehen nicht gleichmäßig vor sich. Man spricht in diesem Fall von Nutation in Länge. Andererseits schwankt die Neigung der Erdachse, die Schiefe der Ekliptik, um einen Mittelwert. Die Erde nickt gewissermaßen. Diese Bewegung wird als Nutation der Schiefe bezeichnet. Der Name **Nutation** leitet sich aus dem Lateinischen ab: nutare heißt nicken, wanken, schwanken. Der wahre (bzw. scheinbare) Himmelsnordpol schwankt um einen (fiktiven) mittleren Himmelsnordpol (siehe Abbildung unten). Mal erfolgt die Präzessionsbewegung schneller, der wahre Pol eilt dem mittleren voraus, dann wieder ist die Neigung der Erdachse etwas größer als der Mittelwert der Schiefe der Ekliptik. Der **wahre Pol** vollführt eine kleine Ellipse um den **mittleren Pol** (siehe Abb. rechts). Da der mittlere Pol aber im Präzessionskreis weiterwandert, beschreibt der wahre Pol eine Schlangenlinie um den Ekliptikpol (= Pol der Erdbahnebene). Die Erdachse erzeugt somit keinen glatten, sondern einen wellenförmigen Kegelmantel. Der Doppelkegel der Präzession hat gewissermaßen Wellblechcharakter.

Die Nutationswerte sind freilich im Vergleich zum Öffnungswinkel des Präzessionskegels von 23,4° recht bescheiden. Die Ellipse, die der Wahre um den Mittleren Pol beschreibt, ist nämlich winzig klein. Die große Halbachse misst 9,2", die kleine in Richtung der Präzessionsbewegung 6,9". In einem Modell würde der Präzessionskegel völlig glatt erscheinen, die wellige Form wäre mit bloßen Augen nicht zu erkennen. Die Periode, mit der der wahre Pol in einer Ellipse um den mittleren Pol läuft, beträgt 18,61 Jahre. Diese Zeitspanne deutet auf den Mond als Verursacher der Nutation hin, denn 18,61 Jahre dauert auch ein vol-

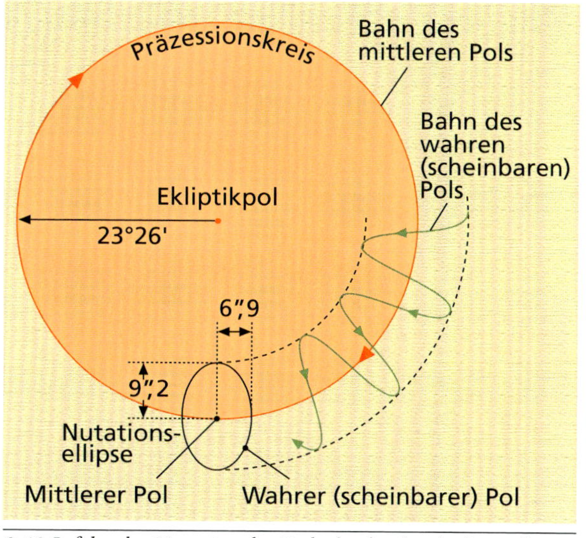

2.13 Infolge der Nutation der Erdachse beschreibt der wahre (scheinbare) Himmelspol eine kleine Ellipse („Nutationsellipse") um den mittleren Himmelspol. Da der mittlere Himmelspol den Präzessionskreis um den Ekliptikpol (Pol der Erdbahnebene) durchläuft, wandert der wahre Himmelspol in einer Schlangenlinie um den Ekliptikpol.

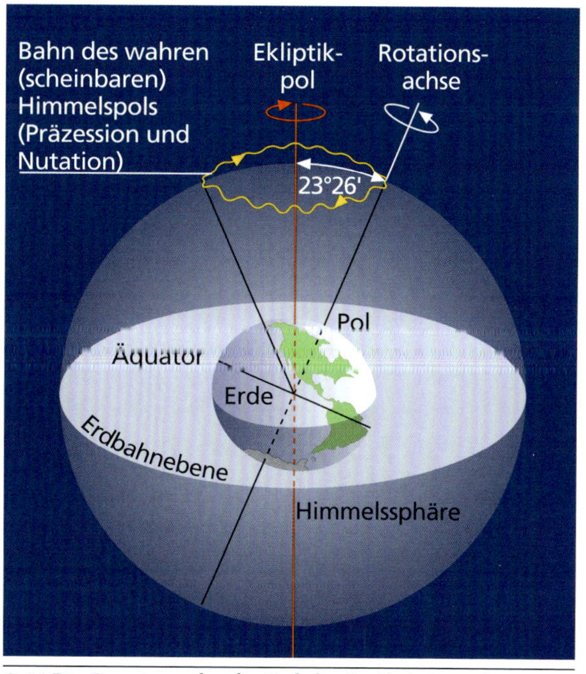

2.14 Die Rotationsachse der Erde beschreibt keinen glatten Präzessionskegel. Die Nutation bewirkt eine wellenförmige Bewegung, so dass ein „Wellblechkegel" entsteht.

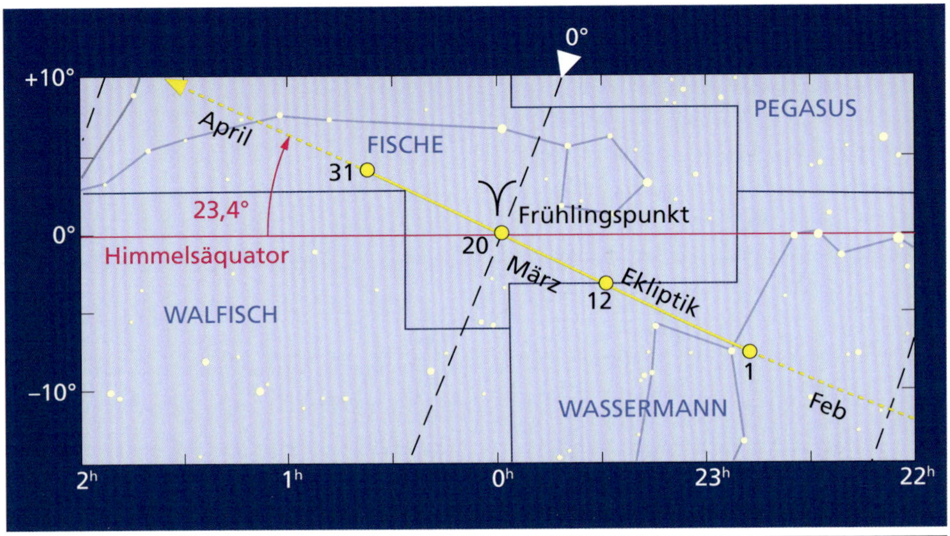

2.15 Am 20. März tritt die Sonne in das Tierkreiszeichen Widder. Vom 12. März bis 18. April wandert sie durch das Tierkreissternbild Fische. Somit befindet sich die Sonne zu Frühlingsbeginn im Sternbild Fische.

ler Umlauf der Mondbahnknoten. Die Ursache der Nutation ist wie die der Erdpräzession in den Gravitationskräften von Mond und Sonne zu suchen. Sie üben ein Drehmoment auf die abgeplattete Erde aus. Der gravitative Einfluss vor allem des Mondes ist aber nicht immer gleich groß. Er ist abhängig von der Entfernung des Mondes von der Erde und von seinem Abstand von der Äquatorebene, also seiner Deklination. Die monatlich wechselnden Erddistanzen des Mondes bedingen die sogenannte kurzperiodische Nutation. Die langperiodische Nutation mit einem Zyklus von 18,61 Jahren hingegen wird durch die wechselnden Deklinationen des Mondes bewirkt. Der Mond läuft nicht genau in der Ekliptik, die Mondbahn ist vielmehr um 5,1° zur Ekliptik geneigt. Fällt nun der aufsteigende Knoten (Schnittpunkt) der Mondbahn mit dem Frühlingspunkt zusammen, so erreicht der Mond seine extremsten Deklinationen. Denn zur Schiefe der Ekliptik von 23,4° addiert sich die Mondbahnneigung von 5,1°. Der Mond pendelt dann in einem Monat zwischen den Deklinationswerten +28,5° und –28,5° hin und her. In diesem Fall ist das integrale Drehmoment, das der Mond auf die Erdachse ausübt, am größten und die Präzessionsbeschleunigung am höchsten. Die Mondknoten bleiben jedoch nicht ortsfest in der Ekliptik, sondern wandern rückläufig in 18,61 Jahren einmal durch den Tierkreis. Nach 9,3 Jahren fällt der aufsteigende Mondbahnknoten mit dem Herbstpunkt zusammen. Die Schiefe der Ekliptik und die Mondbahnneigung sind dann voneinander abzuziehen: 23,4° – 5,1° = 18,3°. Der Mond wandert dann in einem Monat zwischen den Deklinationswerten +18,3°und –18,3° hin und her, wobei seine Wirkung auf die Präzessionsbewegung ein Minimum erreicht. Die Nutationsellipse, die der wahre um den mittleren Himmelspol beschreibt, ist eine direkte Folge des Rücklaufes der Mondbahnknoten.

Die Nutation ruft auch ein Pendeln des wahren Frühlingspunktes um den mittleren hervor. Dadurch verändern sich periodisch die wahren ekliptikalen Längen der Gestirne gegenüber Mittelwerten. Der **wahre Frühlingspunkt** eilt bis zu 17,2" dem **mittleren Frühlingspunkt** voraus oder bleibt eben so weit zurück. Mit anderen Worten: Die Amplitude der Nutation in Länge beträgt $\Delta\lambda = 17{,}2''$.

Zwar ist die Nutation gegenüber der stetig fortschreitendenden Präzession ein kleiner Effekt. Aber sie beeinflusst die Sternörter und muss deshalb bei Positionsmessungen berücksichtigt werden. Bei astronomischen Zeitbestimmungen muss ebenfalls die Nutation berücksichtigt werden. Man unterscheidet zwischen **wahrer** (scheinbarer) und **mittlerer Sternzeit.** Die mittlere Sternzeit entspricht dem Stundenwinkel des mittleren Frühlingspunktes, die wahre dem des wahren Frühlingspunktes. Die Differenz wahre Sternzeit minus mittlere Sternzeit wird **Äquinoktialgleichung** genannt. Sie kann bis $\pm 1{,}15^s$ betragen. Der Fehler, den man bei einer Zeitmessung macht, wenn man die Nutation unberücksichtigt lässt, kann somit über eine Sekunde groß sein.

Während Bradley die Erscheinung der Nutation entdeckte, gab **Jean-Baptiste D'Alembert** (1717–1783) erstmals die richtige physikalische Erklärung für die Ursache der Nutation. Aus der D'Alembertschen Theorie der Nutation leitete **Simon Newcomb** (1835–1909) das Massenverhältnis Erde–Mond zu 80,6:1 ab. Daraus ergibt sich auch eine Abplattung der Erde von $^1/_{305}$ **(dynamische Abplattung)**, während aus einer geometrischen Vermessung der Erdkugel eine Abplattung von $^1/_{298}$ **(geometrische Abplattung)** folgt.

Neben dem Mondeinfluss rufen auch die Planeten, vor allem Venus und Jupiter, kleine Schwankungen der Erdachse und Ekliptikachse hervor. Diese Effekte fasst man unter der Bezeichnung **planetare Nutation** zusammen. Die Wirkungen der Planeten auf die Erdachse sind zwar sehr gering, aber in langen Zeiträumen werden sie deutlich merkbar: Die Schiefe der Ekliptik schwankt mit einer mittleren Periode von 40 000 Jahren zwischen den Extremwelten von 21°55' und 24°18'. Zurzeit (J2000.0) beträgt die **Schiefe der Ekliptik** 23°26'21". Sie nimmt pro Jahr um 0,47" ab.

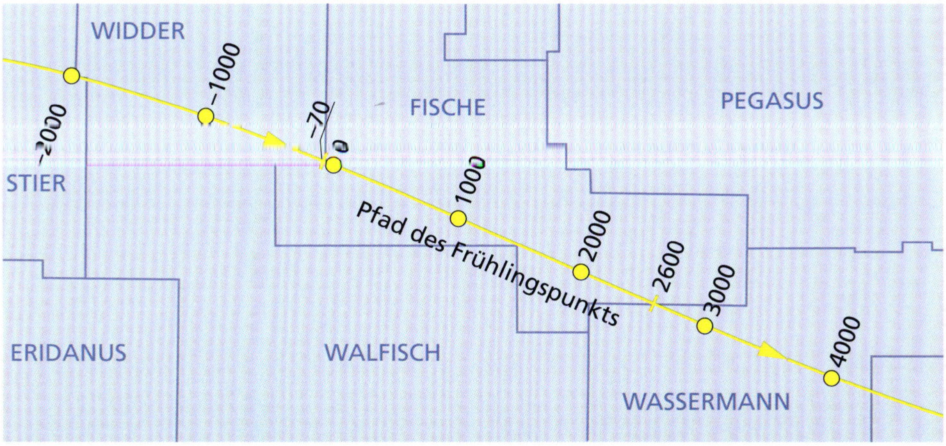

2.16 Infolge der Präzession der Erdachse wandert der Frühlingspunkt durch die Sternbilder des Tierkreises. Von −2000 bis +4000 zieht er seine Bahn vom Sternbild Widder durch das Sternbild Fische in das Sternbild Wassermann.

☞ DIE NUTATION IN ZAHLEN

SCHIEFE DER EKLIPTIK (J 2000.0)	$\varepsilon = 23°26'21''$
JÄHRLICHE ABNAHME	$\delta_\varepsilon = -0{,}47''$
EXTREMWERTE	21°55′ / 24°18′
NUTATIONSKONSTANTEN:	
NUTATION IN SCHIEFE	$\Delta\varepsilon = 9{,}2''$
NUTATION IN LÄNGE	$\Delta\lambda = 17{,}2''$
NUTATIONSELLIPSE DER WAHREN (= SCHEINBAREN) HIMMELSPOLE UM DIE MITTLEREN POLE:	
GROSSE HALBACHSE	$a = 9{,}2''$
KLEINE HALBACHSE	$b = 6{,}9''$
ÄQUINOKTIALGLEICHUNG = WAHRE MINUS MITTLERE STERNZEIT	
LANGPERIODISCHE NUTATION (LUNARER ZYKLUS)	18,61 tropische Jahre
ABPLATTUNG DER ERDE:	
DYNAMISCHE (AUS NUTATION)	$^1/_{305}$
GEOMETRISCHE (FORM DES GEOIDES)	$^1/_{298}$
MASSENVERHÄLTNIS MOND–ERDE	1:81,3
MITTLERE NEIGUNG DER MONDBAHN ZUR EKLIPTIK	$i = 5°08'43''$
PERIODISCHE SCHWANKUNG	$\Delta i = \pm 9'$ in 173 Tagen
Rücklauf der Mondbahnknoten in 18,6134 tropischen Jahren	

2.4 SONNEN- UND MOND-FINSTERNISSE

2.4.1 SONNEN-FINSTERNISSE

Sonnen- und Mondfinsternisse gehören zu den spektakulärsten Himmels-erscheinungen, die schon im Altertum die Menschen faszinierten – und meist auch beunruhigten. Wenn mitten am Tag die Sonne zu verschwinden begann, so rief dies Aufregung und Furcht hervor, vor allem wenn dies ohne Vorwarnung geschah. Man glaubte, ein Ungeheuer würde die Sonne verschlingen.

Bei den Chinesen glaubte man an einen Drachen, der versucht, die Sonne zu fressen. Sie waren auch die ersten, denen es gelang, Sonnenfinsternisse ziemlich exakt vorherzusagen. Solch beeindruckende Himmelsschauspiele prägten sich nicht nur in die Gedächtnisse ein, sondern wurden auch sorgfältig registriert. Berichte über Sonnenfinsternisbeobachtungen gehören zu den ältesten Dokumenten der Menschheitsgeschichte. Sie ermöglichen es den Historikern, solche Ereignisse auf den Tag genau zu ermitteln und ebenfalls den Ort, von wo sie beobachtet wurden.

Zu einer **Sonnenfinsternis** kommt es, wenn sich der Mond vor die Sonne schiebt und sie bedeckt. Genau genommen handelt es sich um eine Sternbedeckung durch den Mond. Denn die Sonne wird nicht verfinstert, sondern der Mond wirft seinen Schatten auf die Erde. Eine Sonnenfinsternis tritt nur ein, wenn der Mond in Neumondposition kommt und sich gleichzeitig in der Erdbahnebene befindet, so dass er von der Erde aus betrachtet vor der Sonne vorbeizieht.

Nicht bei jedem Neumond kommt es zu einer Sonnenfinsternis. Denn die Mondbahn ist um 5° zur Ekliptik (scheinbare Sonnenbahn) geneigt. Die Mondbahn durchstößt somit in zwei Punkten die Erdbahnebene (Ekliptikebene). Diese Punkte heißen aufsteigender und absteigender Knoten. Im aufsteigenden Knoten wechselt der Mond von der Südseite der Erdbahnebene auf die Nordseite, im absteigenden Knoten überschreitet er die Ekliptik von Nord nach Süd. Die Mondbahnknoten heißen auch Drachenpunkte, weil die Menschen im alten China beim Eintritt einer Sonnenfinsternis glaubten, ein himmlischer Drache würde die Sonne verschlingen.

Damit es zu einer Sonnenfinsternis kommt, muss sich also der Neumond im oder nahe einem der beiden Drachenpunkte aufhalten. Wird die Sonne vollständig vom Neumond

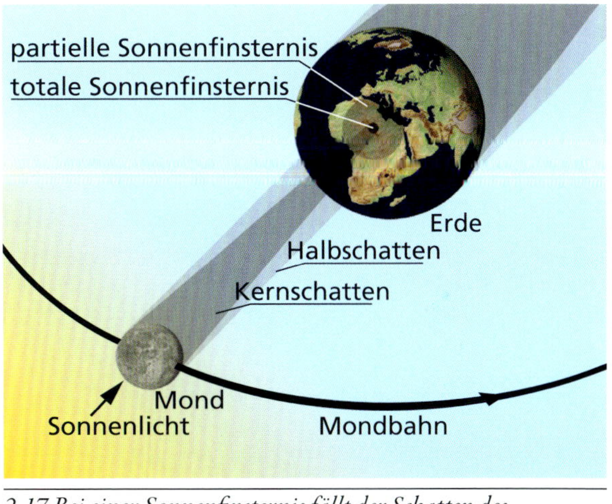

2.17 Bei einer Sonnenfinsternis fällt der Schatten des Neumondes auf die Erdoberfläche. Im Bereich des Kernschattens wird die Sonne vollständig vom Mond bedeckt.

2.18 Die partielle Phase der Sonnenfinsternis vom 10. Juni 2021

verdeckt, so nennt man die Finsternis **total**. Bei einer teilweisen Bedeckung spricht man von einer **partiellen Finsternis**. Erscheint die Mondscheibe etwas kleiner als die Sonnenscheibe, so wird die Finsternis **ringförmig**. Schließlich gibt es noch die Kombination einer ringförmig-totalen Sonnenfinsternis. Man nennt eine solche Finsternis **hybrid**. Eine hybride Finsternis ist beispielsweise zu Beginn ringförmig und wird dann eine totale. Oder sie ist anfangs total und im weiteren Verlauf ringförmig.

Durch eine Laune der Natur erscheinen uns Sonne und Mond am irdischen Himmel gleich groß. Der Mond hat zwar nur ein Viertel des Erddurchmessers, die Sonne dagegen den 109-fachen Erddurchmesser. Die Sonne ist jedoch vierhundertmal weiter von uns entfernt als der Mond. Deshalb erscheinen beide Gestirne von der Erde aus betrachtet unter dem gleichen Winkel von gut einem halben Grad. Ist der Mond in Erdferne, die Erde aber in Sonnennähe, so ist die Mondscheibe ein wenig kleiner als die Sonnenscheibe. Der Neumond verdeckt die Sonne nicht vollständig, es bleibt ein heller Lichtring um den schwarzen Mond.

Die Kernschattenspitze des Mondes überstreicht die Erdoberfläche nur in einer schmalen Zone von wenigen hundert Kilometern Breite. Deshalb ist für einen bestimmten Ort der Eintritt einer totalen Sonnenfinsternis ein außerordentlich seltenes Ereignis, das nur alle paar Jahrhunderte vorkommt. Wegen des geringen Kernschattendurchmessers dauert die **Totalität** nur maximal **sieben Minuten**. Außerhalb der

2.19 Die totale Sonnenfinsternis vom 29. März 2006. Um die verdunkelte Sonne leuchtet der Strahlenkranz der Korona.

schmalen Zone der Totalität oder der ringförmigen Phase sieht man nur eine teilweise Bedeckung der Sonnenscheibe durch den Mond. Beobachter im Gebiet der partiellen Phasen befinden sich im Halbschatten des Mondes. Die Breite des Halbschattengebietes erreicht in der Regel einige tausend Kilometer. Deshalb treten an einem bestimmten Ort viel häufiger partielle Sonnenfinsternisse ein als totale oder ringförmige. Trifft der Kernschattenkegel des Mondes die Erde überhaupt nicht, sondern streicht knapp an unserem Globus vorbei, so nennt man diese Sonnenfinsternis eine partielle, da sie von keinem Punkt der Erde als totale oder ringförmige erscheint.

2.4.2 MONDFINSTERNISSE

Zu einer **Mondfinsternis** kommt es, wenn unser Trabant vom Schattenkegel der Erde getroffen wird. Dies kann nur geschehen, wenn er der Sonne genau gegenübersteht – von der Erde aus betrachtet. Sonne und Mond stehen am irdischen Firmament immer dann einander gegenüber, wenn die Vollmondphase eintritt. Dann geht der Mond mit Sonnenuntergang auf, passiert um Mitternacht den Meridian und geht unter, wenn die Sonne morgens wieder aufgeht. Der Mond muss somit in Opposition zur Sonne stehen, damit er vom Erdschatten getroffen wird.

Doch nicht bei jedem Vollmond kommt es zu einer Mondfinsternis Denn die Mondbahn verläuft nicht genau in der Erdbahnebene, sondern ist rund 5° zu ihr geneigt. Meist zieht der Vollmond deshalb nördlich oder südlich am Kernschattenkegel der Erde vorbei. Nur wenn der Vollmond die Ekliptik kreuzt, tritt er in den Schatten der Erde. Die beiden Schnittpunkte der Mondbahn mit der Ekliptik werden Knoten oder Drachenpunkte genannt.

Man unterscheidet drei Typen von Mondfinsternissen: **Halbschatten-**, **partielle** und **totale Mondfinsternisse**. Bei einer Halbschattenfinsternis taucht der Vollmond überhaupt nicht in den Kernschatten der Erde ein, da er zu weit von der Erdbahnebene (Ekliptikebene) entfernt ist. Eine Halbschattenfinsternis ist schwierig bis gar nicht beobachtbar. Solange der Mond weniger als das 0,7-Fache seines Scheibendurchmessers in den Halbschatten eintaucht (man sagt, die Größe der Halbschattenfinsternis ist kleiner als 0,7) kann man am Vollmond nichts Ungewöhnliches registrieren. Erst wenn die Halbschattenfinsternis fast die Größe 1 erreicht, fällt aufmerksamen Besuchern ein leichter Grauschleier auf, der sich zum Schattenzentrum hin verdichtet. Halbschattenfinsternisse des Mondes bleiben unauffällige Ereignisse und werden von der Bevölkerung meist gar nicht wahrgenommen. Aus Gründen der Vollständigkeit und der Statistik wegen sind auch die Halbschattenfinsternisse in den Jahrbüchern und Finsternistabellen verzeichnet.

Von einer partiellen oder teilweisen Finsternis spricht man, wenn ein Teil der Mondscheibe vom Kernschatten der Erde getroffen wird. Tritt der Mond vollständig in den Kernschatten ein, so ist die Finsternis total. Ob eine Mondfinsternis partiell oder total ausfällt, lässt sich aus der Größe der Finsternis ersehen. Unter **„Größe der Mondfinsternis"** versteht man die maximale Eindringtiefe der Mondscheibe in den Kernschatten der Erde. Sie wird in Einheiten des Mondscheibendurchmessers ange-

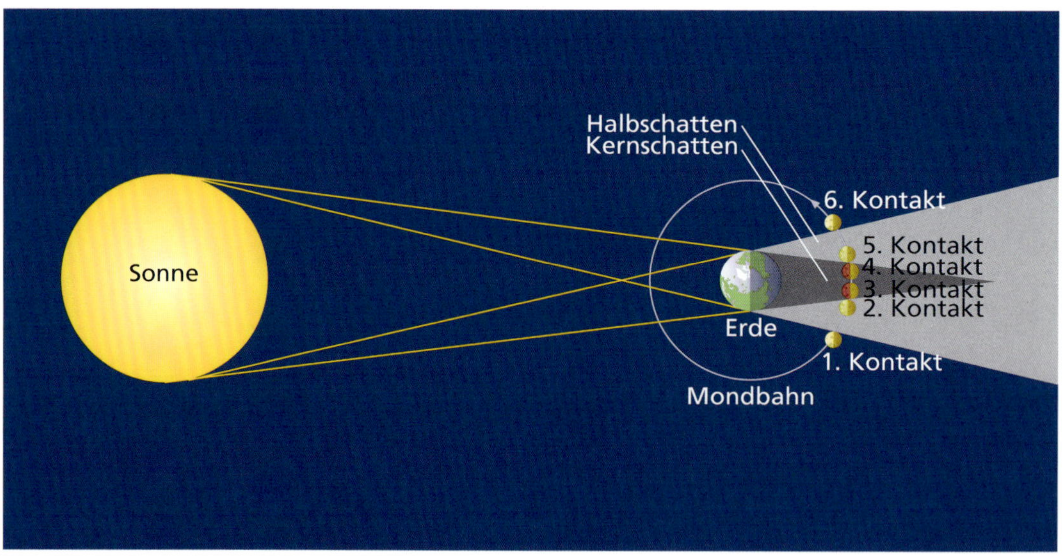

2.20 Entstehung einer Mondfinsternis. Erreicht der Mond seine Vollmondposition und steht gleichzeitig in der Erdbahnebene (Ekliptik), so wird er vom Erdschatten getroffen und verfinstert. Beim 1. Kontakt tritt er in den Halbschatten, beim 2. Kontakt in den Kernschatten der Erde. Beim 3. Kontakt tritt er vollständig in den Kernschatten, die Totalität beginnt. Sie endet mit dem 4. Kontakt. 5.: Austritt aus dem Kernschatten, 6.: Austritt aus dem Halbschatten.

geben. Ist die Größe kleiner als eins ($G < 1$), so bleibt die Finsternis partiell. Ist sie größer oder mindestens gleich eins ($G \geq 1$), so handelt es sich um eine totale Mondfinsternis. Die **maximale Größe** einer Mondfinsternis beträgt $G = 1{,}888$. Sie wird erreicht, wenn der Mond zentral durch den Kernschattenkegel der Erde wandert. Dies ist der Fall, wenn zur Finsternismitte die Kernschattenachse den Mittelpunkt der Mondscheibe trifft. Bei einer solch zentralen Finsternis dauert die Totalität etwa 1 ¾ Stunden.
Der Durchmesser des Kernschattenkegels der Erde beträgt in Monddistanz knapp das Dreifache des scheinbaren Monddurchmessers.
Der Mond wandert unter den Sternen von West nach Ost, da er die Erde umkreist. Diese Bewegung ist nicht zu verwechseln mit der täglichen Himmelsdrehung, die klarerweise bei allen Gestirnen von Ost nach West verfolgt.
Somit schiebt sich der Mond von Westen her kommend in den weit in den Weltraum hinein ragenden Erdschatten. Zunächst taucht er in den Halbschatten ein, der 1. Kontakt findet statt, ein Vorgang der grundsätzlich unbeobachtbar bleibt. (Es sei denn, man steht auf dem Mond und blickt zur Erde: Dann sieht man, wie die Sonne den Erdrand tangiert.) Allmählich beginnt sich Mondscheibe mit einem leichten Grauschleier zu überziehen. Schließlich findet der 2. Kontakt statt, der Eintritt des Mondes in den Kernschatten beginnt.
Der **Positionswinkel** gibt den Punkt am Mondrand an, an dem der Kernschatten erstmals den Mond berührt. Der Positionswinkel wird dabei von Nord (0°) über Ost (90°), Süd (180°) und West (270°) gezählt. „Ost" und „West" gelten hier nach der astronomischen Definition: Der Ostrand geht dem Mondlauf unter den Sternen (von West nach Ost) voran, von der Nordhalbkugel der Erde aus betrachtet also der *linke* Mondrand. Wegen der Unschärfe des Erdschattens ist die Kontaktzeit nicht so leicht zu registrieren wie bei einer Sonnenfinsternis, bei der der atmosphärelose Mondrand gestochen scharf erscheint.
Ist der Mond vollständig in den Kernschatten eingetaucht, beginnt die totale Phase (3. Kontakt). Zur Mitte der Finsternis wird die maximale Phase erreicht, der Mond ist am tiefsten in den Kernschatten eingetaucht. Mit dem 4. Kontakt endet die Totalität, der Mond beginnt allmählich aus dem Kernschatten zu wandern. Schließlich verlässt er den Kernschatten ganz (5. Kontakt), der optisch sichtbare Teil der Mondfinsternis ist damit im Wesentlichen beendet. Der 5. Kontakt ist der letzte Berührungspunkt des Kernschattens. Der 6. Kontakt gibt den nicht beobachtbaren Austritt des Mondes aus dem Halbschatten der Erde an.

2.4.3 SAROS-ZYKLUS UND SAROS-PERIODE

Schon im Altertum war bekannt, dass sich Finsternisse periodisch wiederholen. Bald lernte man, solche kosmischen Schattenspiele vorherzusagen. Nicht nur das: Aus der Beobachtung von Mondfinsternissen zog man allerlei Schlüsse. So erklärte der griechische Gelehrte **Aristoteles** schon im vierten vorchristlichen Jahrhundert, die Erde müsse eine Kugel sein, denn ihr Schatten auf dem Mond habe immer einen runden Rand. Etwa ein Jahrhundert später schätzte **Aristarch von Samos** die relativen Größen von Mond und Erde ab, indem er die Zeit maß, die der Mond für einen Durchgang durch den Erdschatten benötigt. Aus der Beobachtung der Halbmondphasen bestimmte er ferner die relativen Distanzen von Sonne und Mond und kam so zu dem richtigen Schluss, dass die Sonne wesentlich größer als die Erde sei, der Mond aber höchstens ein Drittel so groß wie unser Planet.

2.21 Die partielle Mondfinsternis vom 31. Dezember 2009

Im zweiten vorchristlichen Jahrhundert benutzte **Hipparkos von Nikaia** Mondfinsternisse, um die schwierig zu bestimmenden geografischen Längen einzelner Städte zu ermitteln. Da Ein- und Austritte des Mondes in bzw. aus dem Erdschatten für alle irdischen Beobachter gleichzeitig erfolgen, die Beobachtungen dieser Phänomene aber in Ortszeit vermerkt werden, so gibt die Differenz der Ortszeiten die Unterschiede der geografischen Längen an. Hat man in einem östlich von Athen liegenden Ort den Beginn der Mondfinsternis nach Ortszeit eine Stunde früher registriert als in Athen, so liegt dieser Ort 15° östlich von Athen. Eine Längendifferenz von einem Grad entspricht einem Zeitunterschied von vier Minuten. Rund 750 Jahre vor Chr. erkannten chaldäische Astronomen, dass sich Sonnen- und Mondfinsternisse nach etwas mehr als achtzehn Jahren wiederholen. Genauer: Nach 223 Lunationen tritt der Vollmond wieder in den Erdschatten. Denn 223 synodische Monate (= 6585,322 mittlere Sonnentage) dauern fast genau so lang wie 242 drakonitische Monate (= 6585,357 mittlere Sonnentage). Nach dieser Zeit wiederholen sich die relativen Positionen der **Syzygien** (Neu- und Vollmondphasen) zu den Mondbahnknoten. Geht der Vollmond zu einem bestimmten Datum durch den aufsteigenden Knoten (und wird dabei verfinstert), so befindet er sich nach 18 Jahren und 10 ⅓ Tagen bzw. 11 ⅓ Tagen (je nachdem, ob fünf oder nur vier Schaltjahre in diesen Zeitraum fallen) in der gleichen Position: Es ist dann wieder Vollmond und gleichzeitig steht der Erdtrabant abermals im aufsteigenden Knoten. Diese Zeitspanne wird **Saros** oder **Saros-Periode** genannt. Nicht berücksichtigt wird in der Saros-Periode die Erdrotation.

Maßgebend sind die Stellen nach dem Komma. Ein Dritteltag entspricht acht Stunden. Beobachtet man an einem bestimmten Ort eine Mondfinsternis, so tritt sie nach einer Saros-Periode, also nach 18 Jahren und 10 Tagen wieder ein, allerdings 8 Stunden später. Für den gleichen Beobachtungsort ist dann der Mond eventuell schon untergegangen. Die Mondfinsternis findet zwar statt, aber erst nach Monduntergang. Sie ist daher nur für Orte westlich des ursprünglichen Beobachtungsortes sichtbar. Noch etwas lassen die Nachkommastellen erkennen: Der Knotendurchgang des Mondes verspätet sich gegenüber der Vollmondphase nach einem Saros um 0,035 Tage, das sind rund 50 Minuten.

Nach einigen Saros-Perioden taucht der Vollmond nicht mehr zur Gänze in den Kernschatten der Erde, aus totalen werden partielle Mondfinsternisse. Nach weiteren Saros-Perioden werden aus partiellen Mondfinsternissen Halbschattenfinsternisse. Schließlich wächst die Differenz zwischen Vollmondposition und Knotendurchgang so weit an, dass es gar nicht mehr zu einer Mondfinsternis kommt, die Finsternis reißt ab. Andererseits beginnt wieder eine neue Serie, wenn die Vollmondtermine langsam aber sicher wieder einer Knotenpassage naherücken – eine neue Finsternisserie beginnt. Man spricht in diesem Fall von einem **Saros-Zyklus** oder einer **Saros-Serie**. Ein Saros-Zyklus umfasst zahlreiche Saros-Perioden. Ein solcher Zyklus beginnt zunächst mit Halbschattenfinsternissen. Aus ihnen werden partielle Mondfinsternisse, dann totale und schließlich wieder partielle. Er endet schließlich mit Halbschattenfinsternissen. Die Längen von Saros-Zyklen liegen zwischen zwölf und sechzehn Jahrhunderten. Die Saros-Zyklen werden durchnummeriert. Gerade Saros-Zyklen-Nummern beziehen sich auf Finsternisse im aufsteigenden Knoten, ungerade auf den absteigenden Knoten.

Ähnlich verhält es sich mit Sonnenfinsternissen. Auch sie wiederholen sich nach einer

2.22 Die totale Mondfinsternis vom 27. Juli 2018

Saros-Periode. Jede Sonnenfinsternis zählt zu einem Saros-Zyklus von mehreren Hundert Jahren. Ein Saros-Zyklus beginnt als winzig kleine partielle Sonnenfinsternis. Im Verlauf von weiteren Saros-Perioden desselben Zyklus nimmt der Bedeckungsgrad der einzelnen partiellen Finsternisse allmählich zu bis eine Serie von totalen bzw. ringförmigen Sonnenfinsternissen stattfindet. Danach folgen wieder partielle Sonnenfinsternisse mit abnehmendem Bedeckungsgrad bis der Saros-Zyklus mit einer letzten, winzigen partiellen Sonnenfinsternis endet.
Zwei Beispiele mögen dies erläutern:
Die totale Sonnenfinsternis vom 11. August 1999 war die einzige im 20. Jahrhundert, bei der die Kernschattenzone über Deutschland zog. Die Totalitätszone verlief damals über Süddeutschland. Sie war die 21. Finsternis im Saros-Zyklus Nr. 145. Nach einer Saros-Periode folgte die Nr. 22 dieser Saros-Serie am 21. August 2017, bei der die Totalitätszone über die westliche Erdhälfte ging – quer über Nordamerika.
Der Saros-Zyklus Nr. 145 umfasst insgesamt 76 Sonnenfinsternisse in einem Zeitraum von 1352 Jahren, die alle nahe dem aufsteigenden Mondknoten stattfanden beziehungsweise noch stattfinden werden. Dieser Zyklus oder diese Serie enthält 33 partielle, 41 totale, eine hybride (ringförmig-totale) und eine einzige rein ringförmige Sonnenfinsternis. Die erste Finsternis der Saros-Serie 145 fand am 4. Januar 1639 mit nur 0,0009 Größe als partielle statt. Nach 14 partiellen, einer ringförmigen und einer hybriden (ringförmig-totalen) Finsternis fand am 29. Juni 1927 die erste totale Sonnenfinsternis im Saros-Zyklus 145 mit einer Totalitätsdauer von nur 50 Sekunden statt. Die längste Sonnenfinsternis der Serie 145 wird am 25. Juni 2522 mit 7^m12^s Dauer der Totalität stattfinden. Die letzte totale Sonnenfinsternis wird am 9. September 2648 mit 2^m48^s Totalitätsdauer eintreten. Dann folgen 19 weitere partielle Finsternisse. Am 6. April 2991 wird sich die letzte Finsternis dieses Saros-Zyklus als partielle mit 0,1345 Größe ereignen.
Die von Mitteleuropa sichtbare totale Mondfinsternis vom 27. Juli 2018 ist die 38. im Saros-Zyklus Nr. 129. Diese Serie umfasst insgesamt 71 Mondfinsternisse in einem Zeitraum von 1262 Jahren. Sie begann mit der Halbschattenfinsternis vom 10. Juni 1351. Nach zehn Halbschattenfinsternissen fand am 26. September 1531 die erste partielle Mondfinsternis des Saros 129 statt. Nach 21 partiellen folgte am 24. Mai 1910 die erste totale Mondfinsternis. Nach insgesamt elf totalen wird die erste wieder partielle Finsternis am 20. September 2108 stattfinden. Nach wiederum 21 partiellen kommt es am 24. Mai 2487 erstmals wieder zu einer Halbschattenfinsternis. Acht Halbschattenfinsternisse beenden die Saros-Serie 129.
Die letzte Mondfinsternis des Saros 129 wird sich am 24. Juli 2613 ereignen, wobei der Mond nur 0,056 seines scheinbaren Durchmessers in den Halbschatten der Erde eintauchen wird.

2.5 SONSTIGE ASTRONOMISCHE PHÄNOMENE ZUR ZEITABLEITUNG

2.5.1 MONDLÄNGEN UND OKKULTATIONEN

Die Stellung des Mondes unter den Sternen kann ebenfalls zur Zeitbestimmung herangezogen werden. Dies war insbesondere zu jener Zeit wichtig, als es noch keine präzisen, transportablen Uhren gab, um die Position eines Schiffes auf hoher See zu bestimmen. Insbesondere **Tobias Mayer** aus Marbach am Neckar (1723–1762) hat sich dabei große Verdienste erworben. Er gilt als Vermesser der Meere, der Erde und des Himmels. Er hat präzise Mondtafeln aufgestellt mit einer Genauigkeit der Ephemeride von einer Bogenminute. In seinen Tafeln gibt er die genauen Mondpositionen im Zwölf-Stunden-Takt an. **Mayers** präzise **Mondtafeln** erlauben es, den Mond als natürliche Uhr zu benutzen. Denn aus der Mondposition unter den Sternen ergibt sich die Uhrzeit. In Abb. 2.25 auf Seite 61 erkennt man, wie der Mond sich innerhalb weniger Stunden unter den Sternen weiterbewegt. Misst man nun genau den Abstand des Mondes von den Sternen im Hintergrund, so erhält man den Zeitpunkt der Messung aus der **Mondephemeride**. Mit Hilfe der **Mayerschen Mondtafeln** konnte man im Prinzip ein uraltes **Problem der Seefahrt** lösen, das als **Längenproblem** in die Geschichte eingegangen ist. Bis in die jüngste Zeit waren die Kapitäne auf hoher See auf die Gestirne angewiesen, wollten sie die geografische Position ihres Schiffes bestimmen. Die geografische Breite ist dabei noch relativ leicht mit Hilfe eines Sextanten zu ermitteln: Man misst die Höhe des Polarsterns über dem Horizont. Die Polhöhe entspricht unmittelbar der geografischen Breite (abgesehen von einer kleinen Korrektur, die anzubringen ist, da Polaris nicht exakt am Ort des Himmelsnordpols steht). Ganz allgemein kann man jedes Gestirn benutzen, dessen Deklination (δ) man kennt, um die geografische Breite (φ) zu bestimmen. Bei Kulmination des Gestirns gilt:

$$\varphi = 90 - h + \delta.$$

Dabei ist h die gemessene Gestirnshöhe beim Meridiandurchgang. Vor allem auf

2.23 Tobias Mayer (1723–1762), Vermesser des Himmels, der Erde und der Meere

der Südhalbkugel der Erde ist diese Methode anzuwenden. Denn dort bleibt Polaris unter dem Horizont und der südliche Polarstern (σ Octantis) ist so lichtschwach, dass man ihn kaum erkennen kann.
Viel schwieriger jedoch ist es, die geografische Länge auf hoher See zu bestimmen. Dazu ist es erforderlich, die genaue Uhrzeit seines Ausgangsortes zu kennen und mit der Ortszeit der Schiffsposition zu vergleichen. Hat man an Bord eine Uhr, die Weltzeit (= mittlere Ortssonnenzeit des Null-Meridians von Greenwich) anzeigt, und misst man die Kulmination der Sonne um 15^h44^m, so befindet sich das Schiff 56° westlich von Greenwich. Kulminiert die Sonne, so lautet die Ortszeit 12^h00^m. In Greenwich am Nullmeridian ist es laut Borduhr aber 15^h44^m. Die Differenz von 3^h44^m entspricht somit einer Längendifferenz von 56° ($24^h = 360° / 1^h = 15° / 4^m = 1°$). Die Zeitgleichung ist ebenfalls anhand einer Tabelle zu berücksichtigen.
Doch welche Uhr erlaubt es, über Tage und Wochen die genaue Zeit von Greenwich anzuzeigen? Die alte Methode des **„Glasens"** (Sanduhren, die nach drei Stunden gewendet werden) versagt hier vollends. Ein Fehler von nur einer Minute bedeutet eine falsche Längenbestimmung von 28 Kilometern oder 15 Seemeilen auf dem Äquator und immer noch knapp 18 Kilometer beziehungsweise 9,6 Seemeilen auf 50° geografischer Breite. Schon nach wenigen Tagen an Bord wuchs der Fehler in der Zeitmessung auf eine Stunde an, was einer Unsicherheit von 111 Kilometer in Länge auf dem Äquator bedeutet und immer noch 71 Kilometer auf 50° Breite. Kein Wunder, wenn zahlreiche Schiffe wegen falscher Ortsbestimmung auf Riffen aufliefen und mit Mann und Maus untergingen.
Besonders schmerzlich wurde das Längengradproblem bewusst, als es in der nebeligen Nacht vom 22. Oktober 1707 zu einem Desaster kam, bei dem die englische Marine vier von fünf Schiffen verlor und zweitausend Marinesoldaten, Matrosen und Offiziere ihr Seegrab fanden. Auf der Heimfahrt der siegreichen britischen Flotte im Gefecht mit der französischen Mittelmeerflotte hatte Admiral Sir Clowdisley Shovell und seine Kapitäne die Position ihrer fünf Schiffe völlig falsch bestimmt. Die Scilly-Inseln wurden ihnen zum Verhängnis. Als erstes zerschellte das Flaggschiff, die „Association", an der Felsenküste und sank innerhalb weniger Minuten mit Mann und Maus. Es folgten die „Eagle", die „Romney" und die „Firebrand" in die Tiefen des Ozeans.
Dies war der Höhepunkt einer Reihe langer und tragischer Schiffskatastrophen, die nicht nur viel menschliches Leid hervorriefen, sondern auch erhebliche wirtschaftliche Verluste bescherten. Der Druck der Seefahrer auf die britische Regierung, das Längengradproblem zu lösen, wuchs ständig. Am 8. Juli 1714 schließlich verabschiedete das Parlament in Westminster unter Queen Anne den **„Longitude Act"**. Er sah drei Preise für die Lösung vor, wie man auf hoher See die geografische Längenposition eines Schiffes ermitteln kann. 10 000 englische Pfund (heute etwa eine Million Euro) sollte derjenige bekommen, der ein exaktes und handhabbares Verfahren vorlegt, mit dem der Längenstandort eines Schiffes auf ein Grad genau bestimmt werden kann. Wessen Verfahren ⅔ eines Grades an Genauigkeit erreicht, sollte 15 000 Pfund erhalten und bei einer Genauigkeit von einem halben Grad schließlich 20 000 Pfund. Es wurde eine 22-köpfige Jury, The **Board of Longitude,** berufen. Ihr gehörten kraft Amtes der Astronomer Royal, der Präsident der Royal Society, der Erste Seelord, der Staatssekretär der Flotte, der Speaker des Unterhauses sowie die Mathematikprofessoren der Universitäten von Cambridge und Oxford an.
Im Prinzip empfahlen sich zwei Methoden zur Bestimmung der Weltzeit (Universal Time): Genaue Uhren oder exakte Gestirnspositionen. Pendeluhren waren wegen der

Schwankungen der Schiffe auf See völlig ungeeignet. **Christian Huygens** (1629–1695) und **Robert Hooke** (1635–1703) hatten zwar schon Uhren mit Spiralfedern konstruiert, allein ihre Genauigkeit war viel zu unbefriedigend. Erst die **Schiffschronometer** von **John Harrison** (1693–1776) erreichten schließlich die erforderliche Genauigkeit, weshalb sich Harrison auch den Hauptpreis erstreiten konnte.

Bereits 1514 bemerkte der deutsche Astronom **Johannes Werner** (1468–1528), dass der Mondlauf zur Längenbestimmung verwendet werden kann. Werner schlug vor, alle Sterne in der Nähe der Mondbahn genau zu vermessen und zu katalogisieren. Sodann sind Tafeln zu berechnen, zu welchen Zeiten der Mond die einzelnen Zodiakalsterne passiert. Die Methode war lange nicht praktikabel, da die Mondephemeriden viel zu ungenau ausfielen.

Mayer hatte jedoch viel präzisere Mondtafeln angefertigt. Freunde und Kollegen, vor allem aber Leonhard Euler, drängten Mayer, sich um den Längenpreis zu bewerben. Mayer sandte seine Mondtafeln an Admiral Georg Lord Ansen, der sie unverzüglich an **James Bradley** (1693–1762),

2.24 *James Bradley (1693–1762), Entdecker der Nutation*

2.25 Der Mond als natürliche Himmelsuhr

dritter königlicher Astronom, weiterleitete. In den Jahren 1755 bis 1760 prüfte Bradley an Hand von 1200 Beobachtungen die **Mayerschen Mondephemeriden**.

Der Astronomer Royal Bradley war von der Qualität der Mayerschen Mondephemeriden schließlich überzeugt. Da aber mehrere Wettbewerbsbeiträge zu beurteilen waren, verzögerte sich die Entscheidung des 22-köpfigen Board of Longitude als Preisgericht. Erst nach Mayers Tod fiel die Entscheidung. Seiner Witwe sprach man 3000 Pfund zu. Dies war weniger, als sie erwartet hatte. Andererseits reichte es, um seinen überlebenden Kindern eine angemessene Ausbildung zu ermöglichen und seinen ältesten Sohn Johann-Tobias ein Universitätsstudium absolvieren zu lassen.

Auch aus **Sternbedeckungen** durch den Mond (Okkultationen) lässt sich die genaue Mondposition ermitteln. Die Zeitpunkte des Beginns und des Endes einer Sternbedeckung lassen sich sowohl genau berechnen als auch präzise messen, sofern man über eine exakt gehende Uhr verfügt. Aus der Differenz zwischen beobachteter und berechneter Zeit der **Okkultation** leitete man die **Akzeleration des Mondes** ab. **Edmund Halley** (1656–1742) bemerkte dazu: „The moon is faster now than in the past." Doch nicht die

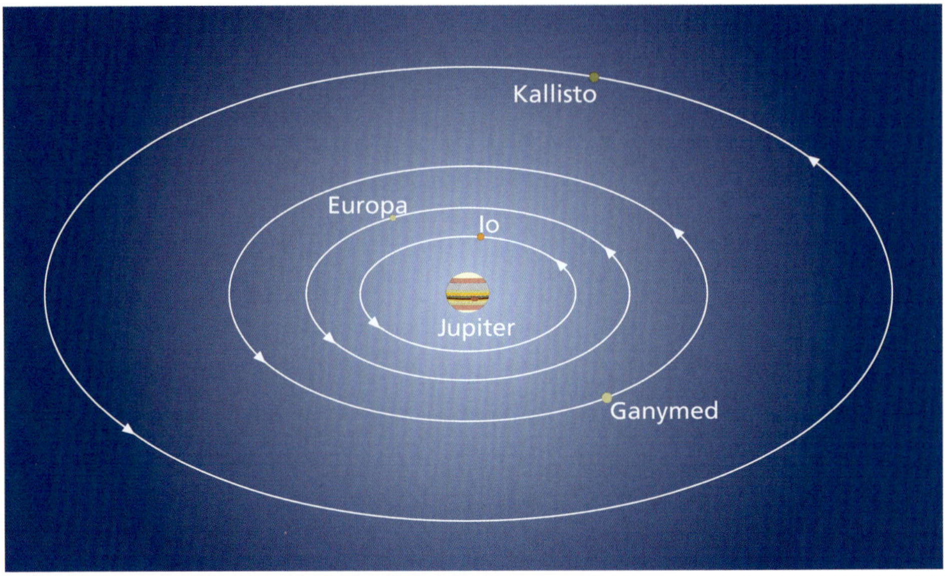

2.26 Die Galileischen Monde des Jupiter dienen als natürliche Uhren.

Mondbewegung erfolgt beschleunigt, sondern die Erdrotation wird im Laufe der Zeit infolge der Gezeitenreibung immer langsamer. Dabei wird der Drehimpuls der Erdrotation teilweise auf den Bahnlauf des Mondes übertragen. Das Vorlaufen des Mondes ist somit ein Scheineffekt. Aus den Sternbedeckungsbeobachtungen lässt sich die Differenz von der (später eingeführten) Ephemeridenzeit (ET) und der Weltzeit (UT) ermitteln: $\Delta T = ET - UT$ (siehe auch Abschnitt 4.4 auf Seite 164).

2.5.2 JUPITERMOND-ERSCHEINUNGEN

Der Planet Jupiter wird von vier großen, vergleichsweise hellen Monden umrundet. Die mehr als fünf Dutzend weiteren Jupitersatelliten sind lediglich kleine Weltensplitter. Die vier hellen Jupitermonde werden auch Galileische Monde genannt, obwohl sie nicht nur von **Galileo Galilei** (1564–1642), sondern auch von **Simon Marius** (1573–1624) und **Thomas Harriot** (1560–1621) unabhängig voneinander entdeckt wurden.

Auf Vorschlag von **Johannes Kepler** (1571–1630) wurden sie **Io**, **Europa**, **Ganymed** und **Kallisto** getauft. Schon in einem Fernglas oder kleinen Teleskop sind die vier großen Jupitermonde gut zu erkennen. Bei ihrem Lauf um den Jupiterglobus werden sie gelegentlich verfinstert, wenn sie in den Schatten des Jupiters treten oder sie verschwinden hinter Jupiter. Auch wandern sie vor dem Jupiterscheibchen vorbei und werfen dabei ihre Schatten auf die gestreifte Wolkenoberfläche des Riesenplaneten.

Die Erscheinungen der Jupitermonde lassen sich dabei gut beobachten. Am deutlichsten zu erkennen sind die Verfinsterungen der Jupitermonde.

Galilei hat den Vorschlag gemacht, die Jupitermonde als Himmelsuhr zu betrachten und damit das Längengradproblem zu lösen. Der innerste Mond Io läuft in knapp zwei Tagen, Europa in dreieinhalb Tagen, Ganymed in einer Woche und Kallisto, der äußerste Mond, in gut einem halben Monat um den Riesenplaneten (siehe Tabelle).

DIE VIER HELLEN MONDE DES JUPITER

NAME	a [km]	U	H [m]	MAX. ELONG.	ALBEDO	D [km]
I IO	421 800	$1^d18^h27^m34^s$	5,0	2'18"	0,63	3638
II EUROPA	671 100	$3^d13^h13^m42^s$	5,3	3'40"	0,67	3120
III GANYMED	1 070 400	$7^d03^h42^m33^s$	4,6	5'51"	0,43	5262
IV KALLISTO	1 882 700	$16^d16^h32^m11^s$	5,7	10'18"	0,17	4821

a: Große Halbachse der Mondbahn in Kilometer

U: Umlaufzeit um Jupiter in Tagen, Stunden, Minuten und Sekunden

H: Scheinbare V-Helligkeit in mittlerer Opposition in Magnitudines

Max. Elong.: Maximale Elongation (Winkelabstand) von Jupiter in mittlerer Opposition in Bogenminuten und -sekunden

Albedo: Reflexionsvermögen des einfallenden Sonnenlichts

D: Durchmesser in Kilometer

Die numerische Exzentrizität der Mondbahnen ist stets kleiner als 0,01 – die Bahnen sind fast kreisförmig ($e < 0{,}01$). Die Bahnneigungen zum Jupiteräquator sind stets kleiner als ein halbes Grad ($i < 0{,}5°$). Die hellen Jupitermonde laufen praktisch in der Äquatorebene um Jupiter.

Insbesondere die Verfinsterungen erschienen Galilei am leichtesten zu beobachten. Der Nachteil der Jupitermonduhr war offensichtlich: Nicht nur tagsüber konnte man sie nicht ablesen, auch in den Zeiten um die Konjunktion war Jupiter immer nur für kurze Zeit am Nachthimmel vertreten oder gar nicht zu sehen. Abgesehen davon war man vom sternklaren Himmel abhängig.

Galilei konstruierte ein Gerät zur Beobachtung der Jupitermondposition. Es war eine Art Maske mit zwei Löchern. Sie wurde aufgesetzt. Durch das eine Loch sah man freiäugig Jupiter. Im zweiten Loch war ein Fernrohr angebracht, mit dem man die Jupitermonde sehen konnte.

Galilei trug seine Lösung des Längengradproblems Philipp III. von Spanien vor. Der hatte eine ansehnliche Apanage demjenigen versprochen, der eine probate Methode zur Zeitbestimmung auf hoher See fand. Doch Galileis Methode war nur theoretisch korrekt, in der praktischen Anwendung versagte sie. Abgesehen davon, dass Jupiter nicht immer zu sehen ist, konnte man die Jupitermonderscheinungen auf schwankendem Schiffsboden kaum beobachten, um zuverlässig die Zeit zu bestimmen. Galilei erhielt somit nicht den erhofften Geldsegen. Aber immerhin schenkte man ihm eine goldene Kette. Galilei begab sich nach Livorno, wo er sich im Hafen selbst überzeugen konnte: Auf einem Schiff lassen sich die Jupitermonde nicht genau genug beobachten, weshalb sie zur Zeitbestimmung unbrauchbar sind.

Auf hoher See unbrauchbar benutzten die Kartografen die Jupitermonderscheinungen

2.27 Ole Rømer (1644–1710) bestimmte die Lichtgeschwindigkeit.

eine Zeitlang zur Landvermessung. Sie erstellten eine neue Landkarte von Frankreich. Als man diese Ludwig XIV. zeigte, meinte dieser enttäuscht: „... ich habe viel Land verloren!"

Um die Jupitermonde als Uhrzeiger zu nutzen, sind entsprechend genaue Ephemeriden erforderlich. Sie zu berechnen stellt eine große Herausforderung für die Himmelsmechaniker dar. **Giovanni Domenico Cassini** (1625–1712), Direktor der Pariser Sternwarte, berechnete Tafeln zur Erscheinung der Jupitermonde.

Schon Galilei fiel auf: Wenn sich Jupiter von seiner Oppositionsposition zur Konjunktionsstellung bewegt, dann verspäten sich die kalkulierten Jupitermondereignisse. In der Zeit von der Konjunktion bis zur Opposition treten die Jupitermonderscheinungen stets früher als berechnet ein. Die Monde scheinen einmal langsamer, dann wieder schneller zu laufen. Doch nicht die Monde laufen unregelmäßig, sondern die Distanzen von Jupiter und seinen Trabanten von der Erde variieren. Zur Opposition sind sie am geringsten, zur Konjunktion von Jupiter am größten. Die Entfernungsdifferenz zwischen Opposition und Konjunktion entspricht ziemlich genau dem Erdbahndurchmesser.

Die richtige Erklärung fand der dänische Astronom **Ole Christensen Rømer** (1644–1710). Von der Opposition bis zur Konjunktion nehmen die Distanzen zwischen Jupiter und Erde zu. Von der Konjunktion zur Opposition nimmt der Weg, den das Licht von Jupiter und seinen Monden zur Erde zurücklegt, ständig ab. Zur Opposition trennen Jupiter im Mittel 588 Millionen Kilometer (= 3,93 AE) von der Erde, zur Konjunktion sind es 967 Millionen Kilometer (= 6,46 AE). Rømer nutzte die Jupitermonderscheinungen nicht zur Zeitbestimmung, sondern zur Messung der Lichtgeschwindigkeit. Galilei hingegen war der Meinung, Licht breite sich unendlich schnell aus, nachdem es ihm nicht gelungen war, mit seinen Blendlaternenversuchen die Lichtgeschwindigkeit zu ermitteln.

Rømer hatte schließlich 1676 den Nachweis erbracht, dass die Lichtgeschwindigkeit endlich und nicht unendlich ist, wie viele Zeitgenossen damals noch glaubten. Rømer ermittelte die Lichtgeschwindigkeit zu 212 000 km/s. Der zu kleine Wert ist darauf zurückzuführen, dass der Erdbahndurchmesser mit 280 Millionen Kilometer zu klein bestimmt wurde. Der moderne Wert der **Lichtgeschwindigkeit** im Vakuum beträgt **299 792,5 km/s.**

2.5.3 PULSARE ALS PRÄZISIONSUHREN

Pulsare sind rasch rotierende **Neutronensterne**, die in Perioden von Millisekunden bis einigen Sekunden elektromagnetische

Strahlung vom Röntgenbereich über sichtbares Licht bis zu Radiowellen rotationsbedingt in einzelnen Pulsen aussenden. Sie sind gewissermaßen **Leuchttürme im Kosmos**. Ihre Perioden sind außerordentlich konstant. Deshalb hat man überlegt, Pulsare als hochpräzise Uhren zu verwenden. Allerdings gibt es bei Pulsaren gelegentlich plötzliche Frequenzsprünge (sogenanntes **„glitching"**), wenn sich die Form des Pulsars der nachlassenden Rotationsfrequenz schlagartig anpasst. Dies wäre allerdings durch Vergleich mit anderen Pulsarsignalen beherrschbar.
Um eine **Pulsarzeitskala** ähnlich der Atomzeitskala einzuführen, müsste man von etwa einem Dutzend Pulsaren permanent die Signale empfangen und diese mit irdischen Uhren synchronisieren. Pulsare würden als von der Dynamik unseres Sonnensystems unabhängige Zeitgeber fungieren.
Mit einer Pulsarzeitskala ließen sich die Bewegungen der Körper im Sonnensystem langfristig genau verfolgen. Hochpräzise Ephemeriden wären ableitbar. Gegenüber Atomuhren mit ihrer beschränkten Lebensdauer von ein bis zwei Jahrzehnten lieferten Pulsare über Millionen von Jahren extrem genaue Zeitsignale. Bisher ist es aber noch nicht zu einer praktischen Einführung einer Pulsarzeitskala gekommen.

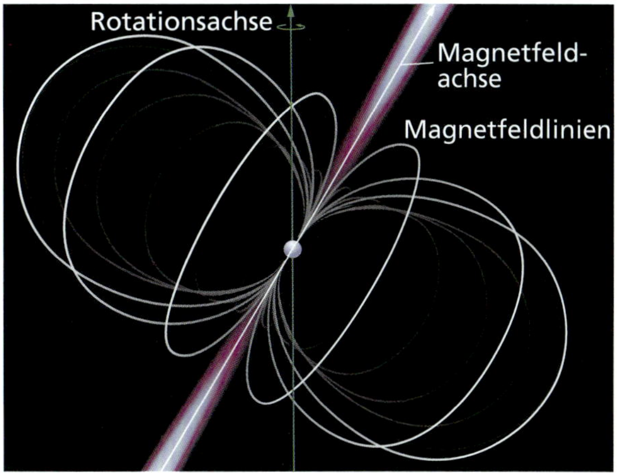

2.28 Rotierende Neutronensterne (Pulsare) sind als Präzisionsuhren potentiell einsetzbar.

*2.29 Susan Jocelyn Bell Burnell (*1943) entdeckte 1967 den ersten Pulsar, einen rasch rotierenden Neutronenstern.*

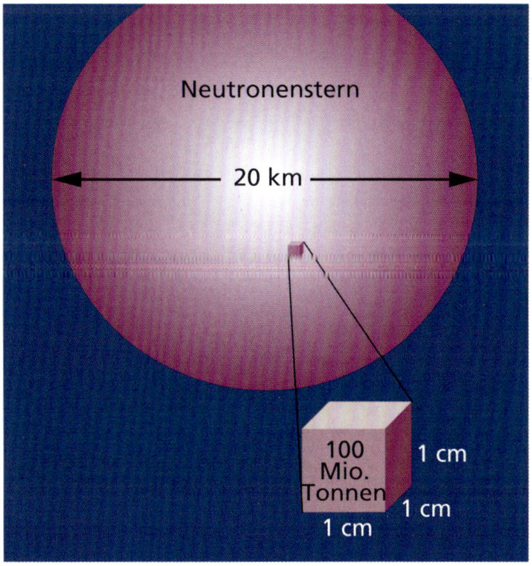

2.30 Ein Kubikzentimeter Neutronenbrei im Inneren eines Neutronensterns enthält eine Masse von 100 Millionen Tonnen.

3. KALENDERSYSTEME

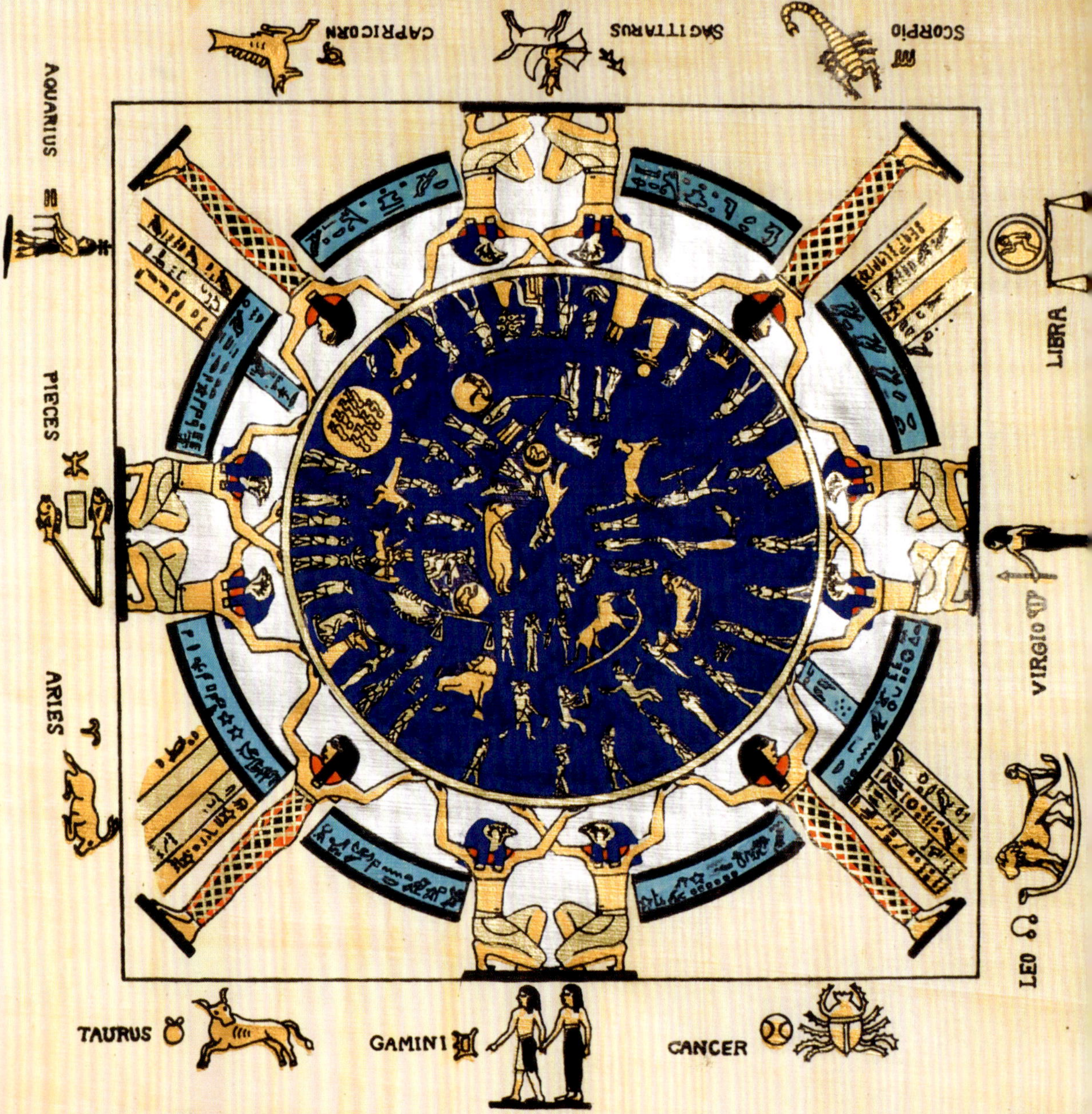

3.1 GRUNDLAGEN SONNENJAHR, MONDJAHR, LUNISOLARJAHR

Schon im fernen Altertum lernte man die astronomischen Vorgänge kennen, die es erlauben, den Zeitablauf zu bestimmen, die Zeit einzuteilen und die Rhythmen der Natur für eine verlässliche Zeitrechnung zu nutzen. Diese drei Rhythmen sind der Sonnentag, der Wechsel von hellem Tag und dunkler Nacht, die periodisch wechselnden **Lichtgestalten (Phasen)** des Mondes und das Jahr. Auch wer sich nicht für die Himmelskunde interessiert, bemerkt diese Rhythmen unmittelbar. Täglich wird es dunkel, in unseren Breiten ändert sich das Klima (auf kalte Winter folgen heiße Sommer, die Sonne beschreibt im Winter einen kleinen **Tagbogen**, die Nächte sind lang, die Tage kurz.) Im Sommer fällt der Tagbogen der Sonne groß aus, sie steht zu Mittag hoch am Himmel, die Tage sind lang und die Nächte kurz. Auch der Mond fällt unmittelbar auf, wenn er voll beleuchtet die Nacht erhellt. Vierzehn Tage später sieht man ihn nicht mehr – er steht als Neumond mit der Sonne am Taghimmel.

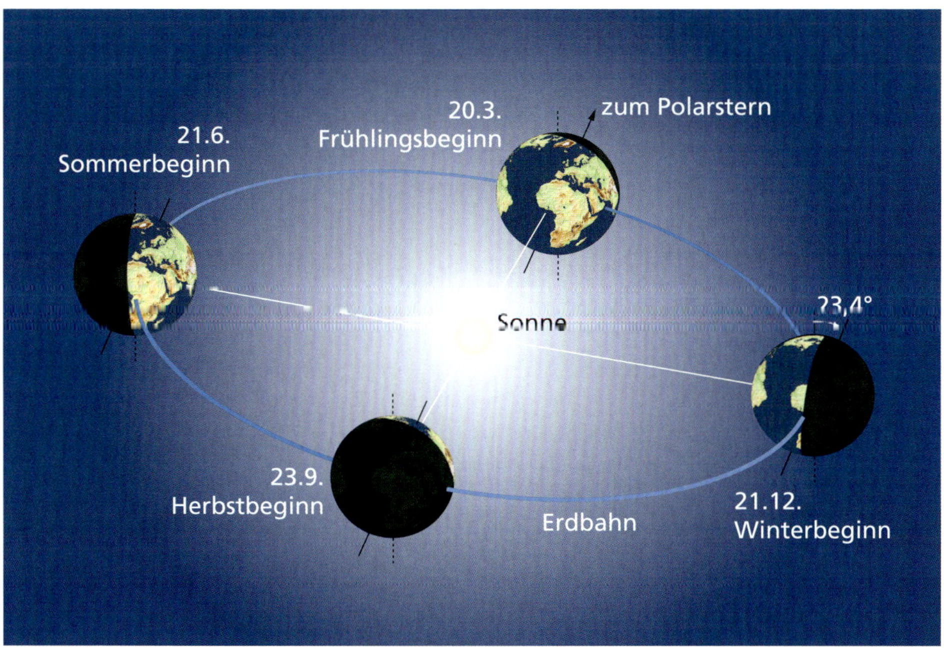

3.1 Die Jahreszeiten entstehen durch die Schrägstellung der Erdachse. Im Juni ist die Nordhalbkugel der Sonne zugekehrt, im Dezember hingegen ist sie von der Sonne abgekehrt.

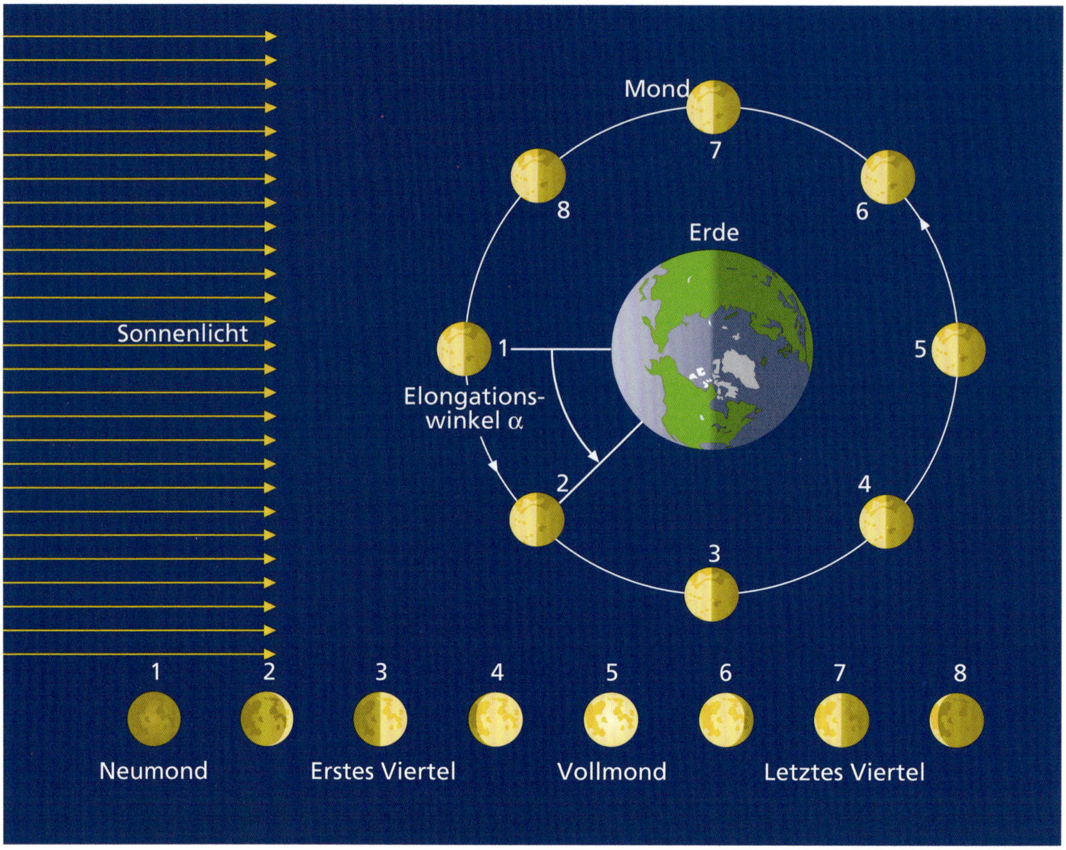

3.2 Entstehung der Mondphasen: Der Mondglobus ist stets zur Hälfte beleuchtet, die von der Erde aus sichtbaren Lichtgestalten entstehen durch Änderung des Elongationswinkels.

Vor allem vor Erfindung der elektrischen Beleuchtung war man nachts auf den milden Schein des Mondes als natürliche Lichtquellen angewiesen. Insbesondere in den Ländern mit heißem Klima traf man sich nachts bei Vollmond zu Versammlungen und Festen.

Schon früh wurde klar, dass diese drei Zeitrhythmen **inkommensurabel** sind, das heißt, in keinem kleinen Zahlenverhältnis stehen. Ein Jahr hat weder 365 noch 366 Tage, sondern 365,24219... Tage. Eine volle **Lunation** – die Zeitspanne von einem bis zum nächsten Neumond – dauert weder 29 noch 30 Tage, sondern 29,53059... Tage. Und zwölf Mondmonate sind um elf Tage kürzer als ein Jahr. Diese drei periodischen, astronomischen Zeitabläufe in ein praktikables System zu bringen, war stets die Aufgabe der Kalendermacher. Die Kulturhöhe eines Volkes lässt sich daran ermessen, wie sie dieses Grundproblem bei der Aufstellung eines Kalenders gelöst haben.

Im Prinzip gibt es drei Grundtypen von Kalendern: der reine **Sonnenkalender**, der **Mondkalender** und die Kombination aus beiden, der **Lunisolarkalender**, auch als gebundener Mondkalender bezeichnet. Der Sonnenkalender lässt die Mondphasen unberücksichtigt. Neu- und Vollmondtermine fallen in jedem Jahr auf ein anderes Datum. Der Mondkalender wiederum stellt keine

Koinzidenz mit den Jahreszeiten her. Nach zwölf synodischen Monaten, also zwölf Neumondterminen, beginnt im Mondkalender wieder ein neues Jahr. Da das Mondjahr elf Tage kürzer ist als die Zeit zwischen zwei aufeinander folgenden Passagen der Sonne durch den Frühlingspunkt (= tropisches Jahr), so verschiebt sich der Beginn eines neuen Mondjahres jeweils elf Tage rückwärts durch die Jahreszeiten. Beginnt ein Mondjahr im Dezember, so fällt nach einigen Jahren der Beginn in den Herbst, dann in den Sommer und schließlich in den Frühling. Erst nach 33 Jahren fällt schließlich der Jahresbeginn wieder in den Dezember. Dies ist unbefriedigend.

Die Babylonier fanden eine Lösung, um Mondphasen und Sonnenjahr in Einklang zu bringen. Sie fanden heraus, dass 235 synodische Monate („Mondmonate") ziemlich genau 19 tropischen Jahren („Sonnenjahre") entsprechen. Nach 19 Jahren fallen die Mondphasen wieder auf das gleiche Datum. Ist in einem Jahr am 1. Januar Vollmond, so ist nach 19 Jahren wieder am 1. Januar Vollmond. Sie führten damit einen 19-jährigen Zyklus ein mit zwölf Jahren zu zwölf Mondmonaten und sieben Jahren zu dreizehn Mondmonaten (12×12 + 7×13 = 235). Diesen kombinierten Mond-Sonnenkalender übernahm für die Griechen der Athener Meton. Seither spricht man vom **Metonschen Zyklus**, einem Lunisolarkalender. Noch heute findet der Metonsche Zyklus im Jüdischen Kalender Anwendung, während beispielsweise der Islamische Kalender ein reiner Mondkalender ist. Denn der **Koran** (Sure 9, Vers 36) verbietet es den Muslimen, Schaltmonate einzufügen (siehe Kapitel 3.9 auf Seite 111 und Kapitel 3.10 auf Seite 114).

Der Metonsche Zyklus ist nicht die einzige Lösung für einen Lunisolarkalender. Noch raffinierter ist die Lösung, den die Chinesen in ihrem Lunisolarkalender einführten (siehe Kapitel 3.11 auf Seite 117).

Unsere heute in Verkehr, Wirtschaft und Wissenschaft international gebräuchliche Zeitrechnung beruht auf der Kalenderreform, die Papst Gregor XIII. im Jahre 1582 veranlasst hat. Man spricht daher heute vom **Gregorianischen Kalender** (siehe Kapitel 3.7 auf Seite 95). Er ist ein reiner Sonnenkalender. Jahresbeginn und Jahreslänge werden allein durch den Sonnenlauf bestimmt und sind unabhängig vom Mondlauf. Es wird keine Koinzidenz mit dem Beginn eines synodischen Mondmonats hergestellt. Dabei spielt es keine Rolle, dass der Termin des christlichen Osterfestes nach wie vor an den ersten Frühlingsvollmond gekoppelt ist.

3.3 Zunehmende Mondsichel einen Tag nach Neumond – auch als „Neulicht" bezeichnet.

3.2 ÄGYPTISCHER KALENDER

Der griechische Geschichtsschreiber Herodot nannte Ägypten „ein Geschenk des Nils". Der zweitlängste Fluss der Erde (6671 km) bot die Lebensgrundlage für die Menschen in diesem nordostafrikanischen Wüstenstaat. Die jährliche Nilüberschwemmung machte die Ufer des Nils zu einem fruchttragenden Land und ermöglichte die Entstehung einer der ältesten Hochkulturen der Erde.
Einmal jährlich in den Sommermonaten Juni/Juli schwoll der Nil an und überschwemmte weite Gebiete der Uferzonen. Die Quellflüsse Blauer Nil, Weißer Nil und Atbara (auch: Schwarzer Nil) führten infolge der Schneeschmelze und des Monsunregens im äthiopischen Hochland einmal jährlich, nämlich im Sommer, Hochwasser. Um zu wissen, wann jeweils die sehnlichst erwartete Nilflut eintrifft, benötigte man einen verlässlichen Kalender. Die Mondphasen spielten bei der Voraussage der Nilüberschwemmung offensichtlich keine Rolle. So erklärt sich, dass die Ägypter einen reinen Sonnenkalender benutzten, der Vorläufer des Julianischen und später des Gregorianischen Kalenders, der heute weltweit in Gebrauch ist.
Zwar gibt es zahlreiche Hinweise, dass für die Bestimmung von Festen auch die Mondphasen berücksichtigt wurden. Dies ist verständlich. Denn in den heißen Gebieten

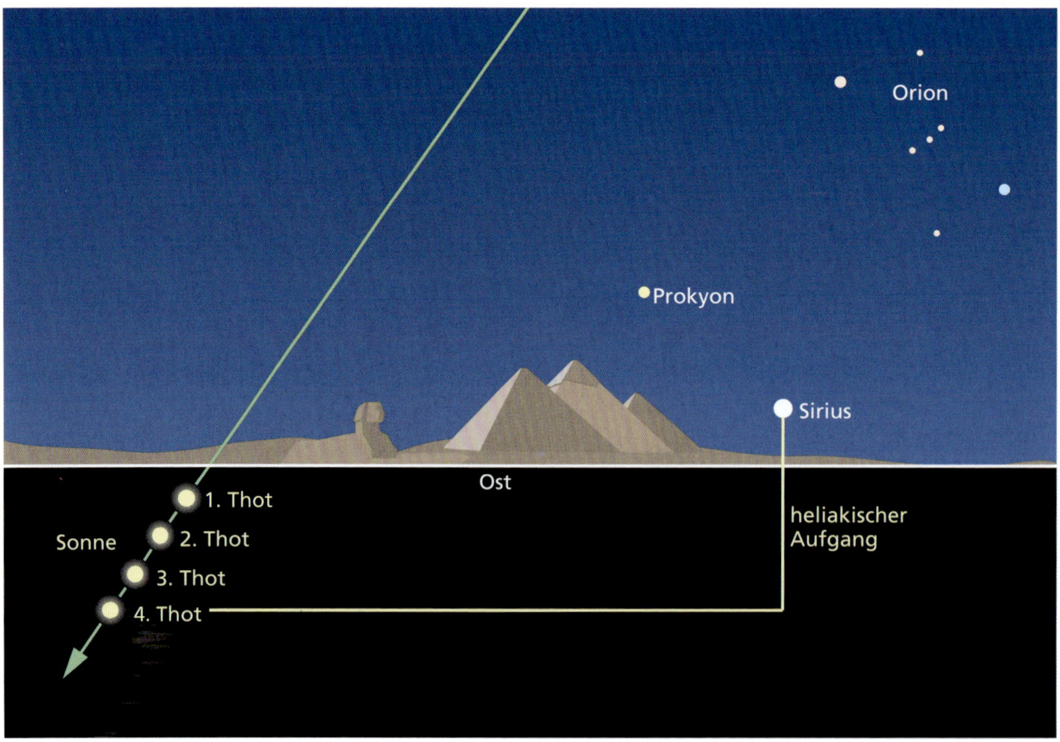

3.4 Heliakischer Aufgang von Sirius.

feierte man nachts, wobei der Vollmond für die Beleuchtung zu sorgen hatte. Für die Zeitrechnung des offiziellen Kalenders spielten die Mondphasen für die ägyptische Priesterschaft keine Rolle. Maßgebend war jedoch die Jahreszeit und somit das tropische Jahr, also die Zeitspanne zwischen zwei aufeinander folgenden Passagen der Sonne durch den Frühlingspunkt.
Die Historiker sind sich heute sicher, dass der Kalender der Ägypter der älteste reine Sonnenkalender der Menschheit ist. Als Epoche gilt der 19. Juli des Jahres –4240 (= 4241 vor Chr.). Manche nennen es das „älteste Datum der Menschheitsgeschichte", obwohl es nicht absolut verbürgt ist. Manchmal werden auch die Jahre 4221, 4228 oder 4236 als Epoche des ägyptischen Kalenders genannt. Dies spielt aber bei einer nunmehr über sechstausendjährigen Periode nur eine untergeordnete Rolle.
Die Nilüberflutung trat regelmäßig wenige Wochen nach dem erstmaligen Erscheinen des hellsten Fixsterns, **Sirius** im Großen Hund, in der Morgendämmerung ein. Die Beobachtung des Sirius (griech.: **Sothis**, ägypt.: **Sopet**) war für die ägyptischen Priesterastronomen von besonderer Wichtigkeit. Der heliakische Aufgang des Sirius erfolgte in erster Näherung jeweils nach 365 Tagen, was die Länge des ägyptischen Sonnenjahres bestimmte. Unter dem **heliakischen Aufgang** eines Gestirns versteht man sein erstmaliges Erscheinen am Morgenhimmel nach der Sonnenlücke.
Infolge des Laufes der Erde um die Sonne wandert die Sonne durch die Sternbilder des Tierkreises. Ein Teil des Sternenhimmels hält sich somit am Taghimmel auf und bleibt unsichtbar, weil die Sonne alles überstrahlt. Da die Sonne täglich ein Grad nach Osten unter den Sternen weiterwandert, so gehen alle Fixsterne täglich vier Minuten früher auf als am Vortag. Nach einem halben Monat (= 15 Tage) erscheinen sie am Osthorizont bereits eine Stunde vor Sonnenaufgang und können somit in der Morgendämmerung gesehen werden.
Gehen Sonne und Sirius gleichzeitig auf **(akronyktischer Aufgang)**, so bleibt Sirius für das bloße Auge unbeobachtbar, da er im grellen Sonnenlicht nicht erkennbar ist. Nach einigen Tagen hat sich sein Aufgang soweit verfrüht, dass man ihn erstmals am Morgenhimmel in der Dämmerung knapp über dem Südosthorizont erkennen kann. Man spricht vom heliakischen Aufgang des Sirius (siehe auch Abb. 3.4 auf Seite 70).
Die Ägypter teilten ihr Sonnenjahr in zwölf gleich lange Monate zu je 30 Tagen. Dies er-

☞ DER ÄGYPTISCHE KALENDER

MONAT	TAGE	JAHRESZEIT
1. THOT (THOTH)	30	**Echet** (Überschwemmung)
2. PHAOPHI	30	Juni/Juli – Okt/Nov
3. ATHYR	30	
4. CHOIAK	30	
5. TYBI	30	**Projet** (Herauskommen der Saat)
6. MECHIR(H)	30	Nov – Feb/März
7. PHAMENIT(H) (30)	30	
8. PHARMUTHI	30	
9. PACHON	30	**Schomu** (Wassermangel)
10. PAYNI	30	Erntezeit
11. EPIPHI	30	März – Mai/Juni
12. MESORI	30	
EPAGOMENEN	5	
	365	

gibt 360 Tage, ein Wert, der in der Antike wie heute eine besondere Bedeutung hat. Noch heute teilt man einen vollen Kreis in 360 Winkelgrade. Nach 360 Tagen erschien aber Sirius noch nicht am Morgenhimmel. Deshalb musste man noch weitere fünf Tage anhängen, die sogenannten **Epagomenen**. Die Bezeichnung stammt vom griechischen Wort ἐπάγειν – hinzunehmen. Diese fünf angehängten Tage waren den ägyptischen Göttern Osiris, Horus, Seth, Isis und Nephtys gewidmet. In diesen Tagen wurden Feste ge-

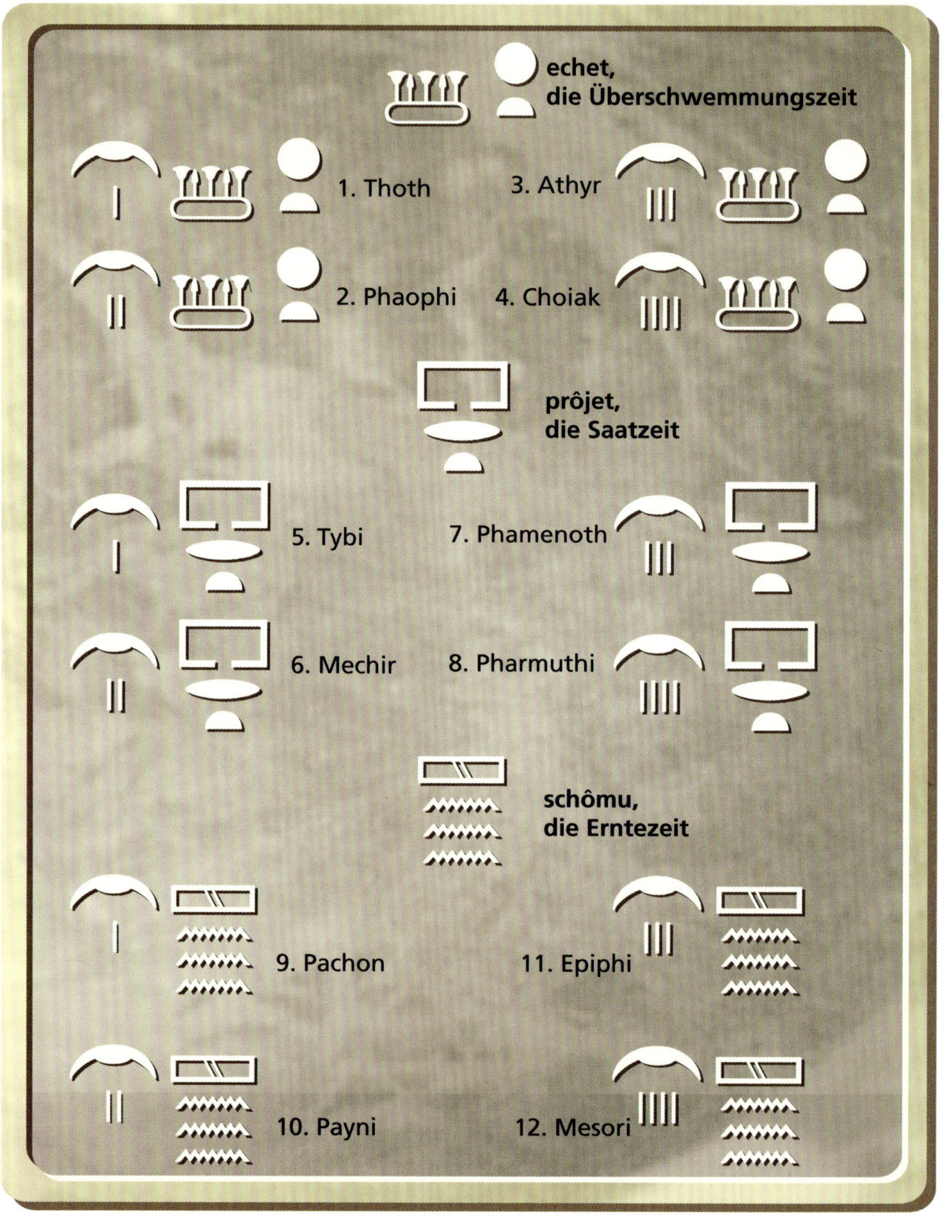

3.5 Jahreszeiten im ägyptischen Sonnenjahr/Hieroglyphen

3.6 Das Edikt von Kanopus

feiert. Andererseits galten sie auch als kritische Tage, an denen man sich vorsehen müsse.
Das Jahr teilten die Ägypter in drei Jahreszeiten zu je vier Monaten: Überschwemmung, Herauskommen der Saat (Wachstum) und Erntezeit (siehe Tabelle „Der ägyptische Kalender“ auf Seite 71).
Die Monate unterteilten die Ägypter in jeweils drei Dekaden zu je zehn Tagen.
Das ägyptische Sonnenjahr begann mit dem **1. Thoth,** wenn Sopet (Sirius), der „Bringer des Nils“, erstmals am Morgenhimmel sichtbar wurde. Sopet war der Stern der Göttin **Isis,** die Schwester von **Osiris**, dargestellt vom Sternbild Orion. Osiris heiratete seine Schwester Isis. Sie waren das erste Herrscherpaar Ägyptens. Das neue Jahr begann, wenn Isis sich erstmals aus den Strahlen des Sonnengottes **Ra** (Re) befreien konnte.
Der erste Monat im ägyptischen Sonnenkalender war dem Zaubergott Thot gewidmet, der stets mit seinem Ibiskopf dargestellt wurde. Thot war der Schutzgott des Monats, des Wortes und der Schrift sowie der Rechenkunst. Er war der Beherrscher der Zeit.
Zur Zeit **Ramses II.** (um 1300 vor Chr.) erfolgte der heliakische Siriusaufgang am 1. Thot. Kurz darauf trat der Nil über seine Ufer. Doch nach vier Jahren erschien Sirius erst am 2. Thot, nach acht Jahren am 3. Thot. Jeweils nach vier Jahren verspätete sich der Frühaufgang von Sopet um einen Tag – entsprechend auch die Nilflut. Der Grund für diese Verzögerungen lag einfach in der Tatsache, dass das ägyptische Sonnenjahr von 365 Tagen um einen Vierteltag kürzer war als das siderische Jahr, die Zeitspanne eines Umlaufes der Erde um die Sonne, gleichbedeutend mit zwei aufeinanderfolgenden Passagen der Sonne am gleichen Fixstern. Und somit verschob sich der heliakische Siriusaufgang immer weiter, er wanderte allmählich durch alle Monate des ägyptischen Sonnenjahres. Deshalb spricht man vom ägyptischen Wanderjahr (auch Wandeljahr) oder dem **„annus vagus“**. Pro Jahr verspätete sich der Siriusaufgang um rund sechs Stunden, nach vier Jahren somit um einen ganzen Tag. Eine volle Wanderung des heliakischen Siriusaufganges durch das ägyptische Sonnenjahr dauerte somit 4 × 365 = 1460 siderische Jahre. In 1461 ägyptischen Wanderjahren erfolgten somit 1460 heliakische Siriusaufgänge.
Die Zeitspanne 1460 siderische Jahre = 1461 ägyptische Wanderjahre wird daher **Sothis-Periode** genannt.
Den Bauern und dem einfachen Volk fiel die jährliche Verspätung der Nilflut nicht besonderes auf. Denn bei einer durchschnittlichen Lebenserwartung von vierzig Jahren verzögerte sich die Nilüberflutung lediglich um zehn Tage. Die Priesterastronomen beobachteten jedoch sorgfältig, wann Sirius sich wieder am Morgenhim-

☞ HELIKALISCHER SIRIUS-(SOTHIS)-AUFGANG IN ÄGYPTEN

JAHRTAUSEND	DATUM
−4000	14. Juni*)
−3000	20. Juni
−2000	26. Juni
−1000	5. Juli
0	13. Juli
+2000	30. Juli
geografische Breite: $\varphi = +30°$	

*) Nilüberschwemmung: ab Ende Juni, maximales Hochwasser um Mitte September

mel zeigte und verkündeten dann, in welchem Monat die Nilflut kommen würde. Um 800 vor Chr. erfolgte der Frühaufgang des Sirius erst im Monat Tybi und im 3. Jahrhundert vor Chr. schließlich im Monat Pachon.

Um den heliakischen Siriusaufgang im Kalender auf ein bestimmtes Datum zu fixieren, erließ der makedonische Herrscher **Ptolemaios III.** (280 – 221 vor Chr.), auch Euergetes (Wohltäter) genannt, im Jahre 238 vor Chr., das **Edikt von Kanopus**.

In ihm bestimmte er: Alle vier Jahre sind sechs statt nur fünf Epagomenen an die zwölf Monate des ägyptischen Kalenders anzuhängen. Damit hatte das neue ägyptische Sonnenjahr eine mittlere Länge von 365,25 Tage. Alle vier Jahre sollte es ein Schaltjahr zu 366 statt 365 Tagen geben. „Sollte", denn das Edikt von Kanopus ließ sich nicht durchsetzen. Die ägyptische Priesterschaft leistete erbitterten Widerstand. War ihnen schon die Fremdherrschaft der Ptolemäer ein Ärgernis, so erst recht die Kalenderreform mit der Einführung eines Schaltjahres. Denn damit sahen sie ihr Herrschaftswissen gefährdet. Das Volk wäre nicht mehr auf ihre astronomischen Beobachtungen angewiesen. Jeder Fellache würde das Datum der Nilüberschwemmung kennen – bliebe es doch von Jahr zu Jahr gleich. Man hätte nicht auf die Beobachtungen und Vorhersagen der Priesterastronomen warten müssen. Und so blieb alles beim Alten. Neue ägyptische Könige mussten bei ihrer Inthronisation vor den Priestern schwören, sich nicht am Kalender zu versündigen. Erst Caesar brachte die Idee des Schaltjahres mit nach Rom, als er als **Pontifex Maximus** den römischen Kalender reformieren musste (siehe Kap. 3.5 auf Seite 85).

3.3 KALENDER DER SUMERER UND BABYLONIER

Mesopotamien, das Land zwischen Euphrat und Tigris, ein Teil der irakischen Schwemmlandebene von Bagdad bis zum Golf, beherbergte einige der ältesten Hochkulturen der Menschheit. **Mesopotamien** heißt denn auch Zwischenstromland (vom griech. μέσος – in der Mitte befindlich, dazwischen und ὁ πόταμος – der Fluss). Manchmal spricht man auch vom Zweistromland. Akkadier, Sumerer und später Babylonier siedelten in diesem, Gebiet, das im Nordosten vom Zagros-Gebirge und im Südwesten von den trockenen Wüsten der arabischen Halbinsel begrenzt wird. In Mesopotamien bildeten sich die ersten großen Städte und Siedlungen. Babylon und Ur seien als Beispiele genannt. Das Land war fruchtbar und viele Völker und Stämme drängten in diese Region.

Schon im 5. vorchristlichen Jahrtausend wurden die Tempel von **Eridu** errichtet. Die Sumerer erfanden das Rad und die Schrift sowie ein Stellenwertsystem in der Arithmetik. Um 2330 vor Chr. erlangten die **Akkadier** die Oberhoheit über das Gebiet. Das akkadische Reich zerfiel 2193 vor Chr. und um 2000 vor Chr. endete die Tradition der Sumerer.

3.7 Babylonische Keilschrifttafel

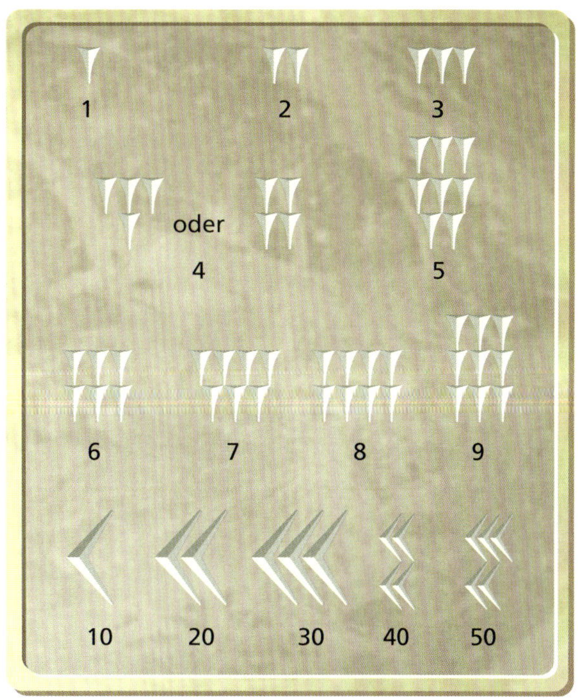

3.8 Babylonische Zahlen

Um 2000 vor Chr. lösten die Babylonier die Sumerer ab, die schon im 4. vorchristlichen Jahrtausend Mesopotamien bewohnten und sesshaft waren. Berühmt geworden ist König **Hammurapi I.** (auch: Hammurabi), der im 18. Jahrhundert vor Chr. ein stabiles Großreich schuf. Unzählige Tontäfelchen eng mit Keilschrifttexten versehen zeugen von den astronomischen Beobachtungen und Berechnungen der Babylonier.

1792 vor Chr. errichtete Hammurapi I. das erste babylonische Großreich.

Nach diversen Fremdherrschaften und Kriegen gründet Nebukadnezar I. das zweite babylonische Reich im Jahre 1125 vor Chr. Mit **Nabopolassar** beginnt 625 vor Chr. die Herrschaft der **Chaldäer.** 597 vor Chr. kommen die Israeliten in babylonische Knechtschaft. Die Elite von Israel wird nach **Babylon** deportiert. 539 vor. Chr. erobert **Cyrus I.** Babylon, die persische Herrschaft beginnt. 331 vor Chr. dringt **Alexander der Große** in Babylon ein, wo er 323 auch stirbt. 321 errichtet **Seleukos Nicator** (lat., der Sieger) das Reich der **Seleukiden.** 117 nach Chr. annektiert **Kaiser Trajan** Mesopotamien und macht es zu einer römischen Provinz. 227 nach Chr. errichten hier die **Sasseniden** ihr Reich. 637 nach Chr. erlangen arabische Moslems die Vorherrschaft. Die Araber gründen 762 **Bagdad.** Kalif **Al Mamun** errichtet 833 das erste astronomische Observatorium in Bagdad. 1055 besetzen die Türken Mesopotamien. 1258 wird Bagdad von den Mongolen besetzt. Dieser kleine Überblick zeigt die wechselvolle Geschichte dieses Landes, das bis in die heutige Zeit viele, oft tragische Ereignisse kennt.

Schon die **Sumerer** waren gezwungen, einen Kalender zu benutzen. Die Landwirtschaft erforderte es, die Zeiten des Säens und Pflanzens, der Bewässerung und der Ernte zu kennen. Im Wesentlichen kannte man zwei Jahreszeiten zu je sechs Monaten: Säen, Pflanzen und Wachstum (Frühjahr) wurde abgelöst durch die Erntezeit (Herbst). Dabei richtete

3.9 Nebukadnezar (um 1125 vor Chr.), auch Nebuchadnezzar

man sich nach dem Mond, dessen Phasen als natürliche Uhr dienten. Die Sumerer benutzten einen **Mondkalender.** Ein Mondjahr entsprach zwölf Lunationen. Die Woche hatte fünf Tage, ein Monat somit sechs Wochen. Für ihre Berechnungen verwendeten sie das **Sexagesimalsystem** mit der Basis 60. Abgeleitet wurde es aus dem Jahreslauf, der in etwa $6 \times 60 = 360$ Tage hatte. Die Zahl 60 hat bequemerweise eine große Zahl echter Teiler: 2, 3, 4, 5, 6, 10, 12, 15, 20 und 30. Noch heute teilen wir einen vollen Kreis in 360° und jedes Grad in 60 Minuten und jede Bogenminute in 60 Bogensekunden (Neugrad mit 100 gon für einen rechten Winkel hat sich nicht durchgesetzt).

Auch in unserer heutigen Zeitrechnung hat eine Stunde 60 Minuten und 60×60 Sekunden. Die Uhrzeit 10:17:31 ist keine Dezimalzahl, sondern beruht auf dem Sexagesimalsystem: $10 \times 60^2 + 17 \times 60^1 + 31 \times 60^0 = 37.051$ Sekunden, denn eine Minute hat 60 Sekunden, eine Stunde 60 Minuten und somit $60 \times 60 = 3600$ Sekunden.

Den **Tierkreis** wiederum teilten die Sumerer in 12 Teile zu je 30°, ergibt somit 360°.

Zwar hatten die Sumerer eine **Fünf-Tage-Woche**, dennoch galt die 7 als heilige Zahl. Dies ist die Zahl der **klassischen Planeten** Mond, Merkur, Venus, Sonne, Mars, Jupiter und Saturn.

Ein neuer Tag begann bei den Sumerern mit Sonnenuntergang. Der lichte Tag wurde ebenso wie die Nacht in zwölf Stunden unterteilt. Da Tages- und Nachtlänge jahreszeitlich bedingt schwanken, so waren auch die Stunden von Jahreszeit zu Jahreszeit unterschiedlich lang. Man spricht daher von **Temporalstunden**.

Eine **Lunation** (= synodischer Monat) ist im Mittel 29,530.589 Tage lang. Somit wechselte man zwischen Monaten mit 29 und Monaten mit 30 Tagen. Zwölf Monate ergaben ein Mondjahr zu 354 (= 6 × 29 + 6 × 30) Tagen. Somit war das Sumerische Mondjahr um 11 Tage kürzer als ein Sonnenjahr von 365 Tagen. Diese Differenz machte sich schnell bemerkbar. Lag der Jahresbeginn ursprünglich im Frühjahr zur Zeit der Aussaat (April/Mai), so erfolgte er nach dem Mondkalender jedes Jahr um elf Tage früher im Vergleich zum Sonnenjahr, das aber den Eintritt der Jahreszeiten gemäß dem Sonnenstand bestimmt. Bereits nach 16 Jahren hatte sich nach dem Mondkalender der Jahresbeginn um ein halbes Jahr in die Erntezeit (Herbst) verschoben.

Um den Jahresbeginn im Frühjahr zu halten, musste man **Schaltmonate** einschieben, um den Lauf des Mondes mit dem Sonnenjahr zu synchronisieren. Diese Interkalationen (Einschaltungen) erfolgten zunächst recht willkürlich. Meist schob man einen 13. Monat zu Ende eines Mondjahres ein, wenn man merkte, dass der Witterung nach dem Frühling noch nicht einsetzte. Damit wurde aus einem reinen Mondkalender (wie er im islamischen Kalender noch heute praktiziert wird) ein **Lunisolarkalender** (lat.: luna – Mond, sol –Sonne), auch **gebundener Mondkalender** genannt.

Die Babylonier waren eines der bedeutendsten Völker im Vorderen Orient, die zu Beginn des zweiten vorchristlichen Jahrtausends ihre Vorgänger, die Sumerer aus diesem Gebiet verdrängten. Der Aufstieg zu einer Hochkultur begann unter König **Hammurapi I.** (1792–1750 vor Chr.). Ihre Priesterastronomen, die man nach der südlichen Provinz Chaldaea als **Chaldäer** bezeichnete, beobachteten sorgfältig alle freisichtigen Himmelsphänomene wie Sonnen- und Mondfinsternisse, Planetenkonjunktionen sowie den Lauf der Wandelgestirne durch den Tierkreis, der über die Ägypter, Griechen und Römer von uns übernommen wurde. Ihre Beobachtungen hielten sie in Keilschrift auf Tontäfelchen fest. Durch Jahrhunderte lange Beobachtungen gelang es ihnen, den Lauf der Gestirne vorherzuberechnen. Sie konnten Sonnen- und Mondfinsternisse ebenso vorhersagen wie interessante Planetenkonstellationen. Alle Himmelsereignisse hatten für die Babylonier eine relevante Bedeutung für König, Staat und Volk. Man nannte sie Himmelsomina, die zu deuten waren. Zahlreiche dieser Omina deuteten Unheil an wie Krankheiten, Feuersbrünste, Kriege oder gar den bevorstehenden Tod des Königs. Hier ist die Wurzel der **Astrologie**, der Sterndeuterei zu suchen, die sich bis in unsere Tage erhalten hat. Immer noch meinen Menschen, man könne aus dem Lauf der Gestirne ihr Schicksal ablesen. Die Blütezeit der babylonischen Sternkunde wurde im sechsten vorchristlichen Jahrhundert erreicht. Im Jahre 597 vor Chr. eroberte **Nebukadnezar II** (640–562 vor Chr.) Jerusalem. Es folgte die Deportation von Judäern nach Babylon. In der sprichwörtlichen babylonischen Knechtschaft lernten sie auch den Kalender der Babylonier kennen. Der jüdische Kalender ist ein direkter Abkömmling des babylonischen Kalenders, was allein schon aus den übernommenen Monatsnamen hervorgeht (siehe Tabelle auf Seite 78).

☞ MONATSNAMEN IM BABYLONISCHEN KALENDER UND IN VERWANDTEN KALENDERN

	BABYLONISCH	HEBRÄISCH	SYRISCH	MAKEDONISCH	RÖMISCH	
					Martius	1
1	Nisanu	Nisan	Nisan	Artemisios	Aprilis	2
2	Aiaru	Ijjar	Ijar	Daisios	Maius	3
3	Simanu	Siwan	Hasiran	Panemos	Iunius	4
4	Du'uzu	Tammus	Thamus	Loios	Quintilis	5
5	Abu	Aw	Ab	Gorpiaios	Sextilis	6
6	Ululu	Elul	Elul	Hyperberetaios	September	7
	Ululu II					
7	Taschritu	Tischri	Tischri I	Dios	October	8
8	Arah'samnu	Marcheschwan	Tischri II	Apellaios	November	9
9	Kislimu	Kislew	Kanun I	Audynaios	December	10
10	Tebetu	Tebeth	Kanun II	Peritios	Ianuarius	11
11	Schabatu	Schewat	Schebat	Dystros	Februarius	12
12	Adaru	Adar	Adar	Xanthikos		
13	Adaru II					

Schaltmonate: Entweder Ululu II oder Adaru II

Im sechsten vorchristlichen Jahrhundert ging Babylon im Kampf gegen die Perser unter. Der letzte unabhängige **König Nabonid**, der von 555–539 vor Chr. herrschte, wurde vom Perserkönig **Kyros** besiegt. Dennoch wurde die Sternkunde von den Chaldäern weiter betrieben. Selbst unter der **Seleukiden-Herrschaft** (330–129 vor Chr.) verfolgten die Priesterastronomen auf dem **Marduk-Tempel** weiter die Himmelsgeschehnisse.

Marduk war die Stadtgottheit von Babylon, die durch den hellen Planeten Jupiter repräsentiert wurde, wie überhaupt ihre Götter als Gestirne am Firmament vertreten waren. Schamasch war ihr Sonnengott, der für Gerechtigkeit sorgte. In Mars erkannten die Babylonier **Nergal**, ihren Kriegsgott, während Venus die Liebesgöttin **Ischtar** darstellte. Merkur hieß **Ninib** oder **Nabo**, **Kewan** hieß bei ihnen der Saturn, **Nanna** (auch Sin) war die Mondgöttin, Adad (sumerisch Ischkur) sorgte für das Wettergeschehen, Tiamat war der Gott des Chaos und des Meeres und Anu galt ganz allgemein als Himmelsgott.

Die Babylonier übernahmen den Lunisolarkalender und ebenso das Sexagesimalsystem von den Sumerern. Allerdings führten sie die **Sieben-Tage-Woche** ein. Alle sieben Tage ändert sich die Mondphase und sieben Wandelgestirne – für die frühen Völker waren es Götter – waren am Firmament vertreten: Sonne, Mond, Merkur, Venus, Mars, Jupiter und Saturn. Teils wurden die Wochentage nach den Wandelgestirnen benannt, teils wurden sie nummeriert. Unsere heutigen Wochentagbezeichnungen entsprechen ebenfalls den sieben klassischen Planeten (siehe Kapitel 3.8.6 auf Seite 105).

Auch bei den Babyloniern begann der Tag mit Sonnenuntergang und das neue Jahr mit Frühlingsbeginn (mit Monat Nisanu, entspricht dem römischen Aprilis). Sie ersetzten die **Temporalstunden** durch gleich lange Stunden, die **Äquinoktialstunden.** Der **Volltag** hatte somit 2 × 12 = 24 Stunden.

Die willkürlichen Schaltungen, um Koinzidenz mit dem Sonnenjahr jeweils wieder herzustellen, waren unbefriedigend. König Hamurapi erklärte: „...dem Jahr haftet ein Mangel an.“ Er erließ ein Dekret, nach dem ein Schaltmonat jeweils zwischen dem Ululu und dem Taschritu mit der Bezeichnung **Ululu II** einzufügen ist (siehe Tabelle „Babylonische Monatsnamen“). Dabei wurde ein achtjähriger Zyklus **(1. Babylonischer Lunisolarkalender)** vorgesehen. Acht Sonnenjahre entsprechen etwa 99 Lunationen. Dieser Zyklus sah fünf Gemeinjahre zu 12 Monaten und drei Schaltjahre zu 13 Monaten vor. Acht tropische Jahre ergeben knapp 2922 Tage, 99 synodische Monate haben knapp 2923,5 Tage. Damit ergibt sich ein Fehler von 1½ Tagen, um die die acht Mondjahre länger sind als die acht tropischen Sonnenjahre.

Stand der Mond zu Jahresbeginn (1. Nisanu) nahe den Plejaden im Stier, so wurde kein Schaltmonat eingeschoben. In späterer Zeit legte man einfach fest, dass die Jahre 3, 6 und 8 in diesem achtjährigen Zyklus Schaltjahre zu 13 Monaten sind.

Die **Chaldäer**, denen ein umfangreiches astronomisches Beobachtungsmaterial zur Verfügung stand, verbesserten den Lunisolarkalender durch Einführen eines **19-Jahre-Zyklus (2. Babylonischer Lunisolarkalender)**. Dieser Zyklus sieht 12 Gemeinjahre zu 12 Monaten und 7 Schaltjahre zu 13 Monaten vor. 19 tropische Jahre sind 6939,6016 Tage lang, 235 synodische Monate ergeben 6939,6884 Tage. Sie sind somit lediglich zwei Stunden und fünf Minuten länger als 19 tropische Jahre. Nach 19 Jahren fallen die gleichen Mondphasen wieder auf den Beginn eines Sonnenjahres.

Der babylonische Lunisolarkalender hatte 12 Jahre zu 12 Monaten und 7 Jahre zu 13 Monaten, was 235 Monate ergibt. Davon hatten 117 Monate 30 Tage, vier Monate 31 Tage und 114 Monate 29 Tage. Dies ergibt einen 19-jährigen Zyklus von 6940 Tagen, was ziemlich genau 19 tropischen Jahren entspricht: 19 × 365,2422 = 6939,60 Tage. Die Abweichung vom Sonnenstand betrug somit nur 0,4 Tage oder 9^h36^m. Die Mondphase lief hingegen (im Mittel) 7^h29^m voraus.

Schaltmonate wurden in folgenden Jahren dieses 19-jährigen Zyklus eingeschoben: Ein Adaru II in den Jahren 3, 6, 8, 11, 14 und 19 und ein Ululu II im 17. Jahr. Dabei hatten die Schaltmonate im 3., 8., 14. und 19. Jahr 31 Tage. In den Jahren 6, 11 und 17 des 19-Jahr-Zyklus hatten die Schaltmonate jedoch nur 30 Tage (siehe auch Tabelle „Babylonischer Lunisolarkalender“ auf Seite 81).

☞ 1. BABYLONISCHER LUNISOLARKALENDER (OKTAËTERIS)

JAHR	SCHALT MONAT ULULU II (TAGE)	MONATE	TAGE
1 GEMEINJAHR	-	12	354
2 GEMEINJAHR	-	12	354
3 SCHALTJAHR	30	**13**	**384**
4 GEMEINJAHR	-	12	354
5 GEMEINJAHR	-	12	354
6 SCHALTJAHR	30	**13**	**384**
7 GEMEINJAHR	-	12	354
8 SCHALTJAHR	30	**13**	**384**
Summen		**99**	**2922**

Das erste Lunisolarjahr der Babylonier hatte alternierend sechs Monate zu 29 und sechs Monate zu 30 Tagen. In Schaltjahren kam der Monat Ululu II mit 30 Tagen hinzu. Acht tropische Jahre haben 2921,9375 Tage während 99 synodische Monate 2923,5289 Tage lang sind. Eine **Oktaëteris** entspricht somit ziemlich genau acht tropischen Jahren. Die Mondphase hinkt dagegen um rund eineinhalb Tage hinterher.

19 tropische Jahre ergeben 6939,601 61 Tage, während 235 synodische Monate 6939,688 415 Tage lang sind. Sie sind damit nur 2^h05^m länger als 19 tropische Jahre. **Der 2. Babylonische Lunisolarkalender (Meton-Zyklus)** synchronisiert somit Sonnen- und Mondlauf recht gut miteinander. Ein Meton-Zyklus von 6940 Tagen weicht somit nur 9^h34^m vom tropischen Sonnenjahr und 7^h29^m von der Mondphase ab.

Diesen 19-Jahre-Zyklus brachte der **Athener Meton** im Jahre **433 vor Chr.** nach Griechenland. Nach ihm wird er Meton-Zyklus genannt (siehe Kap. 3.4 auf Seite 82).

Auch bei der Berechnung des Osterfestes spielt der Meton-Zyklus eine Rolle (Stichworte: **Goldene Zahl, Mondzirkel** – siehe Kapitel 3.8, Seite 102). Die Griechen **Kallipos** und **Hipparchos** haben die Zyklen für das Lunisolarjahr schließlich noch weiter verbessert (siehe auch Kapitel 3.4 auf Seite 82).

☞ 2. BABYLONISCHER LUNISOLAR-KALENDER (ENNEAKAIDEKAËTERIS/ METON-ZYKLUS)

JAHR	SCHALTMONAT	TAGE	MONATE	TAGE
1 GEMEINJAHR			12	354
2 GEMEINJAHR			12	354
3 SCHALTJAHR	Adaru II	31	**13**	**385**
4 GEMEINJAHR			12	354
5 GEMEINJAHR			12	354
6 SCHALTJAHR	Adaru II	30	**13**	**384**
7 GEMEINJAHR			12	354
8 SCHALTJAHR	Adaru II	31	**13**	**385**
9 GEMEINJAHR			12	354
10 GEMEINJAHR			12	354
11 SCHALTJAHR	Adaru II	30	**13**	**384**
12 GEMEINJAHR			12	354
13 GEMEINJAHR			12	354
14 SCHALTJAHR	Adaru II	31	**13**	**385**
15 GEMEINJAHR			12	354
16 GEMEINJAHR			12	354
17 SCHALTJAHR	Ululu II	30	**13**	**384**
18 GEMEINJAHR			12	354
19 SCHALTJAHR	Adaru II	31	**13**	**385**
Summen	**7**	**214**	**235**	**6940**

3.4 KALENDER DER GRIECHEN

Die zahlreichen Stadtstaaten Griechenlands übernahmen weitgehend den Kalender der Babylonier. Ursprünglich benutzten sie einen reinen Mondkalender. Jeder Monat hatte 30 Tage, die in drei Dekaden zu je zehn Tagen unterteilt wurden. Sie hießen:

- **Neomenia** (Νεομηνία) Monatserster, Neumond (auch: Νουμηνία)
- **Dichomenia** (Διχόμηνια) Vollmond
- **Triakas** (Τριακάς) Monatsletzter („Dreißigster")

Da zwei Lunationen gerundet 59 Tage umfassen, verwendete man bald alternierend Monate zu 29 und zu 30 Tagen.

Die Epoche des griechischen Kalenders ist der 1. September 5509 vor Chr. Somit korrespondiert der 1. September 1 nach Chr. mit dem 1. September 5510 der Griechischen Ära, die in späterer Zeit als **Byzantinische Ära** bezeichnet wurde. Infolge der Gregorianischen Kalenderreform von 1582 korrespondiert der 14. September 2001 greg. mit dem 1. September 7520 der Byzantinischen Ära. Am 14.09.2011 begann somit das Jahr 7520 des ursprünglichen griechischen Kalenders.

Um das Jahr 720 vor Chr. begann die Jahresrechnung der Griechen nach **Olympiaden.** Da alle vier Jahre Olympische Festspiele veranstaltet wurden, so zählt eine Olympiade vier Jahre. Kalenderangaben lauteten dann beispielweise: im 3. Jahr der

3.10 Ruinen des Philippeions in Olympia

3.11 Tholos im Heiligtum der Athena Pronaia in Delphi

31. Olympiade. 300 Jahre entsprechen 75 Olympiaden. Die olympische Idee war schon vor 776 vor Chr. geboren worden. Deshalb vermuten manche, die Olympiaden-Epoche zum Sommersolstitium 776 vor Chr. Am 1. Juli 1 nach Chr. begann die 195. Olympiade, denn 194 Olympiaden entsprechen 776 Sonnenjahren.

Erst im vierten nachchristlichen Jahrhundert wurde die Zählung nach Olympiaden durch Theodosius abgelöst. Seit dem Jahre 392 nach Chr. wurde statt der Olympiaden der **15-Jahre-Zyklus** der römischen **Indiktion** eingeführt (siehe Kap. 3.8.5 auf Seite 101).

Schnell erkannte man auch in Griechenland, dass das reine Mondjahr zu 354 Tagen nicht mit der Abfolge der Jahreszeiten in Einklang steht. Das Frühlingsfest verschob sich nach wenigen Jahren immer tiefer in die Winterzeit. So begann man, mehr oder minder beliebig Monate einzuschalten, um das Mondjahr zu verlängern. Dabei nahm jeder Stadtstaat seine eigenen Schaltungen vor, weshalb sich bald ein ziemliches kalendarisches Chaos breitmachte. Die Priesterschaft von Delphi versuchte Ordnung in das Chaos zu bringen, damit den Göttern jeweils der Jahreszeit entsprechende Früchte geopfert werden konnten. Um 500 vor Chr. übernahm man den achtjährigen Schaltrhythmus, den Oktaëteris von den Babyloniern, die ihn bereits 300 Jahre zuvor benutzten.

Dieser noch recht simple Lunisolarkalender sah einen Zyklus von 5 Gemeinjahren zu je 12 Monaten und 3 Schaltjahren zu je 13 Monaten vor, wobei in der achtjährigen Periode jeweils das 3., 6. und 8. Jahr ein Schaltjahr war. Ganz Griechenland übernahm nach und nach die von Delphi eingeführte 8-Jahre-Periode.

Dieser 8-Jahre-Zyklus entsprach zwei Olympiaden. Dabei wechselten sich hohle (κοῖλος) Olympiaden mit vollen (πλέως) ab:

Hohle Olympiade: 3 Jahre zu 12 Monaten + 1 Jahr zu 13 Monaten: 49 Monate

Volle Olympiade: 2 Jahre zu 12 Monaten + 2 Jahre zu 13 Monaten: 50 Monate

In der Summe ergab der volle Zyklus somit 99 Monate. Doch schon nach zehn Zyklen (= 80 Jahre) ergab sich ein Fehler von einem halben Monat. Statt des zu erwartenden Neumondes schien noch der Vollmond, bei dem man sich gewöhnlich auf der Agora traf. Denn 99 synodische Monate ergeben gerundet 2923 ½ Tage. Berücksichtigt man, dass die drei Schaltmonate jeweils 30 Tage hatten, so ist ein zehnfacher 8-Jahre-Zyklus um 15 Tage kürzer als 99 Lunationen. Auch mit den Jahreszeiten haperte es. Acht tropische Jahre sind 2921,94 Tage lang, 99 synodische Monate bringen es auf 2923,47 Tage. Damit sind 99 Lunationen gut eineinhalb Tage länger als acht Sonnenjahre.

Im Jahre 432 vor Chr. übernahm der Athener **Meton** (Μέτων ὁ Αθηναῖος) den inzwischen nach ihm benannten 19-Jahre-Zyklus des verbesserten babylonischen Lunisolarkalenders.

Der Metonsche Zyklus sieht 12 Gemeinjahre zu 12 Monaten und 7 Jahre zu 13 Monaten vor, wobei die Monate alternierend 29 und 30 Tage lang sind. Damit wird eine recht gute Koinzidenz mit dem tropischen Jahr erreicht. Denn 19 tropische Jahre dauern 6939,601 76 Tage, während (12 × 12 + 7 × 13 =) 235 synodische Monate oder 6939,688 42 Tage lang sind. Damit sind 19 tropische Jahre nur zwei Stunden und fünf Minuten kürzer als 235 synodische Monate. Nach 19 Jahren wiederholt sich zu Jahresbeginn die gleiche Mondphase.

Zu beachten ist ferner, dass die sieben Schaltmonate jeweils 30 Tage hatten. Damit ergab sich eine mittlere Monatslänge von 29,5149 Tagen gegenüber dem synodischen Monat von 29,5306 Tagen. Der Metonsche Zyklus hinkte somit nach einer Periode von 19 Jahren um gut dreieinhalb Tage der Mondphase hinterher. Man musste also noch dreieinhalb Tage warten, bis wieder Neumond eintrat. Der neunzehnjährige Zyklus wird auch Enneakaidekaëteris genannt. In dem Metonschen Zyklus ist jedes 3., 5., 8., 11., 13., 16. und 19. Jahr ein Schaltjahr mit 13 Monaten. Im Prinzip verwenden fast alle Lunisolarkalender den Metonschen Zyklus, mit Ausnahme des chinesischen Kalenders (siehe auch Kapitel „Jüdischer Kalender“auf Seite 114 und „Chinesischer Kalender“ auf Seite 117). Ebenso richtet sich die christliche Osterfestberechnung danach (Stichworte: Mondzirkel, Goldene Zahl).

Hundert Jahre später, nämlich 330 vor Chr. verbesserte **Kallipos von Kyzikos** den Metonschen Zyklus, in dem er einen **76-jährigen Zyklus** einführte. Der **Kallipos-Zyklus** sieht vor, nach vier Metonschen Zyklen (4 × 19 = 76 Jahre) einen Tag abzuziehen. Damit ergibt sich eine Zyklus-Länge von 27 759 Tagen. 940 synodische Monate sind 27 758,7537 Tage lang. Der Kallipos-Zyklus weicht somit lediglich um einen knappen Vierteltag von der Mondphase ab. Dies ist eine beachtliche Genauigkeit.

Hipparchos von Nikaia hat im Jahre 145 vor Chr. den Kallipos-Zyklus nochmals verbessert. Vier Kallipos-Zyklen minus einem Tag ergeben eine Zykluslänge von 304 Jahren oder 3760 Monaten nach der Metonschen Schaltregel für die Lunisolarjahre. 3760 synodische Monate sind 111 035,0146 Tage lang, der Hipparchos-Zyklus wiederum hat exakt 111 035 Tage (4 × Kallipos zu 27 759 Tagen minus 1 Tag). Damit beträgt die Abweichung von der Mondphase lediglich 21^m01^s. Um diesen Betrag sind 3760 Lunationen in 304 Jahren länger als der Hipparchos-Zyklus. Pro Jahr ergibt sich damit eine Differenz von lediglich vier Sekunden – ein erstaunlich genaues Resultat dieser Schaltregel! Hipparchos war auch bekannt, dass ein tropisches Jahr ein wenig kürzer ist als exakt 365,25 Jahre.

3.5 KALENDER DER RÖMER

Rom, die ewige Stadt, wurde nach der legendären Erzählung im Jahre 753 vor Chr. von **Romulus** und **Remus** gegründet. Die Historiker sind sich nicht sicher, ob diese Datierung zutreffend ist. Manche vermuten die Errichtung Roms eher um das Jahr 600 vor Chr. Wie auch immer, die Festlegung der Epoche des römischen Kalenders erfolgte erst Hunderte Jahre nach Gründung Roms, nämlich im Jahre 43 vor Chr. durch **Marcus Terentius Varro** (116–27 vor Chr.). Man spricht daher von der **Varronischen Ära**, deren Epoche eben der 21. April des Jahres 753 vor Chr. ist und bezeichnet sie mit a.u.c. (**ab urbe condita** – nach Gründung der Stadt, nämlich Roms). Vorher wurden die Jahre nach den herrschenden Königen und amtierenden Konsuln benannt.

Der **altrömische Kalender** hatte nur zehn Monate und war somit weder ein Mond- noch ein Sonnenkalender, wenn auch das Neulicht des Mondes jeweils den Beginn eines neuen Monats anzeigte. Nur die Monate der Feldarbeit wurden gezählt. Im Winter zur Ruhezeit wurden die Monatswechsel nicht berücksichtigt. Das ursprüngliche altrömische Jahr kannte folgende Monate:

— Martius (31^d)
— Aprilis (30^d)
— Maius (31^d)
— Iunius (30^d)
— Quintilis (31^d)
— Sextilis (30^d)
— September (30^d)
— October (31^d)
— November (30^d)
— December (30^d)

3.12 Blick vom Forum Romanum, einstmaliger Mittelpunkt des Alten Roms.

Dies ergibt eine Jahreslänge von 304 Tagen. Das altrömische Jahr war damit weder ein reines Mondjahr zu zwölf synodischen Monaten noch ein tropisches Sonnenjahr.
Das eindeutig zu kurze altrömische Jahr wurde durch **Numa Pompilius** (zweiter römischer König, 715–652 vor Chr.) um zwei Monate verlängert, indem er an den zehnten Monat noch zwei Monate anfügte, nämlich den Ianuarius (29^d) und den Februarius (28^d). Außerdem kürzte er die Monate Aprilis, Iunius, Sextilis, November und December um je einen Tag. Damit wurde vermieden, dass es Monate mit gerader Anzahl von Tagen (30^d) gab. Die Römer hatten einen Horror vor geraden Zahlen. Die galten als Unglücksbringer.
Somit hatte der römische Kalender nach Numa Pompilius folgende Monate:
— Martius (31^d)
— Aprilis (29^d)
— Maius (31^d)
— Iunius (29^d)
— Quintilis (31^d)
— Sextilis (29^d)
— September (29^d)
— October (31^d)
— November (29^d)
— December (29^d)
— Ianuarius (29^d)
— Februarius (28^d)
Dies sind vier Monate zu 31^d, sieben Monate zu 29^d und einer zu 28^d, macht zusammen 355^d.
Ein reines Mondjahr hat jedoch 354 Tage. Numas Jahr war damit einen Tag zu lange gegenüber zwölf synodischen Monaten ($354{,}36^d$), allerdings nur um gut fünfzehn Stunden.
Die ersten vier Monate waren römischen Göttern geweiht. Danach wurde einfach durchgezählt (Quintilis, der Fünfte, Sextilis, der Sechste, bis December, der Zehnte). Anschließend folgten Ianuarius und Februarius.

3.13 Der legendäre zweite König von Rom, Numa Pompilius (715–652 vor Chr.)

Das Jahr begann mit Martius, dem Monat, der dem Kriegsgott Mars gewidmet war.
Der Name Aprilis für den zweiten Monat ist nicht vollständig geklärt. Manche vermuten, er leitet sich von Aprire ab, was eröffnen heißt (die Saat geht auf, Blätter wachsen, Blumen sprießen). Eine andere Version sieht darin den Monat der Venus, der griechischen Göttin Aphrodite, bei den Römern auch Aprilis genannt.
Maia wiederum war die Göttin des Frühlings, des Wachstums, der Fruchtbarkeit und Schutzgöttin der Landwirte. Ihr war der dritte Monat geweiht. Der vierte Monat wurde nach Iuno getauft, der göttlichen Gemahlin des Iupiter, Boss aller Götter. Der elfte Monat war dem Ianus zugeordnet, dem zweigesichtigen Grenzgott und Bewacher der Tore. Er konnte in zwei Richtungen gleichzeitig schauen und damit alles überblicken. Die Herkunft der Bezeichnung Februarius für den zwölften und letzten Monat ist nicht ganz geklärt. Möglicherweise geht sie zurück auf das archaische Wort „februare“, was soviel wie „reini-

gen“ oder „sühnen“ heißt. Gemeint war, dass man seine Seele vor Beginn eines neuen Jahres von allen Übeln befreien sollte. Im Februarius wurden daher Sühneopfer gebracht und das Fest der Terminalien gefeiert.

Zur Zeit der römischen Republik (Beginn um 509 vor Chr.) versuchte man, mit dem Sonnenjahr eine Koinzidenz herzustellen. Das schuldete man der Landwirtschaft, denn die Bauern sollten wissen, in welchen Monaten sie welche Arbeiten zu verrichten hatten.

Das Jahr Numas war jedoch um zehn Tage gegenüber dem Sonnenjahr zu kurz (365 – 355 = 10). Nach drei Jahren fiel der Frühlingsbeginn statt in den März in den April, nach sechs Jahren in den Mai usw. So entschloss man sich, alle zwei Jahre im Februar einen Schaltmonat **(mensis intercalaris)**, den **Mercedonius**, einzuschieben. Der Schaltmonat wurde nach merces, dem Pachtzins benannt. Er wurde nach dem Fest der **Terminalien**, das auf den 23. Februar fiel, eingeschoben und hatte einmal 23^d, das nächste Mal aber nur 22^d. Die restlichen fünf Tage des Februars wurden am Ende des Schaltmonats angehängt. Damit ergab sich ein vierjähriger Zyklus, den man als **Tetraëtris** bezeichnete:

1. Gemeinjahr zu 355^d
2. Schaltjahr zu 378^d (mit Mercedonius: 23^d)
3. Gemeinjahr zu 355^d
4. Schaltjahr zu 377^d (mit Mercedonius: 22^d)

Summe: 1465

Daraus folgt eine mittlere Jahreslänge von $1465/4 = 366{,}25^d$. Dies ist um einen Tag zu lang gegenüber dem tropischen Jahr bzw. dem julianischen Jahr von $365{,}25^d$! Hätte man den ersten Mercedonius mit 22^d statt mit 23^d eingeschoben, so wäre man über einige Jahrhunderte recht gut mit dem Sonnenjahr in Einklang gewesen. So aber wich der neue römische Kalender schon nach einer Generation (30 Jahre) um einen Monat vom Sonnenjahr ab.

3.14 Fresko des Kriegsgottes Mars im Haus der Venus in Pompeji.

Durch mehr oder minder willkürliche Schaltungen versuchte man immer wieder, den Jahresbeginn an den Frühling anzugleichen. Den Kalender in Ordnung zu halten, oblag der Priesterschaft **(collegium pontificium)**. Die Schaltungen erfolgten teils aus Unkenntnis astronomischer Gegebenheiten, teils wegen politischer Vorgaben. Denn die Termine für die Amtsantritte der Konsuln und hoher Funktionäre, politischer Prozesse, Senats- und Volksversammlungen etc. ließen sich durch Schaltungen manipulieren. Die Priesterschaft nutzte daher ihre Machtmittel. Korruption und Bestechlichkeit führten zu einem immer größeren Durcheinander im Kalenderwesen. So beklagte sich einst **Cicero**, dass er Anfang Februar immer noch nicht wusste, ob zu den Terminalien ein Mercedonius geschaltet würde oder nicht. Dieses Wirrwarr erzwang schließlich die Kalenderreform durch **Caesar** als **Pontifex Maximus** im Jahre 44 vor Chr. (siehe Kapitel 3.6 auf Seite 92). Der Julianische Kalender ist teils heute noch in Verwendung.

MONATSLÄNGEN IM RÖMISCHEN KALENDER

	ROMULUS 753 VOR CHR.	NUMA 650 VOR CHR.	CAESAR 46 VOR CHR.	AUGUSTUS 8 VOR CHR.
Monat	**Tage**	**Tage**	**Tage**	**Tage**
IANUARIUS	-	29	31	31
FEBRUARIUS	-	28	29 (30)	28 (29)
MERCEDONIUS	-	22/23	-	-
MARTIUS	31	31	31	31
APRILIS	30	29	30	30
MAIUS	31	31	31	31
IUNIUS	30	29	30	30
QUINTILIS (IULIUS)	31	31	31	31
SEXTILIS (AUGUSTUS)	30	29	30	31
SEPTEMBER	30	29	31	30
OCTOBER	31	31	30	31
NOVEMBER	30	29	31	30
DECEMBER	30	29	30	31
JAHRESLÄNGE	304	355/377/378	365/366	365/366

3.5.1 RÖMISCHE MONATSEINTEILUNG

Die Römer kannten vier Termine, die den Monat in einzelne Abschnitte unterteilten: Die Kalenden **(Kalendae)**, die Nonen **(Nonae)**, die Iden **(Idus)** und die Tubilustrien **(Tubilustrium)**. Den Monatsbeginn leiteten die Kalenden ein. Der Pontifex Minor rief vom **Iuno-Tempel** (eingeweiht 507 vor Chr.) auf dem Kapitol den Beginn des neuen Monats aus, sobald er die schmale Sichel des jungen Mondes nach Neumond, also das **Neulicht**, erblickte: „Dies te quinque (septem) calo **Iuno Covella**! – Ich rufe dir fünf (sieben) Tage zu, Iuno Covella."

Nach fünf bzw. sieben Tagen war die zweite Zeitmarke im römischen Kalender erreicht, nämlich die Nonen. Sie waren der Göttin Iuno geweiht, wobei ihr Beiname Covella nicht ganz geklärt ist. Zu den Nonen stand der zunehmende Halbmond am Himmel. Die Bezeichnung Kalenden leiten sich vom lateinischen Wort „calare" ab, was ausrufen heißt. Auch unser „Kalender" geht darauf zurück. Die Nonen hießen so, weil sie neun Tage vor den Iden lagen, wobei der Ausgangstag (Nonae) und der Zieltag (Idus) wie bei den Römern üblich mitgezählt werden (siehe Tabelle „Römischer Kalender" auf Seite 90). Ob der Halbmond zu oder abnimmt, merkten sich die Römer folgendermaßen. Sie bezeichneten den Mond als lügnerisch **(luna mendax)**. **Luna Crescens** heißt zunehmender Mond, **Luna Decrescens** hingegen abnehmender Mond. Leuchtet der Mond wie ein D, so nimmt er zu, sieht der Halbmond wie ein C aus, nimmt er ab!

Am 13. Tag eines Monats wurden die Iden gefeiert, die dem Jupiter geweiht waren. Ursprünglich wurden sie als **Eidus** bezeichnet nach dem etruskischen Wort für „teilen". Die Iden folgten somit acht Tage nach den Nonen. Zu den Iden trat die Vollmondphase ein. Hatte ein Monat 31 Tage (Martius, Maius, Quintilis und October), so fielen die Nonen auf den 7. und die Iden auf den 15. Tag. Rief der **Pontifex Minor** zu den Kalenden der Iuno sieben (septem) statt fünf (quinque) Tage bis zu den Nonen zu, so wusste die Bevölkerung, dass der Monat 31 statt 29 oder 28 (Februarius) Tage hatte. Sieben Tage nach den Iden folgten die **Tubilustrien**, die den abnehmenden Halbmond markierten. Die Tubilustrien gerieten aber schon früh in Vergessenheit und wurden fortan nicht mehr berücksichtigt. Man zählte vielmehr direkt von den Iden bis zu den Kalenden des folgenden Monats.

Zu den Tubilustrien wurden die Trompeten gereinigt und geweiht, die man zu Kulthandlungen benutzte.
Die Kalenden waren der wichtigste Termin eines Monats. Denn der Zahltag lag am Monatsbeginn und Schulden mussten zu den Kalenden beglichen werden. **Calendarium** hieß denn auch Schuldbuch oder Zinsverzeichnis. Erst in späterer Zeit taucht **Calendarius** für Kalender auf. War ein Termin auf unbestimmte Zeit verschoben, gewissermaßen auf den St. Nimmerleinstag, so sprach man von **„ad calendas graecas"**, also „bis zu den griechischen Kalenden".

NONEN UND IDEN IM RÖMISCHEN KALENDER

NONIS IANUARIIS	9. Tag vor den Iden	5. Januar
ANTE DIEM OCTUM IDUS IANUARIAS	8. Tag vor den Iden	6. Januar
A. D. SEPTEM I. I.	7. Tag vor den Iden	7. Januar
A. D. SEXTUM I. I.	6. Tag vor den Iden	8. Januar
A. D. QUINTUM I. I.	5. Tag vor den Iden	9. Januar
A. D. QUARTUM I. I.	4. Tag vor den Iden	10. Januar
A. D. TERTIUM I. I.	3. Tag vor den Iden	11. Januar
PRIDIE IDUUM	2. Tag vor den Iden	12. Januar
IDIBUS IANUARIIS	Tag der Iden	13. Januar

3.5.2 RÖMISCHE TAGESZÄHLUNG

Die römische Tageszählweise hatte zwei Besonderheiten: Einmal zählte man die Tage nicht vorwärts, sondern rückwärts bis zum nächsten Fixtermin wie Kalenden, Nonen und Iden. Zum anderen wurde auch der Ausgangstag mitgezählt. Beispiele:
Ante diem III (tertium) Nonas Quintilis = 5. Juli, also drei Tage vor den Nonen, die im Monat Quintilis auf den 7. Juli fielen (Tag: 5. + 6. + 7. = 3 Tage).
Ante diem VI (sextum) Kalendas Novembris = 27. Oktober, also sechs Tage vor Monatsbeginn November (Tag: 27. + 28. + 29. + 30. + 31. + 1.= 6 Tage).
Ante diem VI (sextum) Kalendas Martias = 24. Februar, also sechs Tage vor Monatsbeginn März (Tag 24 + 25 + 26 + 27 + 28 + 1 = 6 Tage).
Der Vortag wurde nicht als „secundum dies ante ..." bezeichnet, sondern als pridie: **Pridie** Nonas Ianuarias war somit der 4. Januar, also ein Tag vor den Nonen des Januars, die auf den 5. fielen, da der Januar im altrömischen Kalender (vor Caesars Reform) nur 29 Tage hatte.
Ein Relikt von der römischen Gewohnheit, den Ausgangstag mitzuzählen, hat sich bis in unsere Tage erhalten. Wenn ein Termin um eine Woche verschoben wird, so spricht man von „in *acht* Tagen", obwohl eine Woche lediglich sieben Tage hat. Auch in der Bibel, Neues Testament, findet man diese Zählweise. „... Jesus ist am *dritten* Tag auferstanden ..." – gekreuzigt wurde er an einem Freitag, seine Himmelfahrt fand am folgenden Sonntag statt. Heute würde man schreiben: „... zwei Tage später ..."
Vor der römischen Tagesnummer wurde am Ende eines Dokumentes das Wort „datum" für „gegeben" geschrieben.
Parallel zu dieser Tageszählung gab es noch den achttägigen Zyklus für die Markttage, das **Nundinum** (bei Mitzählung des Ausgangstages ergibt dies neun Tage). Die Tage wurden dabei mit den Buchstaben A bis H bezeichnet. Zu den Nundiae kam die Landbevölkerung in die Stadt, die Märkte wurden beschickt, Auktionen fanden statt und Gerichtstage wurden abgehalten.

RÖMISCHER KALENDER NACH NUMA (BIS 46 VOR CHR.

	IANUARIUS	FEBRUARIUS	MARTIUS	APRILIS	MAIUS	IUNIUS
1.	Kalendis Ianuariis	Kalendis	Kalendis	Kalendis	Kalendis	Kalendis
2.	ante diem quartum (IV) Nonas Ianuarias	a.d. IV Nonas	a.d. VI Nonas	a.d. IV Nonas	a.d. VI Nonas	a.d. IV Nor
3.	ante diem tertium (III) Nonas Ianuarias	a.d. III	a.d. V	a.d. III	a.d. V	a.d. III
4.	Pridie Nonas Ianuarias	Pridie	a.d. IV	Pridie	a.d. IV	Pridie
5.	Nonis Ianuariis	Nonis	a.d. III	Nonis	a.d. III	Nonis
6.	ante diem octavum (VIII) Idus Ianuarias	a.d. VIII	Pridie	a.d. VIII	Pridie	a.d. VIII
7.	ante diem septimus (VII) Idus Ianuarias	a.d. VII	Nonis	a.d. VII	Nonis	a.d. VII
8.	ante diem sextum (VI) Idus Ianuarias	a.d. VI	a.d. VIII	a.d. VI	a.d. VIII	a.d. VI
9.	ante diem quintum (V) Idus Ianuarias	a.d. V	a.d. VII	a.d. V	a.d. VII	a.d. V
10.	ante diem quartum (IV) Idus Ianuarias	a.d. IV	a.d. VI	a.d. IV	a.d. VI	a.d. IV
11.	ante diem tertium (III) Idus Ianuarias	a.d. III	a.d. V	a.d. III	a.d. V	a.d. III
12.	Pridie Idus Ianuarias	Pridie	a.d. IV	Pridie	a.d. IV	Pridie
13.	Idibus Ianuariis	Idibus	a.d. III	Idibus	a.d. III	Idibus
14.	ante diem septimum decimum (XVII) Kalendas Februarias	a.d. XVII Kal. Martias	Pridie	a.d. XVII Kal. Maias	Pridie	a.d. XVII Kal. Quinti
15.	ante diem sextum decimum (XVI) Kalendas Februarias	a.d. XVI	Idibus	a.d. XVI	Idibus	a.d. XVI
16.	ante diem quintum decimum (XV) Kalendas Februarias	a.d. XV	a.d. XVII Kal. Apriles	a.d. XV	a.d. XVII Kal. Iunias	a.d. XV
17.	ante diem quartum decimum (XIV) Kalendas Februarias	a.d. XIV	a.d. XVI	a.d. XIV	a.d. XVI	a.d. XIV
18.	ante diem tertium decimum (XIII) Kalendas Februarias	a.d. XIII	a.d. XV	a.d. XIII	a.d. XV	a.d. XIII
19.	ante diem duodecimum (XII) Kalendas Februarias	a.d. XII	a.d. XIV	a.d. XII	a.d. XIV	a.d. XII
20.	ante diem undecimum (XI) Kalendas Februarias	a.d. XI	a.d. XIII	a.d. XI	a.d. XIII	a.d. XI
21.	ante diem decimum (X) Kalendas Februarias	a.d. X	a.d. XII	a.d. X	a.d. XII	a.d. X
22.	ante diem nonum (IX) Kalendas Februarias	a.d. IX	a.d. XI	a.d. IX	a.d. XI	a.d. IX
23.	ante diem octavum (VIII) Kalendas Februarias	a.d. VIII	a.d. X	a.d. VIII	a.d. X	a.d. VIII
24.	ante diem septimum (VII) Kalendas Februarias	a.d. VII*) Mercedonius	a.d. IX	a.d. VII	a.d. IX	a.d. VII
25.	ante diem sextum (VI) Kalendas Februarias	a.d. VI	a.d. VIII	a.d. VI	a.d. VIII	a.d. VI
26.	ante diem quintum (V) Kalendas Februarias	a.d. V	a.d. VII	a.d. V	a.d. VII	a.d. V
27.	ante diem quartum (IV) Kalendas Februarias	a.d. IV	a.d. VI	a.d. IV	a.d. VI	a.d. IV
28.	ante diem tertium (III) Kalendas Februarias	Pridie Kalendas Martius	a.d. V	Pridie	a.d. V	Pridie
29.	Pridie Kalendas Februarias	-	a.d. IV	-	a.d. IV	-
30.	-	-	a.d. III	-	a.d. III	-
31.	-	-	Pridie	-	Pridie	-

a.d. = ante diem *) Im Schaltjahr wird Monat Mercedonius eingeschoben.

UINTILIS	SEXTILIS	SEPTEMBER	OCTOBER	NOVEMBER	DECEMBER
alendis	Kalendis	Kalendis	Kalendis	Kalendis	Kalendis
d. VI Nonas	a.d. IV Nonas	a.d. IV Nonas	a.d. VI Nonas	a.d. IV Nonas	a.d. IV Nonas
d. V	a.d. III	a.d. III	a.d. V	a.d. III	a.d. III
d. IV	Pridie	Pridie	a.d. IV	Pridie	Pridie
d. III	Nonis	Nonis	a.d. III	Nonis	Nonis
idie	a.d. VIII	a.d. VIII	Pridie	a.d. VIII	a.d. VIII
onis	a.d. VII	a.d. VII	Nonis	a.d. VII	a.d. VII
d. VIII	a.d. VI	a.d. VI	a.d. VIII	a.d. VI	a.d. VI
d. VII	a.d. V	a.d. V	a.d. VII	a.d. V	a.d. V
d. VI	a.d. IV	a.d. IV	a.d. VI	a.d. IV	a.d. IV
d. V	a.d. III	a.d. III	a.d. V	a.d. III	a.d. III
d. IV	Pridie	Pridie	a.d. IV	Pridie	Pridie
d. III	Idibus	Idibus	a.d. III	Idibus	Idibus
idie	a.d. XVII Kal. Septembres	a.d. XVII Kal. Oktobres	Pridie	a.d. XVII Kal. Decembres	a.d. XVII Kal. Ianuarias
ibus	a.d. XVI	a.d. XVI	Idibus	a.d. XVI	a.d. XVI
d. XVII al. Sextiles	a.d. XV	a.d. XV	a.d. XVII Kal. Novembres	a.d. XV	a.d. XV
d. XVI	a.d. XIV	a.d. XIV	a.d. XVI	a.d. XIV	a.d. XIV
d. XV	a.d. XIII	a.d. XIII	a.d. XV	a.d. XIII	a.d. XIII
d. XIV	a.d. XII	a.d. XII	a.d. XIV	a.d. XII	a.d. XII
d. XIII	a.d. XI	a.d. XI	a.d. XIII	a.d. XI	a.d. XI
d. XII	a.d. X	a.d. X	a.d. XII	a.d. X	a.d. X
d. XI	a.d. IX	a.d. IX	a.d. XI	a.d. IX	a.d. IX
d. X	a.d. VIII	a.d. VIII	a.d. X	a.d. VIII	a.d. VIII
d. IX	a.d. VII	a.d. VII	a.d. IX	a.d. VII	a.d. VII
d. VIII	a.d. VI	a.d. VI	a.d. VIII	a.d. VI	a.d. VI
d. VII	a.d. V	a.d. V	a.d. VII	a.d. V	a.d. V
d. VI	a.d. IV	a.d. IV	a.d. VI	a.d. IV	a.d. IV
d. V	Pridie	Pridie	a.d. V	Pridie	Pridie
d. IV	-	-	a.d. IV	-	-
d. III	-	-	a.d. III	-	-
idie	-	-	Pridie	-	-

3.6 JULIANISCHER KALENDER

Infolge beliebiger Schaltungen, sei es durch Unkenntnis des wahren Sonnenlaufs, sei es infolge politischen Opportunismus, geriet der römische Kalender immer mehr in Unordnung. Bis zu **Gaius Julius Caesar** (13. Juli 100 bis 15. März 44 vor Chr.) betrug die Differenz zwischen Kalenderdatum und dem Sonnenjahr bereits neunzig Tage. Erntetermine und Weinlesefeierlichkeiten stimmten nicht mehr mit den astronomischen Jahreszeiten überein. Dies war allerdings keine neue Erscheinung. So wurden während des **2. Punischen Krieges** (218–201 vor Chr.) die Schaltmonate ausgelassen, weil man sie als Unglücksbringer ansah. Die totale Sonnenfinsternis vom 14. März 190 vor Chr. datierte man auf den 11. Juli.

Im Jahre 63 vor Chr. wurde Caesar **Pontifex Maximus** und damit Oberhaupt des Collegium Pontifices, das den Kalender zu bewahren, die Monatsbeginne auszurufen und Schaltmonate anzuordnen hatte. Als auf zehn Jahre vom Senat gewählter Diktator (am 25. Quintilis 46 vor Chr.) hatte er die Macht und auch die Pflicht, den in Unordnung geratenen Kalender zu reformieren. Bei seinem Besuch bei Kleopatra lernte er auch den einfachen ägyptischen Sonnenkalender kennen. Als seinen Berater nahm er den alexandrinischen Astronomen und Mathematiker **Sosigenes** nach Rom mit. Dem Gelehrten war bekannt, dass gemäß dem Edikt von Kanopus (siehe Kap. 3.2) ein Kalenderjahr 365 Tage hat, in jedem vierten Jahr aber 366, nämlich ein sogenannter 6. Epagomenen anzuhängen war. Damit kam man auf einen vierjährigen Zyklus mit 365,25 Tagen als mittlere Länge des Kalenderjahres, was ziemlich genau – bis auf wenige Minuten Abweichung – einem Sonnenjahr entsprach.

Caesar folgte dem Vorschlag von Sosigenes, vom römischen Lunisolarjahr Abschied zu nehmen und ein reines Sonnenjahr einzuführen und damit die Grundlage unseres heute noch verwendeten Kalenders zu legen. Als erste Maßnahme ordnete Caesar die Korrektur der bis 46 vor Chr. aufgelaufenen Differenz von Kalenderdaten und Sonnenstand an. Das Jahr 46 vor Chr. erhielt einen Mercedonius von 23 Tagen, ferner zwei angehängte Zusatzmonate von 33 (Undecember) und 34 Tagen (Duodecember) Länge. Damit wurde der Fehler von neunzig Tagen beseitigt. Das Jahr 46 vor Chr. dauerte somit 355 + 23 + 33 + 34 = 445 Tage – das wohl längste Jahr in der Geschichte des römischen Kalenders. Caesar nannte das Jahr 46 vor Chr. „... **ultimus annus confusionis** ... das letzte Jahr der Verwirrung ...“.

Weiter verlegte Caesar den Jahresbeginn vom 1. März auf den 1. Januar. Zwar war bereits im Jahre 153 vor Chr. beschlossen worden, das Jahr im Winter zu den Kalenden des Ianuarii beginnen zu lassen, de facto hielt man sich nicht daran. Zu Caesars Zeiten fiel übrigens das Frühlingsäquinox auf den 24./25. März.

Da keine Koinzidenzen des Jahresbeginns mit den Mondphasen herzustellen waren, wurde als dritte Maßnahme der nach Caesar benannten „Julianischen“ Kalenderreform der Schaltmonat Mercedonius abgeschafft.

Nun war das Problem zu lösen, die Länge des Jahres um zehn Tage zu vergrößern, um vom alten römischen Jahr mit 355^d auf ein Sonnenjahr zu 365^d zu kommen. Januar, September und November wurden um

zwei Tage von 29d auf 31d verlängert. Der Februar erhielt einen Tag mehr, nämlich 29d statt 28d. April, Juni, August (Sextilis) und Dezember erhielten 30d statt 29d, der Oktober jedoch wurde um einen Tag von 31d auf 30d verkürzt (siehe Tabelle auf Seite 88). Damit hatte das römische Jahr nach Julius Caesar nun 365 Tage.
Sosigenes war aber bekannt, dass das Sonnenjahr um einen Vierteltag länger als 365 Tage ist. Danach musste nach der alten ägyptischen Regel jedes vierte Jahr um einen Tag verlängert werden, um in einem vierjährigen Zyklus auf eine mittlere Jahreslänge von 365,25 Tagen zu kommen. Caesar wollte aber diesen zusätzlichen Tag nicht am Ende des vierten Jahres einfach anhängen, wie es im Edikt von Kanopus vorgesehen war. Vielmehr nahm er Rücksicht auf Priesterschaft und Bevölkerung, die eventuelle Schaltungen nach dem Fest der Terminalien am 23. Februar traditionsgemäß erwarteten. So wurde der 24. Februar zum Schalttag. Um nicht mit den Tagesnummerierungen in Konfusion zu geraten, nannte man ihn den „**dies bis sextum** (auch **dies bisextilis**) ante Kalendas Martias“, also den zweiten sechsten Tag vor den Kalenden des März. Das Schaltjahr selbst hieß **„annus bisextus“**, also das Jahr mit einem zweiten sechsten Tag (im Februar). Damit hatte der Februar in einem Schaltjahr 29 statt 28 Tage und das Schaltjahr 366 Tage. Noch heute heißt das Schaltjahr im Französischen „année bissextile“ und im Italienischen „anno bisestile“.
Bis in die Neuzeit wurde der 24. Februar und nicht der 29. Februar als Schalttag im Kalender markiert. Noch im Schaltjahr 1984 war der 24. Februar als Schalttag vermerkt und die Heiligenfeste verschoben sich bis Monatsende um einen Tag: Matthias vom 24. auf 25. und Romanus vom 28. auf den 29. Februar. Erst ab dem Schaltjahr 1988 wurde auf Beschluss des **Zweiten Vatikanischen Konzils** zur Erneuerung des Kirchenjahres bzw. des „Allgemeinen Römischen Kalenders“ der Schalttag auf den 29. Februar verlegt.

3.15 Der römische Feldherr Gaius Iulius Caesar (100–44 vor Chr.) ordnete den römischen Kalender völlig neu.

Schon bald nach seiner erfolgreichen Kalenderreform wurde Caesar an den Iden des Martius (15. März) 44 vor Chr. im Senat von Rom grausam erstochen. Seine Kalenderreform machte ihn jedoch unsterblich. Fortan sprach man vom **Julianischen Kalender.** Noch im gleichen Jahr beschloss der römische Senat, zu Caesars Ehren und zur ewigen Erinnerung an seine Taten und Werke den Monat Quintilis, den Geburtsmonat Caesars, in Iulius umzubenennen. Und so blieb es bis heute. Eine Anekdote berichtet, Caesar sei vor den Iden des März gewarnt worden. Als Caesar sich am Morgen des 15. März 44 vor Chr. auf einer Sänfte zum Senat tragen ließ, begegnete er dem Seher Spurinna, der ihn schon vor einiger Zeit vor den Iden des März gewarnt hatte. Caesar erklärte lachend, die Iden seien da und kein Unglück hätte sich ereignet. Doch Spurinna sagte zu Caesar: „Der heutige Tag ist noch nicht zu Ende.“ Eine Stunde später war Caesar tot, dahingemetzelt im Senat von Rom.

Der Julianische Kalender startete am 1. Januar 45 vor Chr. oder nach der Varronischen Ära an den Kalendis Ianuariis 709 a.u.c. Die Priesterschaft verstand die Anordnung von Caesar falsch, jedes vierte Jahr (quarto quoque anno) ein Schaltjahr einzufügen. In alter Gewohnheit zählten sie das Ausgangsjahr mit. So kam es, dass bereits jedes dritte Jahr im Februar ein Schalttag eingeschoben wurde. Erst **Kaiser Augustus** bemerkte diesen Irrtum im Jahr 9 vor Chr. Um den Fehler zu korrigieren, ließ er bis 8 nach Chr. drei Schaltjahre ausfallen. Damit war der Julianische Kalender wieder im Tritt.

Augustus insistierte im Senat, man möge auch ihm genau wie Caesar einen Monat widmen. Tatsächlich beschloss der römische Senat, den Monat Sextilis in Augustus umzubenennen. Freilich sollte Augustus nicht schlechter als Caesar gestellt werden, dessen Monat Iulius (Quintilis) 31 Tage hat, Sextilis aber nur 30 Tage. So erhielt Augustus einen Tag mehr, dafür wurde der Februarius um einen Tag auf 28^d (in Schaltjahren 29^d) gekürzt. Um zu vermeiden, dass die drei Monate Iulius, Augustus und September hintereinander 31^d haben, wurde die Reihenfolge umgedreht: September und November erhielten 30^d, Oktober und Dezember hingegen 31^d (siehe auch Tabelle „Monatslängen im römischen Kalender“, Seite 88). Diese von Augustus 8 vor Chr. festgelegten Monatslängen gelten bis heute und wurden unverändert im Gregorianischen Kalender übernommen.

JULIANISCHER KALENDER

Epoche: –1. Januar –43 (= 44 vor Chr.)
Gemeinjahr: 365^d
Schaltjahr: 366^d
Länge des Julianischen Jahres: $365{,}25^d – (3 \times 365 + 366) / 4 = 365{,}25$
Schaltregel: Jahr X/4 mod 0 → Schaltjahr

☞ MONATSLÄNGEN

JANUAR	31	APRIL	30	JULI	31	OKTOBER	31
FEBRUAR	28 (29)	MAI	31	AUGUST	31	NOVEMBER	31
MÄRZ	31	JUNI	30	SEPTEMBER	30	DEZEMBER	31

Differenz Länge des julianischen Jahres minus Länge des tropischen Jahres:
$365{,}250\,00 – 365{,}242\,19 = 0{,}007\,81^d$
Das julianische Jahr ist somit um $11^m14{,}784^s$ kürzer als ein tropisches Jahr. In 128 Jahren summiert sich diese Differenz zu einem vollen Tag.

3.7 GREGORIANISCHER KALENDER

Die Reform des römischen Kalenders durch Gaius Julius Caesar war eine echte Reform durch eine komplette Umstellung des Kalenders von einem völlig in Unordnung geratenen Lunisolarkalender in einen reinen Sonnenkalender. Der Schalt*monat* fiel ersatzlos weg, das Kalenderjahr wurde um zehn Tage verlängert, der Jahresbeginn um zwei Monate vorverlegt und ein regelmäßig alle vier Jahre einzuschiebender Schalt*tag* eingeführt (siehe Kap. 3.6 auf Seite 92).
Die Reform des Julianischen Kalenders im Jahre 1582 durch Papst Gregor XIII. stellt dagegen nur eine vergleichsweise geringfügige Modifikation des Julianischen Kalenders dar. Es wurde die Schaltregel ergänzt, um das Kalenderjahr noch besser an die Länge des tropischen Jahres anzugleichen. Zusätzlich wurde die Berechnungsmethode für die Termine der Mondphasen verbessert. Wenn auch der Ostertermin an die Mondphasen gekoppelt ist, so wird deshalb der Gregorianische Kalender nicht zu einem Lunisolarkalender.
Der Gregorianische Kalender ist wie schon der Julianische ein reiner Sonnenkalender. Jahreslänge und Jahresbeginn werden allein durch den Sonnenlauf bestimmt und sind vom Mondlauf unabhängig. Es wird keine Koinzidenz mit dem Beginn eines synodischen Mondmonats hergestellt. Die erstarkende Christenheit hatte jedoch auch den Mondlauf zu berücksichtigen, an den sie den Termin des Osterfestes koppelte, beeinflusst von alten Traditionen aus dem jüdischen Lunisolarkalender.
Im Jahre 325 nach Chr. beschloss das **Konzil von Nicäa** (griech.: Nikaia, heute Iznik genannt, Stadt in Kleinasien etwa 200 Kilometer südlich von Konstantinopel, heute Istanbul), Ostern am Sonntag nach dem ersten Frühlingsvollmond zu feiern. Dabei ging man davon aus, dass das Frühlingsäquinoktium stets auf den 21. März fällt und die Mondphasen auf Basis des Metonschen Mondzyklus (nach neunzehn Jahren fallen die Mondphasen wieder auf dieselben Daten) zu kalkulieren sind. In erster Näherung stimmt dies. Alle neunzehn Jahre haben wir zu Jahresbeginn die gleiche Mondphase. Allerdings differiert nach dieser Zeitspanne der Eintritt der gleichen Mondphase um rund zwei Stunden. Im Laufe der Zeit wich der zyklisch berechnete Vollmond immer mehr vom wahren Vollmondtermin ab. Im 16. Jahrhundert trat der wahre Vollmond bereits vier Tage vor dem zyklischen ein. Noch gravierender entpuppte sich das Problem des Frühlingstermins. Schon im 13. Jahrhundert fiel auf, dass das Frühlingsäquinox bereits deutlich vor dem 21. März eintritt. Und diese Differenz wuchs mit den Jahren immer mehr an. Denn das juliani-

3.16 Papst Gregor XIII. (1502–1585) veranlasste 1582 die nach ihm benannte Kalenderreform.

sche Jahr ist etwas länger als das tropische, die Zeit zwischen zwei aufeinander folgenden Durchgängen der Sonne durch den Frühlingspunkt. Durch die Schaltregel der alten Ägypter hat ein julianisches Jahr die Länge von exakt 365,2500 Tagen (= 3 × 365 + 1 × 366) / 4!
Dies stimmt recht genau mit der Länge des **siderischen Jahres** überein, das die alten Ägypter mit der Beobachtung des heliakischen Siriusaufganges ermittelten. Ein **siderisches Jahr** (Zeit zwischen zwei Vorübergängen der Sonne an einem Stern mit verschwindend kleiner Eigenbewegung) dauert $365^d06^h09^m10^s$ und ist damit nur neun

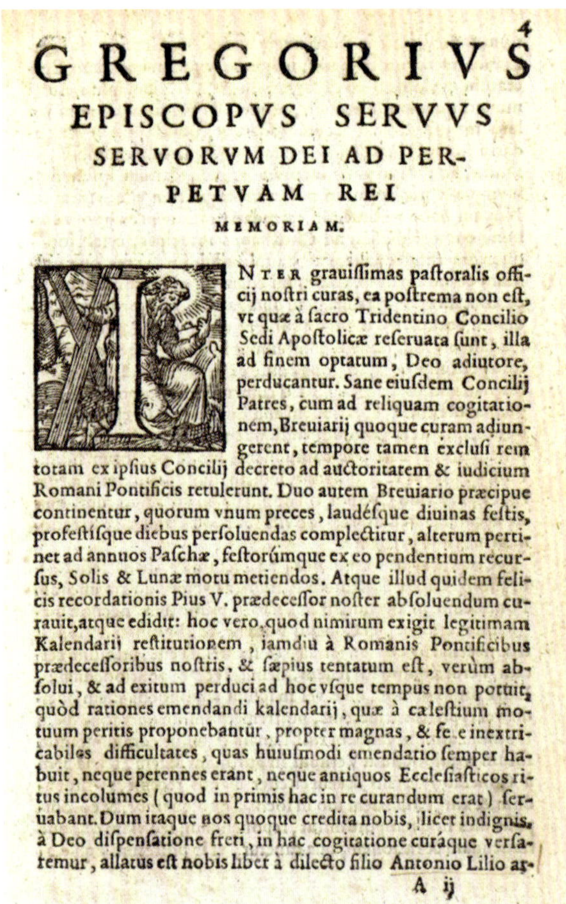
4

GREGORIVS EPISCOPVS SERVVS SERVORVM DEI AD PERPETVAM REI MEMORIAM.

INTER grauiſſimas paſtoralis officij noſtri curas, ea poſtrema non eſt, vt quæ à ſacro Tridentino Concilio Sedi Apoſtolicæ reſeruata ſunt, illa ad finem optatum, Deo adiutore, perducantur. Sane eiuſdem Concilij Patres, cum ad reliquam cogitationem, Breuiarij quoque curam adiungerent, tempore tamen excluſi rem totam ex ipſius Concilij decreto ad auctoritatem & iudicium Romani Pontificis retulerunt. Duo autem Breuiario præcipue continentur, quorum vnum preces, laudéſque diuinas feſtis, profeſtiſque diebus perſoluendas complectitur, alterum pertinet ad annuos Paſchæ, feſtorúmque ex eo pendentium recurſus, Solis & Lunæ motu metiendos. Atque illud quidem felicis recordationis Pius V. prædeceſſor noſter abſoluendum curauit, atque edidit: hoc vero, quod nimirum exigit legitimam Kalendarij reſtitutionem, iamdiu à Romanis Pontificibus prædeceſſoribus noſtris, & ſæpius tentatum eſt, verùm abſolui, & ad exitum perduci ad hoc vſque tempus non potuit, quòd rationes emendandi kalendarij, quæ à cæleſtium motuum peritis proponebantur, propter magnas, & fere inextricabiles difficultates, quas huiuſmodi emendatio ſemper habuit, neque perennes erant, neque antiquos Eccleſiaſticos ritus incolumes (quod in primis hac in re curandum erat) ſeruabant. Dum itaque nos quoque credita nobis, licet indignis, à Deo diſpenſatione freti, in hac cogitatione curáque verſaremur, allatus eſt nobis liber à dilecto filio Antonio Lilio ar-

A ij

3.17 Titelblatt der Päpstlichen Bulle „Inter gravissimas", in der die Gregorianische Kalenderreform angeordnet wurde.

Minuten länger als das julianische Jahr. Durch die Präzession der Erde wandert der Frühlingspunkt rückläufig durch den Tierkreis, kommt also der Sonne entgegen. Pro Jahr sind dies 50,2″. In 25 817 Jahren läuft der Frühlingspunkt somit durch den gesamten Tierkreis. Deshalb ist das tropische Jahr kürzer als das siderische und auch kürzer als das julianische. Ein tropisches Jahr hat eine Länge von 365,2422 Tagen oder $365^d05^h48^m46^s$. Somit ist es um 11^m14^s kürzer als ein julianisches. In jedem Jahr tritt der Frühlingsbeginn, das Überschreiten des Himmelsäquators durch die Sonne von Süd nach Nord, elf Minuten und vierzehn Sekunden früher ein als der Julianische Kalender angibt. Diese zunächst kaum merkbare Differenz summiert sich im Laufe von 128 Jahren zu einem vollen Tag. Nach dieser Zeitspanne tritt das Frühlingsäquinox einen Tag früher ein, also am 20. statt am 21. März. Im 16. Jahrhundert war diese Differenz bereits auf knapp zehn Tage angewachsen. Die Sonne wechselte bereits am 11. März von der Süd- auf die Nordhalbkugel des Firmaments, während man kalendarisch mit dem 21. März als Frühlingsbeginn rechnete und danach das Osterdatum festlegte. Die Differenz war nicht mehr zu übersehen. Das Oberhaupt der katholischen Kirche konnte sich davon persönlich in der **Sixtinischen Kapelle** überzeugen – die Sonnenstrahlen fielen am 21. März steiler ein als zum astronomischen korrekten Frühlingsbeginn.
Die Verantwortlichen für das Kalenderwesen führten lange Diskussionen, ohne einen Konsens zu finden. Allen war klar: Wenn man weiterhin den Julianischen Kalender benutzt, wird eines Tages die Sonne schon Anfang Januar am Himmelsäquator stehen und im März ihren Jahreshöchststand erreichen. Ostern fiele somit in die heißeste Jahreszeit. Bereits Papst Pius V. versuchte im Jahr 1568 eine neue Regelung für die Schaltjahre und neue Mondtabellen einzuführen – allerdings vergeblich. Dies gelang erst seinem Nachfol-

ger, **Papst Gregor XIII. (Ugo Buoncompagni; 1502–1585).** Er übernahm nach dem Tode von Pius V. im Jahre 1572 das Pontifikat. Gregor XIII. war sich der Schwierigkeit bewusst, den Kalender zu reformieren. Er setzte daher eine Kommission aus hochkarätigen Fachleuten ein, zu denen der deutsche Mathematiker und Astronom **Christopher Clavius**, der italienische Arzt und Mathematiker **Aloigi Giglio** (Aloysius Lilius) und dessen Bruder, Erzbischof von Peruga, **Antonio Giglio** (Antonius Lilius) gehörten. Aufgrund der Empfehlungen dieser Kommission ordnete Gregor XIII. die Reform des Kalenders an, die er am 24. Februar 1582 in der päpstlichen Bulle **„Inter gravissimas"** bekannt gab. Die Gregorianische Kalenderreform bestimmte:

1) Um die inzwischen aufgelaufene Differenz zwischen astronomischem und kalendarischem Frühlingsbeginn zu beseitigen, sind zehn Tage aus dem Kalender zu streichen: Auf Donnerstag, den 4. hat unmittelbar Freitag, der 15. Oktober 1582 zu folgen.

2) Damit es nicht wieder zu Abweichungen vom Sonnenlauf komme, sind die Säkularjahre (volle Jahrhunderte wie 1700, 1800, 1900) Gemeinjahre zu 365 Tagen und *keine* Schaltjahre, es sei denn, sie sind restlos durch 400 teilbar. Damit sind die Jahre

3.18 Christopher Clavius (1538–1612) arbeitete maßgeblich an der Gregorianischen Kalenderreform mit.

3.19 Der Mondkrater Clavius ist mit 225 Kilometern Durchmesser der größte Mondkrater auf der erdzugewandten Seite des Mondes.

FRÜHLINGSBEGINN IM 20. UND 21. JAHRHUNDERT

JAHR/TAG	JAHR/TAG	JAHR/TAG	JAHR/TAG	JAHR/TAG
1901 März 21.	1921 März 21.	1941 März 21.	1961 März 20.	1981 März 20.
1902 März 21.	1922 März 21.	1942 März 21.	1962 März 21.	1982 März 20.
1903 März 21.	1923 März 21.	1943 März 21.	1963 März 21.	1983 März 21.
1904 März 21.	1924 März 20.	1944 März 21.	1964 März 20.	1984 März 20.
1905 März 21.	1925 März 21.	1945 März 20.	1965 März 20.	1985 März 20.
1906 März 21.	1926 März 21.	1946 März 21.	1966 März 21.	1986 März 20.
1907 März 21.	1927 März 21.	1947 März 21.	1967 März 21.	1987 März 21.
1908 März 21	1928 März 20.	1948 März 20.	1968 März 20.	1988 März 20.
1909 März 21.	1929 März 21.	1949 März 21.	1969 März 20.	1989 März 20.
1910 März 21.	1930 März 21.	1950 März 21.	1970 März 21.	1990 März 20.
1911 März 21.	1931 März 21.	1951 März 21.	1971 März 21.	1991 März 21.
1912 März 21.*)	1932 März 21.	1952 März 20.	1972 März 20.	1992 März 20.
1913 März 21.	1933 März 21.	1953 März 20.	1973 März 20.	1993 März 20.
1914 März 21.	1934 März 21.	1954 März 21.	1974 März 21.	1994 März 20.
1915 März 21.	1935 März 21.	1955 März 21.	1975 März 21.	1995 März 21.
1916 März 20.	1936 März 20.	1956 März 20.	1976 März 20.	1996 März 20.
1917 März 21.	1937 März 21.	1957 März 21.	1977 März 20.	1997 März 20.
1918 März 21.	1938 März 21.	1958 März 21.	1978 März 21.	1998 März 20.
1919 März 21.	1939 März 21.	1959 März 21.	1979 März 21.	1999 März 21.
1920 März 20.	1940 März 20.	1960 März 20.	1980 März 21.	2000 März 20.

1600, 2000 und 2400 Schaltjahre zu 366 Tagen. Demnach gilt folgende Regel:
— Jahr X/4 mod 0 = Schaltjahr 366 Tage
— Jahr X/100 mod 0 = Gemeinjahr 365 Tage
— Jahr X/400 mod 0 = Schaltjahr 366 Tage
— 1600, 2000, 2400: Schaltjahre (366 Tage)
— 1700, 1800, 1900, 2100, 2200, 2300: Gemeinjahre (365 Tage)

3) Gemäß den Vorschlägen von Clavius sind neue Mondtafeln zur Berechnung des Ostervollmondes zu benutzen.
Der Gregorianische Kalender hat somit eine vierhundertjährige Periode. Die Länge eines **Gregorianischen Jahres** ergibt sich zu: (365 × 400 + 97) / 400 = 365,2425 Tagen. Damit ist es nur 0,00031 Tage oder knapp 27 Sekunden länger als ein tropisches Jahr. Erst nach rund 3200 Jahren wird demnach eine

JAHR/TAG	JAHR/TAG	JAHR/TAG	JAHR/TAG	JAHR/TAG
2001 März 20.	2021 März 20.	2041 März 20.	2061 März 20.	2081 März 19.
2002 März 20.	2022 März 20	2042 März 20.	2062 März 20.	2082 März 20.
2003 März 21.	2023 März 20.	2043 März 20.	2063 März 20.	2083 März 20.
2004 März 20.	2024 März 20.	2044 März 20.*)	2064 März 19.	2084 März 19.
2005 März 20.	2025 März 20.	2045 März 20.	2065 März 20.	2085 März 19.
2006 März 20.	2026 März 20.	2046 März 20.	2066 März 20.	2086 März 20.
2007 März 21.	2027 März 20.	2047 März 20.	2067 März 20.	2087 März 20.
2008 März 20.	2028 März 20.	2048 März 19.	2068 März 19.	2088 März 19.
2009 März 20.	2029 März 20.	2049 März 20.	2069 März 20.	2089 März 19.
2010 März 20.	2030 März 20.	2050 März 20.	2070 März 20.	2090 März 20.
2011 März 21.*)	2031 März 20.	2051 März 20.	2071 März 20.	
2012 März 20.	2032 März 20.	2052 März 19.	2072 März 19.	
2013 März 20.	2033 März 20.	2053 März 20.	2073 März 20.	
2014 März 20.	2034 März 20.	2054 März 20.	2074 März 20.	
2015 März 20.	2035 März 20.	2055 März 20.	2075 März 20.	
2016 März 20.	2036 März 20.	2056 März 19.	2076 März 19.	
2017 März 20.	2037 März 20.	2057 März 20.	2077 März 20.*)	
2018 März 20.	2038 März 20.	2058 März 20.	2078 März 20.	
2019 März 20.	2039 März 20.	2059 März 20.	2079 März 20.	
2020 März 20.	2040 März 20.	2060 März 19.	2080 März 19.	

*) Die Angaben beziehen sich auf MEZ.
Ein *) bedeutet: Frühlingsbeginn in UTC am 20. statt 21. bzw. 19. statt 20.

Differenz von einem Tag zwischen dem tropischen und dem Gregorianischen Kalender auftreten. Diese Schaltregel ist fast perfekt, zumindest für die nächsten dreitausend Jahre ist bezüglich des Sonnenlaufes keine weitere Korrektur oder Reform des Gregorianischen Kalenders erforderlich. Nach dem Julianischen Kalender waren die **Säkularjahre** 1700, 1800 und 1900 Schaltjahre, nicht jedoch nach dem Gregorianischen.

Deshalb ist die Differenz zwischen beiden Kalendern inzwischen auf dreizehn Tage angewachsen. Der 1. Januar 2000 des Julianischen Kalenders fiel somit auf den 14. Januar 2000 des Gregorianischen Kalenders. Der Frühlingsbeginn am 20. März 2000 gregorianisch fiel im Julianischen Kalender auf den 7. März. Deshalb fiel das Osterfest der orthodoxen Kirche im Jahr 2000 auf den 30. April gregorianisch.

Die Gregorianische Kalenderreform stieß nicht auf große Begeisterung, weder in der Bevölkerung, noch bei den Gelehrten und schon gar nicht in den protestantischen Ländern, wo man ohnehin nicht nach der Devise „Roma locuta, causa finita" (Rom hat gesprochen, die Sache ist entschieden) verfuhr. Die päpstliche Bulle hatte die Befehlsform eines Dekrets und gab keine tiefere Begründung. Diese wurde erst im Jahre 1603 durch die Schrift von Clavius nachgeholt, die den Titel trägt: ***Explicatio Romani*** *Calendarii a Gregorio XIII. Pontifex Maximus restituti.*
Die Bauern waren gegen den Kalender „neuen Styls", weil die Lostage plötzlich nicht mehr stimmten und allgemeine Verwirrung entstand. In manchen Kalenderwerken wurden die Daten für den Kalender „alten" und „neuen Styls" gedruckt. Der Astronom Johannes Kepler, obzwar dem evangelischen Bekenntnis nahestehend, begrüßte aus sachlichen Gründen den „neuen Styl". In zahlreichen Pamphleten wurde Papst Gregor XIII. angegriffen. Er würde den Gestirnen vorschreiben wollen, sich nach seinem Kalender zu richten, ja er sei gar der leibhaftige Antichrist, der sich anmaße, durch den „neuen Styl" Jesus Christus derart zu verwirren, dass dieser nicht mehr wisse, „wann der Jüngste Tag sei".
In Italien, Spanien, Frankreich, Portugal, Luxemburg und Polen wurde der Gregorianische Kalender sogleich im Jahre 1582 gemäß der päpstlichen Bulle eingeführt. Bayern folgte 1583, Österreich und die Schweiz 1584, Ungarn 1587 und Preußen 1610. Das protestantische Deutschland ließ erst am 18. Februar 1700 sofort den 1. März folgen, ebenso Norwegen und Dänemark. **Erhard Weigel,** Professor zu Jena und Schüler von Leibniz, überzeugte die evangelischen Reichsstände schließlich, dass der neue Stil astronomisch-chronologisch richtig ist und der deutsche **Kaiser Leopold I.** setzte sich vehement für eine gemeinsame Festrechnung ein.
In Großbritannien ließ man auf den 2. September 1752 sofort den 14. folgen und stellte damit auf den Gregorianischen Kalender um. Ein Jahr später wurde auch in Finnland und Schweden der „Kalender neuen Styls" eingeführt. Japan folgte 1873 und China 1911. Russland stellte erst nach der Oktoberrevolution von 1917 um: Auf den 31. Januar 1918 folgte in Moskau sofort der 14. Februar 1918. Griechenland ging 1924, die Türkei 1926 und Ägypten erst 1928 zum Gregorianischen Kalender über. Im nunmehr dritten Jahrtausend wird der Gregorianische Kalender weltweit in Handel, Verkehr und Wissenschaft benutzt und ist in den meisten Staaten auch gesetzlich verankert (siehe auch Tabelle „Einführung des Gregorianischen Kalenders" auf Seite 101).

☞ EINFÜHRUNG DES GREGORIANISCHEN KALENDERS

LAND/STADT	LETZTES JULIANISCHES DATUM	ERSTES GREGORIANISCHES DATUM
ITALIEN, VATIKAN, SPANIEN, POLEN, PORTUGAL	4. Okt. 1582	15. Okt. 1582
FRANKREICH	9. Dez. 1582	20. Dez. 1582
NIEDERLANDE, LUXEMBURG	21. Dez. 1582	1. Jan. 1583
BAYERN	5. Okt. 1583	16. Okt. 1583
SALZBURG, TIROL, BRIXEN	5. Okt. 1583	17. Okt. 1583
AACHEN, KÖLN	3. Nov. 1583	14. Nov. 1583
KÄRNTEN, STEIERMARK	14. Dez. 1583	25. Dez. 1583
ÖSTERREICH, BÖHMEN,	6. Jan. 1584	17. Jan. 1584
MÄHREN	11. Jan. 1584	22. Jan. 1584
SCHWEIZ	21. Okt. 1587	1. Nov. 1587
UNGARN	22. Aug. 1610	2. Sep. 1610
PREUSSEN		
DEUTSCHLAND (PROTESTANTISCHE LÄNDER), NORWEGEN	18. Feb. 1700	1. März 1700
BASEL, BERN, BIEL, NEUCHÂTEL, SARGANS, SCHAFFHAUSEN, THURGAU, ZÜRICH	31. Dez. 1700	12. Jan. 1701
GROSSBRITANNIEN	2. Sep. 1752	14. Sep. 1752
FINNLAND, SCHWEDEN	17. Feb. 1753	1. März 1753
JAPAN	-	1. Jan. 1873
CHINA	-	1. Jan. 1912
BULGARIEN	31. März 1916	14. April 1916
RUSSLAND (SOWJETUNION)	31. Jan. 1918	14. Feb. 1918
SERBIEN	18. Jan. 1919	1. Feb. 1919
RUMÄNIEN	18. Jan. 1919	1. Feb. 1919
GRIECHENLAND	9. März 1924	23. März 1924
TÜRKEI	18. Dez. 1925	1. Jan. 1926
ÄGYPTEN	17. Sep. 1928	1. Okt. 1928

3.8 KALENDERZYKLEN UND JULIANISCHE PERIODE

In der Chronologie spielten Kalenderzyklen wie Sonntagsbuchstabe, Sonnenzirkel, Goldene Zahl, Epakte, Indiktion und Jahresregent in der Vergangenheit eine wichtige Rolle. In astronomischen Jahrbüchern werden sie jährlich aufgeführt, auch wenn ihre Bedeutung heutzutage teilweise nur noch traditionell-historisch ist.
Man ist heute gewohnt, jedes Jahr einen neuen Kalender zu kaufen oder geschenkt zu bekommen, auch wenn der alte noch recht ansehnlich und gar nicht abgegriffen ist. Der Grund ist einfach der, dass Wochentage und Datumsnummerierung in jedem Jahr anders sind. So war der 1. Januar 2013 ein Dienstag, der 1. Januar 2014 ein Mittwoch und der 1. Januar 2015 ein Donnerstag. Da die Woche sieben Tage hat, könnte man meinen, dass nach sieben Jahren sich die Reihenfolge wiederholt. Gefehlt! Alle vier Jahre gibt es ein Schaltjahr, so dass sich erst nach 28 Jahren die Wochentage und die Datumszuordnung wiederholen. Doch wer hebt seinen Kalender schon 28 Jahre lang auf? Kalenderverlage freut dies, sparsame Bürger mögen es bedauern.

3.8.1 SONNTAGSBUCHSTABEN

In alten Zeiten war man gezwungen, viel sparsamer zu sein. Papier war etwas Kostbares. Und so wollte man den gleichen Kalender mehrere Jahre hindurch verwenden. Dies wurde durch folgenden Trick möglich: Statt der Wochentage Montag, Dienstag usw. bezeichnete man alle Tage mit den sieben Buchstaben A, B, C, D, E, F und G. Der 1. Januar erhielt A, der 2. B ... der 7. G und der 8. wieder A.
Fällt nun der erste Sonntag eines Jahres auf den 3. Januar, so ist der Sonntagsbuchstabe C. Alle mit C bezeichneten Tage des Jahres sind nun Sonntage, die Ds Montage und die Bs Samstage. C hieß dann Sonntagsbuchstabe. Es genügte, ihn für ein bestimmtes Jahr anzugeben, dann kann man den ewigen Kalender schon benutzen.
Bei Schaltjahren sind zwei Sonntagsbuchstaben anzugeben. Beispiel 2024: Der 1. Januar fällt auf einen Montag, der Sonntagsbuchstabe ist somit G. Im Februar wird aber ein Tag eingeschaltet, ab 1. März heißt dann für den Rest des Jahres 2024 der Sonntagsbuchstabe F.

3.8.2 SONNENZIRKEL

Eng verbunden mit der 28-jährigen Kalenderperiode ist der Sonnenzirkel. Der Sonnenzirkel ist eine Zahl von 1 bis 28, die angibt welcher Sonntagsbuchstabe gerade gilt. Der Zyklus der Sonntagsbuchstaben wiederholt sich nach 28 Jahren. Das Jahr −8 (= 9 Jahre v. Chr., wenn man das Jahr 0 weglässt) erhielt den Sonnenzirkel 1, das folgende Jahr 2 usw. Durch die Gregorianische Kalenderreform im Jahre 1582 hat der Sonnenzirkel eine Verschiebung erfahren. Der Julianische Sonnenzirkel errechnet sich nach folgender Regel: Zur Jahreszahl addiert man 9 und teilt das Ergebnis durch 28. Der verbleibende Rest ist der Sonnenzirkel. Um den Gregorianischen Sonnenzirkel zu erhalten, muss man für die Jahre 1583 bis 1699 die Zahl 20, für die Jahre 1700 bis 1799 die Zahl 8, für die Jahre 1800 bis 1899 die Zahl 24 und für die Jahre 1900 bis 2099 die Zahl 12 zum Julianischen Sonnenzirkel addieren. Beispiel: 2016 vermehrt um 9, geteilt durch 28 ergibt den Rest 9. 9 ist also der Julianische Sonnenzirkel. Um auf den Sonntagsbuchstaben zu kommen, muss man nun 12 hinzuzählen und erhält den Gregorianischen Sonnenzirkel 21. Aus der Tabelle erhält man als Sonntagsbuchstabe für das Schaltjahr 2016 somit C und B.

☞ SONNTAGSBUCHSTABEN

GREGORIANISCHER SONNENZIRKEL	SONNTAGS-BUCHSTABE	GREGORIANISCHER SONNENZIRKEL	SONNTAGS-BUCHSTABE
1	G F	15	C
2	E	16	B
3	D	17	A G
4	C	18	F
5	B A	19	E
6	G	20	D
7	F	21	C B
8	E	22	A
9	D C	23	G
10	B	24	F
11	A	25	E D
12	G	26	C
13	F E	27	B
14	D	28	A

3.8.3 MONDZIRKEL ODER GOLDENE ZAHL

Die Goldene (früher: Güldene) Zahl (lat.: **numerus aureus**), oft auch Mondzirkel genannt, gibt an, das wievielte Jahr im Metonschen Zyklus (siehe Kap. 3.4 auf Seite 82) das entsprechende Kalenderjahr ist. Sie kann Werte zwischen 1 und 19 annehmen. Die Goldene Zahl wird stets in römischen Ziffern angegeben, um eine Verwechslung mit dem Sonnenzirkel zu vermeiden. Aus dem Mondzirkel sind die Mondphasen im aktuellen Kalenderjahr zu ermitteln. Da das Osterfest am Sonntag nach dem ersten Frühlingsvollmond stattfindet, war es für die

Festsetzung von Bedeutung, die Mondphase am jeweiligen Jahresbeginn zu kennen. Deshalb hat man stets den Mondzirkel, also die Ordnungszahl im Metonschen Mondzyklus, in den Kalendern vermerkt. Um die Bedeutung des Mondzirkels hervorzuheben, wurde die Goldene Zahl von den Kalendermachern in älterer Zeit mit goldfarbener Tinte geschrieben.

Angeblich soll schon zu Zeiten Metons der Mondzirkel in goldenen Ziffern auf einer Kalendertafel in Athen vermerkt worden sein.

Die Goldene Zahl eines Jahres erhält man, indem man die Jahreszahl um 1 vermehrt und das Ergebnis durch 19 teilt. Der Rest ergibt die Goldene Zahl. Ist der Rest Null, dann ist 19 als Goldene Zahl zu nehmen.

3.8.4 EPAKTE

Als Papst Gregor XIII. im Jahre 1582 die nach ihm benannte Kalenderreform veranlasste, wurde nicht nur die Länge des kalendarischen Sonnenjahres durch eine verbesserte Schaltregel der tropischen Jahreslänge besser angeglichen, sondern auch die Bestimmung des Ostervollmondes verbessert. Statt der Goldenen Zahl wurde die Epakte (auch Mondzeiger genannt) eingeführt, um die Mondphasen für ein bestimmtes Jahr zu ermitteln. Der Begriff Epakte leitet sich aus dem Griechischen ab: ἐπάκτο heißt so viel wie „hinzugefügt".

Die Epakte gibt die Zahl der Tage an, die vom letzten Neumond eines Jahres bis zum Beginn des neuen Jahres verfließen. Oder anders ausgedrückt: Die Epakte gibt das Mondalter (Zahl der Tage seit dem letzten Neumond) vermindert um 1 am 1. Januar an. Die Epakte dient zur Berechnung des Osterfestes nach dem Metonschen Mondzyklus (siehe Seite 105). Die Epakte ist eine zyklische Funktion mit Werten von 0 bis 29. Die Epakte 30 entspricht somit der Epakte 0 und wird üblicherweise mit einem * gekennzeichnet.

Auch im Julianischen Kalender lässt sich eine Epakte angeben (Spalte A in der Tabelle auf Seite 105). Die Julianische Epakte wurde erst im Nachhinein, nämlich zur Kalenderreform 1582 eingeführt. Vor der Kalenderreform bediente man sich ausschließlich der Goldenen Zahl, um die Mondphasen zu bestimmen.

3.8.5 INDIKTION

Die **Indiktion** (von lat.: indictio – Ankündigung, Auflage, Anordnung) zählt ebenfalls zu den Kalenderzyklen, wenn sie auch keinen astronomischen Bezug hat, sondern willkürlich festgelegt wurde. Sie dient heute lediglich als chronologische Prüfziffer und hat sonst keine weitere Bedeutung mehr.

Die Indiktion wurde im Jahre 3 vor Chr. von Kaiser Augustus eingeführt und diente damals zur Festsetzung von Terminen für den Einzug von Abgaben der Ländereien. Alle 15 Jahre wurde das Grundsteuerkataster erneuert. Sie wird deshalb auch als Römerzinszahl bezeichnet. Diese altrömische Steuerperiode von 15 Jahren ist aber sicher älteren Datums. Sie ist vermutlich ägyptischen Ursprungs, wo die Abgabenzeitabschnitte für Kornlieferungen jeweils dreimal zu je fünf Jahren lang waren. Auch der römische Kaiser Diokletian hat die 15-jährige Steuerperiode in drei Abschnitte geteilt (284 nach Chr.).

Die Indiktionszyklen werden nicht gezählt oder nummeriert.

Die Indiktion wird errechnet, indem man die Jahreszahl um 3 erhöht und diese Summe durch 15 teilt. Der ganzzahlige Rest gibt die Indiktionszahl des laufenden Jahres an. Der Indiktionszyklus begann jeweils am 1. September (in manchen Fällen auch am 24. September). Beispiel: Wie lautet die

Indiktion für das Jahr 2015? Es gilt:
(2015 + 3) / 15 = 2018 / 15 = 134 Rest 8. Die Indiktion für 2015 lautet daher: 8. Neben der römischen Indiktionsperiode 1. September 3 vor Chr. gibt es noch weitere Epochen. So hat die antiochische Epoche das Datum 1. September 705 a.u.c., während die byzantinische Epoche sich auf den 1. September 1065 a.u.c. bezieht.
Im Mittelalter und weit bis in die Neuzeit wurde die Indiktion an Kaiserhöfen und bei Behörden in vielen europäischen Staaten anstatt der regulären Jahreszahlen verwendet. Bis zum Jahre 1806 datierte auch das Reichskammergericht Dokumente mit der Indiktion.

3.8.6 JAHRESREGENT

Der Jahresregent geht auf die chaldäische Astronomie in Babylon zurück. So wie die Chaldäer den einzelnen sieben Wochentagen die klassischen sieben Planeten zugeordnet hatten (siehe Kap. 3.3 auf Seite 75), so wurde in einem siebenjährigen Zyklus jedem Jahr ein Planet als „Regent“ zugeteilt. Die Reihung der Planeten erfolgte auf Grund ihrer Geschwindigkeit und mit abnehmender Umlaufzeit durch den Tierkreis:
1: Saturn ♄, 2: Jupiter ♃, 3: Mars ♂,
4: Sonne ☉, 5: Venus ♀, 6: Merkur ☿,
7: Mond ☽
Der Jahresregent wird bestimmt, indem man die jeweilige Jahreszahl um 4 vermindert und das Ergebnis durch 7 teilt. Der ganzzahlige Rest gibt den Jahresregenten nach obiger Reihe an (gilt für den Zeitraum 1901 bis 2099). Ist ein Jahr restlos durch 7 teilbar (Rest = 0), so ist der Mond Jahresregent (siehe auch Tabelle auf Seite 106).
Beispiel: Welcher Planet ist im Jahre 2015 Jahresregent? Es gilt: (2015 – 4) / 7 = 287 Rest 2. Somit ist Jupiter im Jahr 2015 Jahresregent.

☞ GOLDENE ZAHL UND EPAKTE

GOLDENE ZAHL	EPAKTE			
	A	B	C	D
I	8	1	*	29
II	19	12	11	10
III	*	23	22	21
IV	11	4	3	2
V	22	15	14	13
VI	3	26	25	24
VII	14	7	6	5
VIII	25	18	17	16
IX	6	29	28	27
X	17	10	9	8
XI	28	21	20	19
XII	9	2	1	*
XIII	20	13	12	11
XIV	1	24	23	22
XV	12	5	4	3
XVI	23	16	15	14
XVII	4	27	26	25
XVIII	15	8	7	6
XIX	26	19	18	17

Gültigkeit der Epakte im Metonschen Mondzyklus für folgende Jahre: A: bis 1582 (4. Okt.), B: 1582 (15. Okt.) bis 1699, C: 1700 bis 1899, D: 1900 bis 2199

Bei den Chaldäern begann das Jahr mit dem Frühlingsäquinoktium. Somit übernimmt ein neuer Wandelstern die Jahresherrschaft stets zu Frühlingsbeginn. Sie endete dann zum folgenden Frühlingsanfang.

☞ CHALDÄISCHE PLANETENFOLGE NACH MITTLERER SIDERISCHER UMLAUFZEIT DURCH DEN TIERKREIS

NR.	PLANET	UMLAUFZEIT JAHRE	UMLAUFZEIT TAGE
1	♄ Saturn	29,46	10 760
2	♃ Jupiter	11,8	4336
3	♂ Mars	1,88	687
4	☉ Sonne	1,00	365
5	♀ Venus	0,62	225
6	☿ Merkur	0,24	88
7	☾ Mond	0,075	27,3

Im Mittelalter spielte der Jahresregent eine bedeutende Rolle. Er sollte das Jahr charakterisieren, ob es ein Glücksjahr oder ein kritisches Jahr wird.
Nach dem **„Hundertjährigen Kalender"**, den der Zisterzienser-Abt **Mauritius Knauer** im Jahre 1721 allerdings unter dem Titel **„Immerwährender Hauskalender"** herausgab, sollte der Jahresregent auch das Wetter und die Witterung im Groben bestimmen. Knauer hatte sieben Jahre lang das Wetter aufgezeichnet und war der Meinung, dass nach sieben Jahren sich die Wetterfolge wiederholt, weil die Jahresregenten für das Wettergeschehen bestimmend sind.
Der Jahresregent hat heute keine tiefere Bedeutung mehr und wird nur aus kulturhistorischer Tradition in etlichen Jahrbüchern und Kalendern erwähnt. Eine gewisse Rolle spielt er noch in der Numismatik (Münzkunde), da Kalendermedaillen mit dem Jahresregenten geprägt werden.

☞ JAHRESREGENTEN

1900	Merkur								
1901	Mond	1941	Venus	1981	Mars	2021	Saturn	2061	Merkur
1902	Saturn	1942	Merkur	1982	Sonne	2022	Jupiter	2062	Mond
1903	Jupiter	1943	Mond	1983	Venus	2023	Mars	2063	Saturn
1904	Mars	1944	Saturn	1984	Merkur	2024	Sonne	2064	Jupiter
1905	Sonne	1945	Jupiter	1985	Mond	2025	Venus	2065	Mars
1906	Venus	1946	Mars	1986	Saturn	2026	Merkur	2066	Sonne
1907	Merkur	1947	Sonne	1987	Jupiter	2027	Mond	2067	Venus
1908	Mond	1948	Venus	1988	Mars	2028	Saturn	2068	Merkur
1909	Saturn	1949	Merkur	1989	Sonne	2029	Jupiter	2069	Mond
1910	Jupiter	1950	Mond	1990	Venus	2030	Mars	2070	Saturn

1911	Mars	1951	Saturn	1991	Merkur	2031	Sonne	2071	Jupiter
1912	Sonne	1952	Jupiter	1992	Mond	2032	Venus	2072	Mars
1913	Venus	1953	Mars	1993	Saturn	2033	Merkur	2073	Sonne
1914	Merkur	1954	Sonne	1994	Jupiter	2034	Mond	2074	Venus
1915	Mond	1955	Venus	1995	Mars	2035	Saturn	2075	Merkur
1916	Saturn	1956	Merkur	1996	Sonne	2036	Jupiter	2076	Mond
1917	Jupiter	1957	Mond	1997	Venus	2037	Mars	2077	Saturn
1918	Mars	1958	Saturn	1998	Merkur	2038	Sonne	2078	Jupiter
1919	Sonne	1959	Jupiter	1999	Mond	2039	Venus	2079	Mars
1920	Venus	1960	Mars	2000	Saturn	2040	Merkur	2080	Sonne
1921	Merkur	1961	Sonne	2001	Jupiter	2041	Mond	2081	Venus
1922	Mond	1962	Venus	2002	Mars	2042	Saturn	2082	Merkur
1923	Saturn	1963	Merkur	2003	Sonne	2043	Jupiter	2083	Mond
1924	Jupiter	1964	Mond	2004	Venus	2044	Mars	2084	Saturn
1925	Mars	1965	Saturn	2005	Merkur	2045	Sonne	2085	Jupiter
1926	Sonne	1966	Jupiter	2006	Mond	2046	Venus	2086	Mars
1927	Venus	1967	Mars	2007	Saturn	2047	Merkur	2087	Sonne
1928	Merkur	1968	Sonne	2008	Jupiter	2048	Mond	2088	Venus
1929	Mond	1969	Venus	2009	Mars	2049	Saturn	2089	Merkur
1930	Saturn	1970	Merkur	2010	Sonne	2050	Jupiter	2090	Mond
1931	Jupiter	1971	Mond	2011	Venus	2051	Mars	2091	Saturn
1932	Mars	1972	Saturn	2012	Merkur	2052	Sonne	2092	Jupiter
1933	Sonne	1973	Jupiter	2013	Mond	2053	Venus	2093	Mars
1934	Venus	1974	Mars	2014	Saturn	2054	Merkur	2094	Sonne
1935	Merkur	1975	Sonne	2015	Juiter	2055	Mond	2095	Venus
1936	Mond	1976	Venus	2016	Mars	2056	Saturn	2096	Merkur
1937	Saturn	1977	Merkur	2017	Sonne	2057	Jupiter	2097	Mond
1938	Jupiter	1978	Mond	2018	Venus	2058	Mars	2098	Saturn
1939	Mars	1979	Saturn	2019	Merkur	2059	Sonne	2099	Jupiter
1940	Sonne	1980	Jupiter	2020	Mond	2060	Venus	2100	Mars

3.8.7 JULIANISCHE PERIODE

Die Julianische Periode wurde im Jahr 1583 von dem Historiker und Chronologen **Joseph Justus Scaliger** (1540–1609) in seinem Werk ***De emendatione temporum*** eingeführt. Sie hat nichts mit dem von Caesar aufgestellten Julianischen Kalender zu tun, sondern wurde von Scaliger nach dem Vornamen seines Vaters Julius Caesar Scaliger so benannt.
Die Julianische Periode hat eine Länge von 7980 Jahren. Die Länge ergibt sich aus den drei chronologischen Zyklen Sonnenzirkel (P = 28 Jahre), Mondzirkel oder Goldene Zahl (P = 19 Jahre) und Indiktion (P = 15 Jahre). Da die Zahlen aller drei genannten Kalenderzyklen relativ prim sind und somit keinen gemeinsamen ganzzahligen Teiler besitzen, so ergibt sich eine Periodenlänge von 28 x 19 x 15 = 7980 Jahren, in der die Kalenderjahre die gleichen Nummern vom Sonnenzirkel, Mondzirkel und Indiktion aufweisen. Für das Jahr 4713 vor Chr. lautet der Sonnenzirkel 1, die Goldene Zahl I und die Indiktion ebenfalls 1. Somit hat die Julianische Periode die Epoche: Montag, 1. Januar –4712, 12:00 Uhr UT.
(Bis 1925 wurde in der Astronomie der Datumswechsel zu Mittag vorgenommen. Von Mitternacht bis zum folgenden Mittag wurde noch das Datum des Vortags in den Beobachtungsprotokollen vermerkt. Dadurch wurde ein Datumswechsel während einer Beobachtungsnacht vermieden).
Der **1. Januar 4713 vor Chr.** (astronomische Zählweise: –4712) ist auch das **Startdatum** der ebenfalls von Scaliger eingeführten **Julianischen Tageszählung**. Danach hat jeder Tag in der Julianischen Periode eine eigene Nummer, die als Julianisches Datum (abgekürzt: JD) bezeichnet wird (siehe Kap. 4.5 auf Seite 173). Ein Julianisches *Datum* ist nicht zu verwechseln mit einem Datum im Julianischen *Kalender.*
Danach lautet die Epoche des Julianischen Datums:
JD 0,000 = 1.1. –4712 12:00 UT
Die Julianische Periode endet mit dem Jahr 7980 – 4713 = 3267 nach Chr. Im Jahr 3268 haben Sonnenzirkel, Goldene Zahl und Indiktion wieder den Wert 1.
Für ein beliebiges Jahr Y des Julianischen beziehungsweise Gregorianischen Kalenders errechnet sich das jeweilige Jahr der Julianischen Periode aus Sonnenzirkel (SZ), Goldener Zahl (GZ) und Indiktion (IN) wie folgt:
Jahreszahl der Julianischen Periode = mod (4845 × SZ + 4200 × GZ + 6916 × IN) / 7980.
Beispiel für 2023:
SZ = 16, GZ = X, IN = 1. Das Jahr 2023

FORMELN ZUR BESTIMMUNG DER KALENDERZYKLEN

Julianischer Sonnenzirkel: (Y = Jahreszahl)
SZ_{JUL} = mod (Y + 9) / 28
Gregorianischer Sonnenzirkel:
SZ_{GRE} = SZ_{JUL} + 20 für Y = 1583 bis 1699
= SZ_{JUL} + 8 für Y = 1700 bis 1799
= SZ_{JUL} + 24 für Y = 1800 bis 1899
= SZ_{JUL} + 12 für Y = 1900 bis 2100
Die zugehörigen **Sonntagsbuchstaben** findet man in der Tabelle auf Seite 109.
Goldene Zahl (Mondzirkel):
GZ = mod (Y +1) / 19
Die zugehörigen **Epakten** findet man in der Tabelle auf Seite 105.
Indiktion:
IN = mod (Y + 3) / 15
Jahresregent:
JR = mod (Y – 4) / 7
(für 1901 bis 2099)
mod 0: Mond, 1: Saturn, 2: Jupiter, 3: Mars, 4: Sonne, 5: Venus, 6: Merkur

entspricht somit dem Jahr 6736 der Julianischen Periode.
Es erweist sich als vorteilhaft, historische Ereignisse und Daten in Jahren der Julianischen Periode zu vermerken, denn man vermeidet dabei negative Jahreszahlen beziehungsweise muss nicht zwischen *vor* und *nach* Chr. unterscheiden. Vor dem Jahr −4712 liegen kaum exakte historische Daten vor.

☞ JAHRESBEGINN – WOCHENTAG – SONNTAGSBUCHSTABE (1980–2019)

1. Januar XYZZ, Januar: 4 × 7 + 3 = 31 Tage

JAHR	WT	SB	SZ	GZ	IN	JR	JAHR	WT	SB	SZ	GZ	IN	JR
1980	Di	F, E	1	V	3	♃	**2000**	Sa	B, A	21	VI	8	♄
1981	**Do**	D	2	VI	4	♂	2001	**Mo**	G	22	VII	9	♃
1982	Fr	C	3	VII	5	☉	2002	Di	F	23	VIII	10	♂
1983	Sa	B	4	VIII	6	♀	2003	Mi	E	24	IX	11	☉
1984	So	A, G	5	IX	7	☿	**2004**	Do	D, C	25	X	12	♀
1985	**Di**	F	6	X	8	☽	2005	**Sa**	B	26	XI	13	☿
1986	Mi	E	7	XI	9	♄	2006	So	A	27	XII	14	☽
1987	Do	D	8	XII	10	♃	2007	Mo	G	28	XIII	15	♄
1988	Fr	C, B	9	XIII	11	♂	**2008**	Di	F, E	1	XIV	1	♃
1989	**So**	A	10	XIV	12	☉	2009	**Do**	D	2	XV	2	♂
1990	Mo	G	11	XV	13	♀	2010	Fr	C	3	XVI	3	☉
1991	Di	F	12	XVI	14	☿	2011	Sa	B	4	XVII	4	♀
1992	Mi	E, D	13	XVII	15	☽	**2012**	So	A, G	5	XVIII	5	☿
1993	**Fr**	C	14	XVIII	1	♄	2013	**Di**	F	6	XIX	6	☽
1994	Sa	B	15	XIX	2	♃	2014	Mi	E	7	I	7	♄
1995	So	A	16	I	3	♂	2015	Do	D	8	II	8	♃
1996	Mo	G, F	17	II	4	☉	**2016**	Fr	C, B	9	III	9	♂
1997	**Mi**	E	18	III	5	♀	2017	**So**	A	10	IV	10	☉
1998	Do	D	19	IV	6	☿	2018	Mo	G	11	V	11	♀
1999	Fr	C	20	V	7	☽	2019	Di	F	12	VI	12	☿

SB: Sonntagsbuchstabe, SZ: Sonnenzirkel, WT: Wochentag, GZ: Goldene Zahl (Mondzirkel), IN: Indiktion (Römerzinszahl), JR: Jahresregent. Schaltjahre sind durch Fettdruck hervorgehoben. Nach einem Schaltjahr springt der Wochentag des 1. Januar um zwei Tage (Fettdruck).

JAHRESBEGINN – WOCHENTAG – SONNTAGSBUCHSTABE (2020–2059)

1. Januar XYZZ, Januar: 4 × 7 + 3 = 31 Tage

JAHR	WT	SB	SZ	GZ	IN	JR	JAHR	WT	SB	SZ	GZ	IN	JR
2020	Mi	E, D	13	VII	13	☽	**2040**	So	A, G	5	VIII	3	☿
2021	**Fr**	C	14	VIII	14	♄	2041	**Di**	F	6	IX	4	☽
2022	Sa	B	15	IX	15	♃	2042	Mi	E	7	X	5	♄
2023	So	A	16	X	1	♂	2043	Do	D	8	XI	6	♃
2024	Mo	G, F	17	XI	2	☉	**2044**	Fr	C, B	9	XII	7	♂
2025	**Mi**	E	18	XII	3	♀	2045	So	A	10	XIII	8	☉
2026	Do	D	19	XIII	4	☿	2046	Mo	G	11	XIV	9	♀
2027	Fr	C	20	XIV	5	☽	2047	Di	F	12	XV	10	☿
2028	Sa	B, A	21	XV	6	♄	**2048**	Mi	E, D	13	XVI	11	☽
2029	**Mo**	G	22	XVI	7	♃	2049	**Fr**	C	14	XVII	12	♄
2030	Di	F	23	XVII	8	♂	2050	Sa	B	15	XVIII	13	♃
2031	Mi	E	24	XVIII	9	☉	2051	So	A	16	XIX	14	♂
2032	Do	D, C	25	XIX	10	♀	**2052**	Mo	G, F	17	I	15	☉
2033	**Sa**	B	26	I	11	☿	2053	**Mi**	E	18	II	1	♀
2034	So	A	27	II	12	☽	2054	Do	D	19	III	2	☿
2035	Mo	G	28	III	13	♄	2055	Fr	C	20	IV	3	☽
2036	Di	F, E	1	IV	14	♃	**2056**	Sa	B, A	21	V	4	♄
2037	**Do**	D	2	V	15	♂	2057	**Mo**	G	22	VI	5	♃
2038	Fr	C	3	VI	1	☉	2058	Di	F	23	VII	6	♂
2039	Sa	B	4	VII	2	♀	2059	Mi	E	24	VIII	7	☉

SB: Sonntagsbuchstabe, SZ: Sonnenzirkel, WT: Wochentag, GZ: Goldene Zahl (Mondzirkel), IN: Indiktion (Römerzinszahl), JR: Jahresregent. Schaltjahre sind durch Fettdruck hervorgehoben. Nach einem Schaltjahr springt der Wochentag des 1. Januar um zwei Tage (Fettdruck).

3.9 ISLAMISCHER KALENDER

Der islamische Kalender, auch als **mohammedanischer Kalender** oder Kalender der Moslems bezeichnet, ist ein reiner Mondkalender. Das islamische Jahr dauert zwölf synodische Monate. Als Grundlage bezieht sich der Kalender auf den **Koran**, dem heiligen Buch des Islams, und zwar auf die 10. Sure, Vers 5 und 6:

Er ist es, der die Sonne zu einer Leuchte und den Mond zu einem Licht gemacht hat; ihm hat er Stationen abgemessen, dass ihr die Zahl der Jahre und das Rechnen kennenlernt. Gott hat das – allein in Wahrheit – erschaffen. Er legt die Zeichen den Menschen dar, die Wissen haben. Siehe, im Wechsel von Nacht und Tag und in dem, was Gott im Himmel und auf Erden erschaffen hat, darin sind wahrlich Zeichen für diejenigen Menschen, die Gott fürchten.

Die **Epoche** des islamischen Kalenders ist festgelegt auf **Donnerstag, 15. Juli 622** nach Chr. Da der Tag mit Sonnenuntergang beginnt, fällt der erste Tag des islamischen Kalenders auf Freitag, 16. Juli 622 nach Chr. An diesem Tag soll der **Prophet Mohammed** (Abu Qasin Muhammed ibn Abd Allah) den Auszug („Flucht“) von **Mekka** nach **Medina** angetreten haben. Diese Ausreise wird **Hedschra** (arab.: Hidjra oder Hegira) bezeichnet. Das islamische Jahr heißt deshalb auch **Annus Hegirae**.
Den Historikern zufolge soll Mohammed erst am 12. September die Reise nach Medina angetreten haben. Seine Rückkehr nach Mekka erfolgte im Jahre 630 nach Chr. Die Festlegung der Epoche erfolgte zwei Jahre nach dem Tod von Mohammed durch den Kalifen **Umar I.** Ihm war daran gelegen, einen nahtlosen Übergang vom altarabischen Kalender zum neuen islamischen Kalender zu ermöglichen. Der **altarabische Kalender** war ein Lunisolarkalender auf Basis des Metonschen Zyklus und kannte den Schaltmonat **Nasa'a**.
Nach dem Koran ist es jedoch den Gläubigen verboten, Schaltmonate einzuführen. In der 9. Sure, Vers 36 und 37 heißt es:

Siehe, die Zahl der Monate bei Gott ist Zwölf – eine Vorschrift Gottes, von den Tagen an, da er Himmel und Erde erschaffen hat. Unter ihnen sind vier heilig. Das ist die Religion, die Bestand hat.
Das „Einschieben“ <Einschalten> ist ein Übermaß an Gottlosigkeit. Die ungläubig sind, werden dadurch in die Irre geführt. Sie erklären ihn das eine Jahr für profan, das andere Jahr für heilig, um die Zahl dessen, was Gott für heilig erklärt hat, anzupassen und dann für profan zu erklären, was aber Gott für heilig erklärt hat.

Damit ist der islamische Kalender ein reiner Mondkalender. Die Monate sind alternierend 29 und 30 Tage lang:

1. Moharrem (30^{d})
2. Safar (29^{d})
3. Rebî-el-awwel (30^{d})
4. Rebî-el-accher (29^{d})
5. Dschemâdi-el-awwel (30^{d})
6. Dschemâdi-el-accher (29^{d})
7. Redscheb (30^{d})
8. Schabân (29^{d})
9. Ramadan (30^{d})
10. Schawwal (29^{d})
11. Dsûl-kade (30^{d})
12. Dsûl-hedsche (29^{d} oder 30^{d} in Schaltjahren)

Der 12. Monat hat in einem Schaltjahr 30 Tage. Damit ist das islamische Jahr 354 Tage lang und ein Schaltjahr 355 Tage. Das islamische Jahr ist somit 11 beziehungsweise 10 Tage kürzer als das gregorianische Jahr zu 365 Tagen. Dies hat zur Folge, dass der Beginn der islamischen Jahre durch alle Jahreszeiten wandert und zwar rückläufig (siehe Tabelle „Jahresbeginn des islamischen Kalenders“ unten).

☞ JAHRESBEGINN DES ISLAMISCHEN KALENDERS

GREGORIANISCH		ISLAMISCH	GREGORIANISCH		ISLAMISCH
1990	24. Juli	1411	2010	7. Dez	1432
1991	13. Juli	1412	2011	14. Nov	1433
1992	2. Juli	1413	2012	26. Nov	1434
1993	20. Juni	1414	2013	9. Nov	1435
1994	9. Juni	1415	2014	24. Okt	1436
1995	30. Mai	1416	2015	14. Okt	1437
1996	18. Mai	1417	2016	2. Okt	1438
1997	9. Mai	1418	2017	21. Sep	1439
1998	27. April	1419	2018	11. Sep	1440
1999	16. April	1420	2019	31. Aug	1441
2000	5. April	1421	2020	19. Aug	1442
2001	25. März	1422	2021	9. Aug	1443
2002	14. März	1423	2022	29. Juli	1444
2003	4. März	1424	2023	18. Juli	1445
2004	21. Feb	1425			
2005	9. Feb	1426			
2006	30. Jan	1427			
2007	19. Jan	1428			
2008	**9. Jan**	**1429**			
2008	**29. Dez**	**1430**			
2009	17. Dez	1431			

Nach rund 33 gregorianischen Jahren (12.045^d) sind 34 Islamische Jahre (12.036^d) vergangen.

Schaltjahre sind auch im islamischen Kalender erforderlich, da das islamische Mondjahr von 354 Tagen etwa einen Drittel Tag kürzer ist als 12 synodische Monate:

12 synodische Monate:

$12 \times 29^d\,12^h\,44^m = 354^d\,8^h\,48^m$

(oder: $12 \times 29{,}53089 = 354{,}3671$ Tage)

In 30 Jahren bleibt somit die Mondphase um 11 Tage zurück: $30 \times 8^h 48^m = 246^h = 11^d$.

Es müssen somit 11 Schalttage **(yaum kabs)** in 30 islamischen Jahren eingefügt werden, um mit der Mondphase in Koinzidenz zu bleiben. Im islamischen Schaltjahr wird ein Tag im letzten Monat Dsûl-hedsche angehängt, der dann 30 statt 29 Tage lang ist. Damit hat ein Zyklus von 30 islamischen Jahren 10 631 Tage (30 Jahre × 12 Monate zu 29,5 Tagen + 11 Schalttage). Dies ergibt eine mittlere Monatslänge von 10 631/360 = 29,530 56 Tagen. Dies entspricht fast exakt dem synodischen Mondmonat von 29,530 589 Tagen. Die Differenz von 0,000 029 Tagen summiert sich erst in 2874 islamischen Jahren, das sind 2789 gregorianische Jahre, zu einem gesamten Tag. Erst nach dieser Zeit bleibt die Mondphase gegenüber dem islamischen Kalender einen Tag zurück.

Ein neuer Monat beginnt nicht zum exakten Neumondtermin, sondern erst, wenn die schmale Sichel des zunehmenden Mondes, also das **Neulicht** (arab.: **Hilal**) gesichtet wird – ähnlich wie im römischen Kalender.

Schaltjahre zu 355 Tagen sind alle jene Jahre, bei denen sich die Teilung der Jahreszahl (a_m) durch 30 nachstehende Reste R ergeben:

$R = a_m / 30 \bmod 2, 3, 5, 7, 10, 13, 15$ (oder 16), 18, 21, 24, 26 und 29

Ein neuer Tag beginnt jeweils mit Sonnenuntergang. Die Woche beginnt am Sonntag und endet am Sonntag. Der wöchentliche Feiertag (Gebetstag) ist stets der Freitag.

☞ DIE WOCHENTAGE IM ISLAMISCHEN KALENDER

ERSTER TAG	yaum al-ahad	(Sonntag)
ZWEITER TAG	yaum al-itnin	(Montag)
DRITTER TAG	yaum at-talate	(Dienstag)
VIERTER TAG	yaum al-araba-a	(Mittwoch)
FÜNFTER TAG	yaum al-bamis	(Donnerstag)
TAG DER ZUSAMMENKUNFT	yaum al-gum'a	(Freitag)
SABBATTAG	yaum as-sabt	(Samstag)

Um islamische Jahreszahlen (H – **Hegira**) in gregorianische Jahre (G – gregorianische) und *vice versa* umzurechnen dienen folgende Näherungsformeln:

$G \approx 32H / 33 + 622$

$H \approx 33(G - 622) / 32$

Zu den heiligen Monaten zählen der **Redscheb**, der 7. Monat, wegen der **Umra** (kleiner Pilgermonat), der Fastenmonat **Ramadan** sowie der Monat **Dsûl-hedsche** in dem die **Haddsch** (große Pilgerfahrt nach Mekka) stattfindet.

Der islamische Kalender spielt nach wie vor eine wesentliche Rolle im religiösen Leben in den arabischen Staaten und den Ländern mit gläubigen Moslems. In Verkehr, Handel, Wirtschaft und Wissenschaft wird heute weltweit der gregorianische Kalender benutzt. So hat Kemal Atatürk im Jahre 1926 den gregorianischen Kalender in der Türkei offiziell eingeführt.

3.10 JÜDISCHER KALENDER

Der jüdische oder hebräische Kalender ist nach dem Muster des Metonschen Zyklus ein Lunisolarkalender. Er wurde im Wesentlichen von den Babyloniern übernommen. Somit hat er einen Zyklus von 19 Jahren mit 235 synodischen Monaten. Auch die Sieben-Tage-Woche geht auf die Babylonier zurück. Allerdings gehört der jüdische Kalender zu den kompliziertesten Lunisolarkalendern. Er kennt drei verschieden lange Gemeinjahre zu je 12 synodischen Mondmonaten sowie drei verschieden lange Schaltjahre zu je 13 synodischen Mondmonaten. Man spricht jeweils von einem abgekürzten, ordentlichen oder überzähligen Gemein- bzw. Schaltjahr. Welches dieser sechs Jahre wann beginnt, wird zum Teil durch religiöse Vorschriften festgelegt.

Die Grundlage des jüdischen Kalenders ist der **104. Psalm, Vers 19** des Alten Testaments, der lautet: „Du hast den Mond gemacht, das Jahr danach zu teilen; die Sonne weiß ihren Niedergang."

Dabei ist ausgedrückt, dass der Mondlauf das Sonnenjahr in einzelne Abschnitte, nämlich Monate, aufteilt und die Sonne einmal im Jahr ihren Tiefststand erreicht.

Die **Epoche** des **hebräischen Kalenders** ist der **7. Oktober 3761 vor Chr.** Dieser Zeitpunkt wird als der Augenblick angesehen, an dem Jahwe die Welt erschaffen hat. Man rechnet dabei, dass von Adam bis zum Auszug der Israeliten aus Ägypten 2448 Jahre vergingen. Von da an bis zur Zerstörung Jerusalems durch den Römer Titius im Jahre 68 nach Chr. (korrekt: 70 nach Chr.) liegt ein Zeitraum von 1380 Jahren. Der **Fall Jerusalems** wurde auf 68 nach Chr. datiert. Tatsächlich fand er allerdings erst 70 nach Chr. statt. Somit ergibt sich: 68 – 3828 = –3760. Die Erschaffung der Welt fand somit im Jahr 3761 vor Chr. nach unserer Zeitrechnung nach statt.

„Berechnet" wurde der Zeitpunkt der Erschaffung der Welt im 4. Jahrhundert nach Chr. von **Rabbi Hillel II.** Am 1. Tischri abends um $22^h\ 11^m\ 20^s$ schuf Jahwe Himmel und Erde (Fiat Lux – es werde Licht, 1. Schöpfungstag). Ferner heißt es im Alten Testament: „... und es ward Abend, der erste Tag" (Gen. 1,5 / 1. Buch Mose). Danach beginnt im jüdischen Kalender ein neuer Tag jeweils am Abend, wenn die Sonne untergegangen ist und die ersten drei Sterne zu sehen sind. Die sechs verschiedenen Jahre im jüdischen Kalender haben folgende Längen:

— **Abgekürztes Gemeinjahr** mit 12 Monaten: 353 Tage
— **Ordentliches Gemeinjahr** mit 12 Monaten: 354 Tage
— **Überzähliges Gemeinjahr** mit 12 Monaten: 355 Tage
— **Abgekürztes Schaltjahr** mit 13 Monaten: 383 Tage
— **Ordentliches Schaltjahr** mit 13 Monaten: 384 Tage
— **Überzähliges Schaltjahr** mit 13 Monaten: 385 Tage

In einem Schaltjahr folgt auf den 6. Monat (Adar/Rischon) ein Schaltmonat Adar II (Adar Scheni). In einem abgekürzten Jahr hat der dritte Monat (Kisslew) nur 29 statt 30 Tage. Während sonst die Monate alternierend 29 und 30 Tage lang sind, folgen in einem überzähligen Jahr (sowohl im ordentlichen als auch im Schaltjahr) drei Monate zu je 30 Tagen aufeinander.

In einem überzähligen Jahr – Gemeinjahr oder Schaltjahr – hat der zweite Monat (Marcheschwan) schließlich 30 statt

29 Tage, so dass drei aufeinanderfolgende Monate je 30 Tage aufweisen (siehe Tabelle „Der jüdische oder hebräische Kalender“ auf Seite 116).
Der Jahresbeginn fällt im jüdischen Kalender stets in den September und startet mit dem Monat Tischri, der stets 30 Tage hat.
Der Beginn des jüdischen Jahres erfolgt jeweils mit Sonnenuntergang. Der Neujahrstag fällt somit im Gregorianischen Kalender auf den folgenden Tag. Beispiel: Das jüdische Jahr 5751 begann am 19. September 1990 mit Sonnenuntergang. Der jüdische Neujahrstag fiel somit auf den 20. September 1990.
Die aktuellen Daten zum jüdischen Jahresbeginn findet man in dem jährlich erscheinenden *Kosmos Himmelsjahr*.
Auch der letzte, also 12. Monat (Elul) kann in einem Schaltjahr verdoppelt werden. Statt einem Adar II gibt es einen Elul II. Beide Schaltmonate sind stets 29 Tage lang. Schaltjahre sind die folgenden Jahre im Metonschen Zyklus I, VI, VIII, XI, XIV, XVII und XIX (siehe auch unter „Goldene Zahl“, Seite 103).

DIE WOCHENTAGE IM JÜDISCHEN KALENDER

Jom Rischon	erster Tag	(Sonntag)
Jom Scheni	zweiter Tag	(Montag)
Jom Schlischi	dritter Tag	(Dienstag)
Jom Revi'i	vierter Tag	(Mittwoch)
Jom Chamischi	fünfter Tag	(Donnerstag)
Jom Schischi	sechster Tag	(Freitag)
Schabbat	Ruhetag	(Samstag)

BEGINN DES JÜDISCHEN JAHRES 1990–2023

5751	19. September 1990
5752	8. September 1991
5753	27. September 1992
5754	15. September 1993
5755	5. September 1994
5756	24. September 1995
5757	13. September 1996
5758	2. Oktober 1997
5759	20. September 1998
5760	10. September 1999
5761	29. September 2000
5762	17. September 2001
5763	6. September 2002
5764	26. September 2003
5765	15. September 2004
5766	3. Oktober 2005
5767	22. September 2006
5768	12. September 2007
5769	29. September 2008
5770	18. September 2009
5771	8. September 2010
5772	28. September 2011
5773	16. September 2012
5774	4. September 2013
5775	24. September 2014
5776	13. September 2015
5777	2. Oktober 2016
5778	20. September 2017
5779	9. September 2018
5780	29. September 2019
5781	19. September 2020
5782	6. September 2021
5783	25. September 2022
5784	15. September 2023

Der Neujahrstag, der wie gesagt stets in den September (oder Anfang Oktober) fällt, darf kein Mittwoch, Freitag oder Sonntag sein. Falls dies zuträfe, beginnt das neue Jahr einen Tag später. Diese Ausnahmefälle heißen Dechijoth.
Auch die jüdischen Monatsnamen sind dem babylonischen Kalender entlehnt. Allerdings begann das babylonische Jahr im Frühling mit dem Monat Nisanu, während der erste Monat im jüdischen Kalender Tischri in den Herbst fällt. Dies war bei den, Babyloniern der siebte Monat namens Taschritu (siehe Tabelle „Monatsnamen im babylonischen Kalender" auf Seite 78).

☞ DER JÜDISCHE ODER HEBRÄISCHE KALENDER

			GEMEINJAHR			SCHALTJAHR		
Monat			abgek.	ord.	überz.	abgek.	ord.	überz.
1.	Tischri	(7)	30	30	30	30	30	30
2.	Marcheschwan	(8)	29	29	30	29	29	30
3.	Kisslew	(9)	29	30	30	29	30	30
4.	Tewet	(10)	29	29	29	29	29	29
5.	Schwat	(11)	30	30	30	30	30	30
6.	Adar	(12)	29	29	29	30	30	30
	Adar II	(13)	-	-	-	29	29	29
7.	Nisan	(1)	30	30	30	30	30	30
8.	Ijar	(2)	29	29	29	29	29	29
9.	Siwan	(3)	30	30	30	30	30	30
10.	Tammus	(4)	29	29	29	29	29	29
11.	Aw	(5)	30	30	30	30	30	30
12.	Elul	(6)	29	29	29	29	29	29
	Elul II	(13)	-	-	-	29	29	29

3.11 CHINESISCHER KALENDER

Die wohl ältesten Überlieferungen von Kalendersystemen stammen aus China. Die chinesischen Astronomen verfügten dabei über exzellente Kenntnisse, was den Lauf der Gestirne betrifft. Die Astronomie war im alten China eine hochangesehene Wissenschaft und keineswegs Privatsache einiger Wissenschaftler und Liebhaber. Der **Kaiser von China** unterhielt eine eigene **Behörde für Astronomie.** Sie hatte die Aufgabe, Sonnen- und Mondstände sowie Finsternisse zu berechnen, astrologische Deutungen vorzunehmen, die enge Verbindung des Kaiserhauses mit den himmlischen

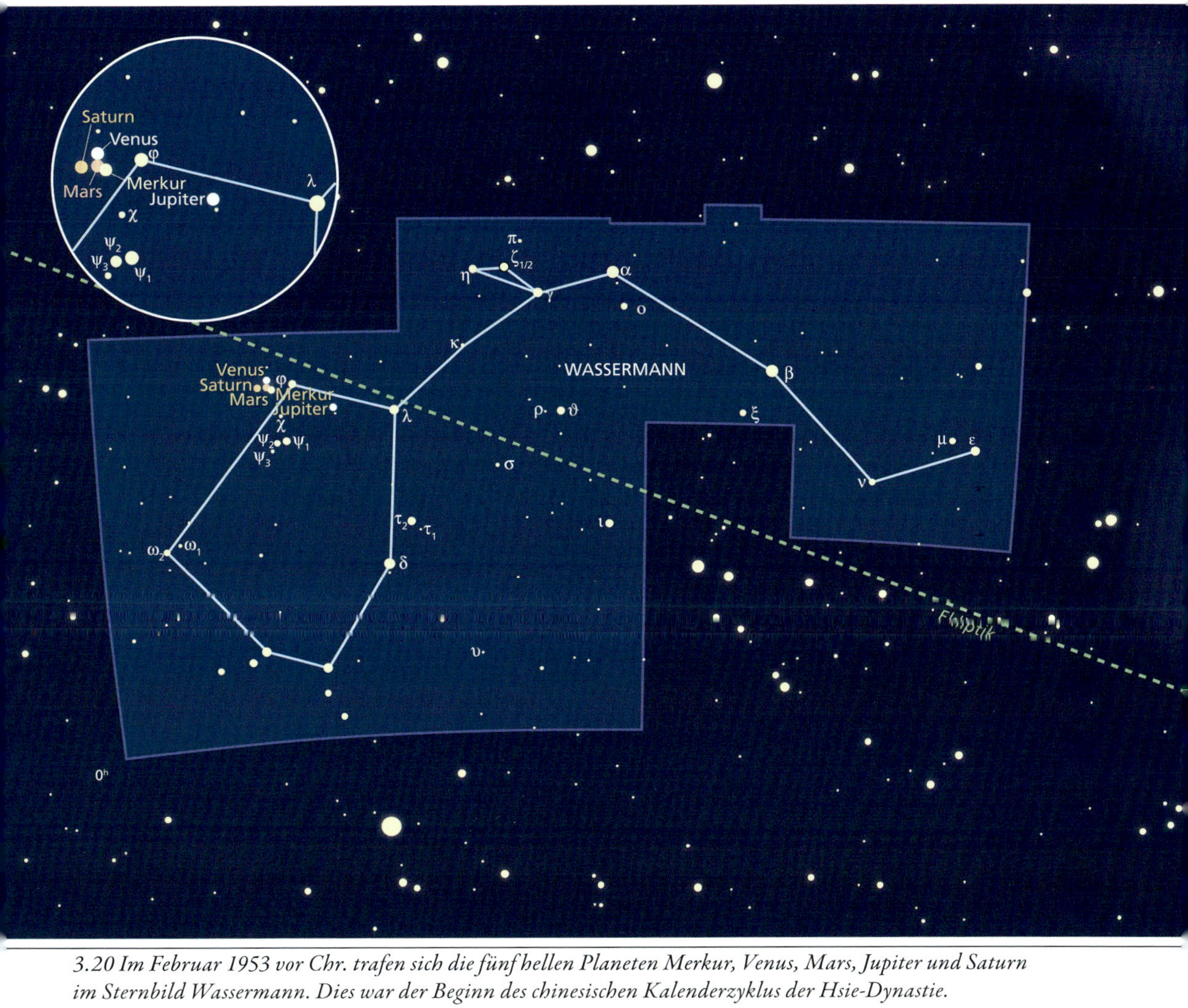

3.20 Im Februar 1953 vor Chr. trafen sich die fünf hellen Planeten Merkur, Venus, Mars, Jupiter und Saturn im Sternbild Wassermann. Dies war der Beginn des chinesischen Kalenderzyklus der Hsie-Dynastie.

Mächten zu pflegen sowie jährlich einen Kalender aufzustellen. Die Astronomen waren hochangesehene und gut dotierte Beamte am Kaiserhof.

Der Kalender war ein sakrales Werk, das in einer feierlichen Zeremonie am 1. Tag des 10. Monats dem Kaiser und seiner Familie präsentiert wurde. Anschließend erhielten die Provinzfürsten und sonstigen Würdenträger Kopien des Kalenders, der als offizielles Dokument Gesetzeskraft besaß. **Kalenderfälschungen** wurden als Kapitalverbrechen angesehen und entsprechend bestraft. Als die beiden **Hofastronomen Hi** und **Ho**, die sich durch einen üblen Trick ihre Positionen erschlichen hatten, eine Sonnenfinsternis falsch vorhersagten, wurden sie in einem Schauprozess verurteilt und geköpft.

Die chinesischen Astronomen waren außerordentlich erfolgreiche Leute, die den Lauf von Sonne und Mond sehr präzise bestimmten und einen exakten Kalender aufstellten, wobei sie das Problem der **Inkommensurabilität** der Längen von Tag, Monat und Jahr recht elegant lösten.

Ein Sonnentag ist knapp vier Minuten länger als eine volle Erdrotation. Per definitionem dauert er 24 Stunden oder 86 400 Sekunden. Ein synodischer Monat ist die Zeitspanne zwischen zwei aufeinanderfolgenden gleichen Mondphasen, also der Zeitraum von Neumond bis zum nächsten Neumond oder von Vollmond bis Vollmond. Man spricht auch schlicht von einem „Mondmonat". Ein synodischer Monat dauert *im Mittel* 29,53... Sonnentage, also weder genau 29 noch 30 Sonnentage. Ein tropisches Jahr, die Zeitspanne zwischen zwei aufeinanderfolgenden Passagen der Sonne durch den Frühlingspunkt, ist *im Mittel* 365,2422... Sonnentage lang.

Mondmonat und Sonnenjahr haben somit keine ganzzahligen Tagesmengen. Ebenso sind zwölf Mondmonate (= 354 Tage) um elf Tage kürzer als ein Sonnenjahr. Da Sonnentag, synodischer Monat und tropisches Jahr in keinem ganzzahligen Verhältnis zueinanderstehen, also inkommensurabel sind, mussten auch die Chinesen durch geeignete Schaltregeln dieses Problem lösen. Etliche Historiker vermuten, dass aus dem fernen China die Kunde von Mond- und Sonnenläufen nach Babylon drang. Jedenfalls hatten die Chinesen wohl als Erste einen **Lunisolarkalender**. Die älteste Epoche geht auf das Jahr 2953 vor Chr. zurück. Der chinesische Kalender ist damit fast fünftausend Jahre alt. Obwohl der alte chinesische Kalender ein Lunisolarkalender ist, wird die 19-jährige Mondperiode expressis verbis gar nicht erwähnt. Dies war auch nicht notwendig, denn die staatlich besoldeten Astronomen waren sehr genaue Leute. Sie sorgten unmittelbar für eine Korrektur, wenn Sonnen- und Mondlauf langsam aus dem Tritt gerieten. Ein zusätzlicher Monat

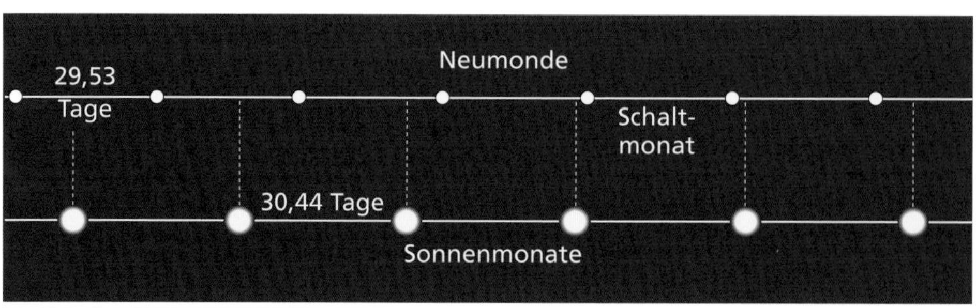

3.21 Tritt in einem „Sonnenmonat" ein zweiter Neumond ein, so folgt ein Schaltmonat mit gleicher Monatsnummer, aber mit dem Zusatz „shun".

☞ CHINESISCHE SONNENSTATIONEN

STATION	NAME	SONNENLÄNGE	GREGOR. DATUM	DAUER (TAGE)
S 1	Lichun – Frühlingserwachen	315°	4. Februar	
H 1	Yushui – Regenwasser	330°	19. Februar	29,8
S 2	Jingzhe – Erwachen der Insekten	345°	6. März	
H 2	Chunfen – Frühlingstagundnachtgleiche	0°	21. März	30,2
S 3	Qingming – Reine Helle	15°	5. April	
H 3	Guyu – Kornregen	30°	20. April	30,7
S 4	Lixia – Sommererwachen	45°	6. Mai	
H 4	Xiaoman – Volles Korn	60°	21. Mai	31,2
S 5	Mangzhong – Kornähre	75°	6. Juni	
H 5	Xiazhi – Sonnenwende	90°	22. Juni	31,4
S 6	Xiashu – Leichte Hitze	105°	7. Juli	
H 6	Dashu – Große Hitze	120°	23. Juli	31,4
S 7	Liqiu – Herbsterwachen	135°	8. August	
H 7	Chushu – Ende der Hitze	150°	23. August	31,1
S 8	Bailu – Weißer Tau	165°	8. September	
H 8	Quifen – Herbsttagundnachtgleiche	180°	23. September	30,7
S 9	Hanlu – Kalter Tau	195°	8. Oktober	
H 9	Shuangjiang – Herabkommender Frost	210°	24. Oktober	30,1
S 10	Lidong – Winter erwachen	225°	8. November	
H 10	Xiaoxue – Leichter Schneefall	240°	22. November	29,7
S 11	Daxue – Großer Schneefall	255°	7. Dezember	
H 11	Dongzhi – Wintersonnwende	270°	22. Dezember	29,5
S 12	Xiaohan – Leichte Kälte	285°	6. Januar	
H 12	Dahan – Große Kälte	300°	20. Januar	29,5

wurde eingeschaltet, wenn zwei aufeinander folgende Neumonde stattfanden, bei denen sich die Sonne im gleichen Tierkreiszeichen befand.
Die Chinesen waren nüchterne Leute. Ihre Monate hatten keine Namen, sondern wurden von eins bis zwölf durchnummeriert. Der Schaltmonat erhielt dieselbe Nummer wie der vorangehende Monat, lediglich mit dem Zusatz **„shun"** versehen. Nur der erste Monat erhielt die Bezeichnung „geweihter Monat". Die Monate hatten abwechselnd 29 oder 30 Tage. Außerdem waren sie in drei Dekaden unterteilt, ähnlich wie im ägyptischen Kalender. Die erste Dekade war die des zunehmenden Mondes. Die zweite umfasste die Vollmondzeit. Denn etwa fünf Tage vor bis fünf Tage nach Vollmond leistete das Mondlicht gute Dienste in der Nacht. Die letzte Dekade galt als die des **absterbenden Mondes**. Der Mond ließ sich nachts immer später sehen, sein Licht nahm rapide ab.
Basierend auf den scheinbaren Läufen von Sonne und Mond kannten die Chinesen **drei himmlische Pfade:** Der **gelbe Pfad** legte den Wanderweg der Sonne fest, er entspricht der Ekliptik. Der **rote Pfad** markierte den Himmelsäquator und der **weiße Pfad** die Mondbahn. Der weiße Pfad wurde in 28 Mondstationen oder -häuser unterteilt, der gelbe Pfad in 24 Sonnenstationen zu exakt 15° langen Abschnitten ekliptikaler Länge. Diese treten abwechselnd als Hauptstationen **(Zhong-qi)** und Sekundärstationen **(Jie-qi)** auf. Sie hatten jahreszeitliche oder meteorologische Bezeichnungen und waren außerdem durchnummeriert.
Wegen der Elliptizität der Erdbahn lief die Sonne gemäß dem 2. Keplerschen Gesetz mit unterschiedlicher Geschwindigkeit durch die Sonnenstationen. Dies hatte zur Folge, dass sie sich in den gleichlangen Abschnitten verschieden lang aufhielt – von 29,5 bis 31,4 Tage (siehe Tabelle „Sonnenstationen" auf Seite 119). Im Mittel lief die Sonne 30,44 Tage durch eine Doppelstation (Haupt- und Sekundärstation).
Jeder Monat begann exakt mit Neumond. Da die mittlere Länge eines synodischen Monats aber 29,53 Tage beträgt und damit fast einen Tag kürzer ist als der „Sonnenmonat" – nämlich die mittlere Dauer der Sonnenwanderung von einer zur nächsten Hauptstation von 30,44 Tagen –, so kam es alle zwei bis drei Jahre vor, dass ein zweiter Neumond eintrat, bevor noch die Sonne in eine neue Hauptstation wechselte. In einem solchen Fall wiederholte man den Monat und beließ ihm aber die gleiche Monatsnummer nur mit dem Vermerk „Schaltmonat". Auf diese Weise wurden Sonnen- und Mondlauf synchronisiert.
Ursprünglich begann das chinesische Jahr mit dem Wintersolstitium. Im zweiten vorchristlichen Jahrhundert legte man jedoch fest, dass das Wintersolstitium stets im elften Monat stattfinden soll. Somit fällt der Jahresbeginn des chinesischen Kalenders seither auf Ende Januar bis Anfang Februar im Gregorianischen Kalender (siehe Tabelle „Chinesischer Kalender" auf Seite 122). Durch diese klug durchdachte Schaltregelung verfrüht sich nicht ständig der Jahresbeginn gegenüber dem Sonnenstand, wie es bei einem reinen Mondkalender der Fall ist.
Der chinesische Kalender kannte und kennt keine fortlaufende Jahreszählung. Vielmehr beginnt nach jeweils 60 Jahren ein neuer Zyklus. Die Chinesen verwenden das Sexagesimalsystem ähnlich wie auch die Babylonier. Denn die Zahl 60 hat praktischerweise viele Teiler: 2, 3, 4, 5, 6, 10, 12, 15, 20 und 30. Die Jahre erhielten Bezeichnungen aus einer Kombination von zehn **Himmelsgeschlechtern** und zwölf irdischen **Ästen** (Abschnitten).
Die zwölf irdischen Abschnitte sind ausschließlich nach Tieren benannt und entsprechen unseren Tierkreiszeichen. Die Himmelsgeschlechter haben chinesische

Eigennamen, die sich nicht ohne weiteres übersetzen lassen. Nach sechs Wiederholungen der Himmelsgeschlechter und fünf Wiederholungen der irdischen Abschnitte ist ein kompletter Jahreszyklus abgelaufen und ein neuer beginnt. Das erste Jahr des laufenden Zyklus begann am **2. Februar 1984**. Es war das **Jahr der Ratte**. Am 29. Januar 2006 beginnt das Jahr des Hundes, das 23. Jahr im gegenwärtigen Zyklus.

CHINESISCHE ZYKLEN ZUR JAHRESBEZEICHNUNG

HIMMELSGESCHLECHTER			IRDISCHE ABSCHNITTE		
(Stämme)			**(Äste oder Zweige)**		
1.	jia	Rüstung	1.	zi	Ratte
2.	yi	eins	2.	chou	Ochse
3.	bing	feuriger Süden	3.	yin	Tiger
4.	ding	Unbekannter (Mensch)	4.	mao	Hase
5.	wu	blühender Osten	5.	chen	Drache
6.	ji	stark (extrem)	6.	si	Schlange
7.	geng	westlicher Abendstern	7.	wu	Pferd
8.	xin	bitter	8.	wei	Schafbock
9.	ren	großer Norden	9.	shen	Affe
10.	gui	Wasser	10.	you	Hahn
			11.	xu	Hund
			12.	hai	Schwein

☞ CHINESISCHER KALENDER, 79. ZYKLUS

JAHR	JAHRES-BEGINN	JAHRESNAME		JAHR	JAHRES-BEGINN	JAHRESNAME	
1.	02. Feb 84	jia-zi	Ratte	16.	16. Feb 99	ji-mao	Hase
2.	20. Feb 85	yi-chou	Ochse	17.	05. Feb 00	geng-chen	Drache
3.	09. Feb 86	bing-yin	Tiger	18.	24. Jan 01	xin-si	Schlange
4.	29. Jan 87	ding-mao	Hase	19.	12. Feb 02	ren-wu	Pferd
5.	17. Feb 88	wu-chen	Drache	20.	01. Feb 03	gui-wei	Schafbock
6.	06. Feb 89	ji-si	Schlange	21.	22. Jan 04	jia-shen	Affe
7.	27. Jan 90	geng-wu	Pferd	22.	09. Feb 05	yi-you	Hahn
8.	15. Feb 91	xin-wei	Schafbock	23.	29. Jan 06	bing-xu	Hund
9.	04. Feb 92	ren-shen	Affe	24.	18. Feb 07	ding-hai	Schwein
10.	23. Jan 93	gui-you	Hahn	25.	07. Feb 08	wu-zi	Ratte
11.	10. Feb 94	jia-xu	Hund	26.	26. Jan 09	ji-chou	Ochse
12.	31. Jan 95	yi-hai	Schwein	27.	14. Feb 10	geng-yin	Tiger
13.	19. Feb 96	bing-zi	Ratte	28.	03. Feb 11	xin-mao	Hase
14.	07. Feb 97	ding-chou	Ochse	29.	23. Jan 12	ren-chen	Drache
15.	28. Jan 98	wu-yin	Tiger	30.	10. Feb 13	gui-si	Schlange

Eine durchgehende Jahreszählung gab es im chinesischen Kalender nicht. Vielmehr wurde jeweils mit Antritt einer neuen Regentschaft mit einem neuen Jahreszyklus gestartet. So gibt es auch keine spezifische Epoche (Zeitpunkt für den Beginn einer Jahreszählung). In historischen Berichten wird bei einer Jahresangabe immer Bezug auf einen Kaiser genommen, bei dem ein neuer 60-jähriger Zyklus begann. Mit dem Amtsantritt eines Kaisers begann eine neue Epoche. Doch nicht nur das. Durch Deklaration konnte der Kaiser von China auch eine neue Epoche festlegen. Dies geschah dann, wenn die „Verbindung von Himmel und Erde gestört" war. Die Astronomen waren Mittler zwischen Himmel und Erde. Bei Naturkatastrophen oder der falschen Vorhersage einer Finsternis war die Verbindung zu den Himmelsmächten gestört, man musste einen Neubeginn wagen, den der Kaiser anordnete.

Der chinesische Kalender ist wohl das älteste lunisolare Kalendersystem der Welt. Die **älteste Epoche** geht auf das **Jahr 2953** vor Chr. (–2952) zurück. Gäbe es eine durchgehende Jahreszählung, dann entspräche das Jahr 2023 des Gregorianischen Kalenders dem Jahr 4976 im chinesischen Kalender. Eine andere Epoche geht auf das Jahr 2697 vor Chr. zurück. Danach begann der **79. Zyklus** am **2. Februar 1984** und dauert noch an – 2023 ist dann das 40. Jahr in diesem Zyklus (siehe Tabelle „Chinesischer Kalender"

Das Jahr 2044 ist das erste Jahr (jia-zi = Ratte) im 80. Zyklus des alten chinesischen Kalenders und beginnt am 30. Januar.

JAHR	JAHRESBEGINN	JAHRESNAME		JAHR	JAHRESBEGINN	JAHRESNAME	
31.	31. Jan 14	jia-wu	Pferd	46.	13. Feb 29	ji-you	Hahn
32.	19. Feb 15	yi-wei	Schafbock	47.	03. Feb 30	geng-xu	Hund
33.	08. Feb 16	bing-shen	Affe	48.	23. Jan 31	xin-hai	Schwein
34.	28. Jan 17	ding-you	Hahn	49.	11. Feb 32	ren-zi	Ratte
35.	16. Jan 18	wu-xu	Hund	50.	31. Jan 33	gui-chou	Ochse
36.	05. Feb 19	ji-hai	Schwein	51.	19. Feb 34	jia-yin	Tiger
37.	25. Jan 20	geng-zi	Ratte	52.	08. Feb 35	yi-mao	Hase
38.	12. Feb 21	xin-chou	Ochse	53.	28. Jan 36	bin-chen	Drache
39.	01. Feb 22	ren-yin	Tiger	54.	15. Feb 37	ding-si	Schlange
40.	22. Jan 23	gui-mao	Hase	55.	04. Feb 38	wu-wu	Pferd
41.	10. Feb 24	jia-chen	Drache	56.	24. Jan 39	ji-wei	Schafbock
42.	29. Jan 25	yi-si	Schlange	57.	12. Feb 40	geng-shen	Affe
43.	17. Feb 26	bing-wu	Pferd	58.	01. Feb 41	xin-you	Hahn
44.	06. Feb 27	ding-wei	Schafbock	59.	22. Jan 42	ren-xu	Hund
45.	26. Jan 28	wu-shen	Affe	60.	10. Feb 43	gui-hai	Schwein

auf Seite 122). Am 10. März –2696 startete das Jahr 1 des Zyklus Nr. 1 im chinesischen Kalender. Demnach sind bis 2023 immerhin 4720 chinesische Lunisolarjahre vergangen. Eine andere Epoche bezieht sich auf das Jahr 2637 vor Chr. Eine weitere Epoche bezieht sich auf den 26. Februar –1952 (= 1953 vor Chr.). Damals standen alle freisichtigen Planeten (Merkur, Venus, Mars, Jupiter und Saturn) im Gebiet der Sternbilder Wassermann und Fische, was den damaligen Kaiser der Hsie-Dynastie veranlasste, mit einem neuen 60-jährigen Kalenderzyklus zu starten. Diese Epoche wird häufig als Beginn des chinesischen Kalenders zitiert, obwohl sie mit Sicherheit nicht die älteste ist. Danach wäre das Jahr 2023 des Gregorianischen Kalenders das Jahr 3976 im chinesischen Kalender. So verwundert es nicht, wenn in verschiedenen Werken unterschiedliche Angaben über die Nummer des laufenden Zyklus zu finden sind. Im Übrigen beziehen sich alle Berechnungen der chinesischen Astronomen auf den 120. Längengrad östlich von Greenwich. Sun Yat Sen hat im November 1911 verfügt, dass ab dem 1. Januar 1912 in China der Gregorianische Kalender gilt. Bis 1928 waren noch beide Kalender in Gebrauch. Seit dem **1. Januar 1929** ist der gesetzliche Kalender in China **ausschließlich** der **Gregorianische.** Lediglich traditionelle Feste wie Neujahr oder Laternenfest werden noch nach dem alten chinesischen Kalender mit viel Pomp gefeiert.

3.12 MAYA- UND AZTEKEN-KALENDER

3.12.1 MAYA-KALENDER

Vor einigen Jahren stieß der Maya-Kalender auf großes öffentliches Interesse. Am Freitag, 21.12.2012 sollte nach dem Maya-Kalender die Welt untergehen, so kolportierten es die Medien und viele glaubten ihnen. Doch wie vorauszusehen blieb der Weltuntergang einmal mehr aus. Lediglich der astronomische Winter begann zu diesem Datum. Das Gerücht vom Weltuntergang an diesem Tag beruht auf einer Zählung im Kalender der Mayas. Zu diesem Termin begann im Maya-Kalender ein neuer Zyklus der **Langen Zählung**. Mayas, Azteken, Olmeken und andere mittelamerikanische Völker glaubten einst, am Ende eines Kalenderzyklus ginge alles zugrunde und eine völlig neue Welt würde entstehen.

Die Hochkultur der Mayas ist noch weitgehend unerforscht. Vieles liegt bisher im Dunkel der Vergangenheit verborgen. Doch etliche Glyphen auf ihren Pyramiden, Stelen und Kalendersteinen konnten enträtselt werden. Die Mayas besaßen einen ausgeklügelten Kalender, der uns eher kompliziert erscheint, der aber äußerst präzise war. Die Mayas zählten nicht die Jahre, sondern die Tage, die eindeutige Bezeichnungen erhielten – und dies für viele Jahrtausende. Alle wesentlichen Geschehnisse wie Krönungen, Kriegshandlungen, Zeremonien und Opferungen wurden im Maya-Kalender exakt festgehalten. Er übertraf noch unseren gebräuchlichen Gregorianischen Kalender an Genauigkeit. Das Maya-Jahr wich nur um sieben Sekunden von der Länge des tropischen Jahres ab, während ein gregorianisches Jahr um 26 Sekunden länger ist als ein tropisches Jahr.

Die Tage und Monate erhielten die Namen von Maya-Gottheiten. Ihr oberster Gott war **Tonatiuh**, der Sonnengott. Ihm wurden vornehmlich in der Hauptstadt Tenochtitlan zahlreiche Menschenopfer gebracht. Denn der Sonnengott brauchte Blut für seine Reise über das Firmament. Die Opfer waren Priester, Kriminelle, Behinderte, vor allem aber Kriegsgefangene. Dies mussten auch die Spanier erfahren. Den Opfern wurde bei lebendigem Leib das Herz aus der Brust gerissen oder sie wurden gehäutet. Mit dem Saft bestimmter Pflanzen wurden die Unglücklichen betäubt. Trotz eines Rauschzustandes spürten sie Schmerzen und schrien. Dies war Teil des Zeremoniells. Als im Jahre 1511 ein spanisches Schiff unter dem Kommando von Señor Juan de Valvida durch die Karibik mit Kurs auf Haiti schipperte, geriet es in einen Tropensturm und versank

3.22 Kalenderstein der Sonne bei den Azteken

nahe Haiti in den Fluten des Meeres. In einem kleinen Boot konnten sich 18 Besatzungsmitglieder retten und strandeten schließlich an der Ostküste von Yukatan. Sie waren die ersten Europäer, die mit der Maya-Kultur in Berührung kamen. Allerdings endete für die spanischen Seeleute dieses äußerst tragisch. Fünf Spanier wurden augenblicklich dem Sonnengott geopfert. Die übrigen Seeleute wurden gefangen gehalten und anschließend bei einem Festmahl verspeist. Nur einem gelang die Flucht und so erfuhr die Nachwelt vom Schicksal seiner Kameraden.

Als die Spanier auf die Mayas stießen, war der Zenit ihrer Kultur bereits längst überschritten. In der Zeit von etwa 300 bis 900 nach Christus erlebten die Mayas die Hochblüte ihrer Kultur. Sie verfügten über eine hochentwickelte Mathematik und kannten die Null und ein Stellenwertsystem. Die Null hatten sie nicht selbst erfunden, sondern von den Olmeken übernommen. Nur drei Zahlzeichen benutzten die Mayas: Punkt, Strich und symbolisch eine leere Muschel als Zeichen für die Null. Da sie barfüßig umherliefen, verwendeten sie auch ihre Zehen zum Zählen. Die Basis ihres Stellenwertsystems war daher nicht die Zehn wie wir sie im dekadischen System einsetzen, sondern die Zwanzig. Ein solches System mit den Potenzen von 20 nennt man **Vigesimal-System** (siehe Tafel „Das Zahlensystem der Mayas“ rechts).

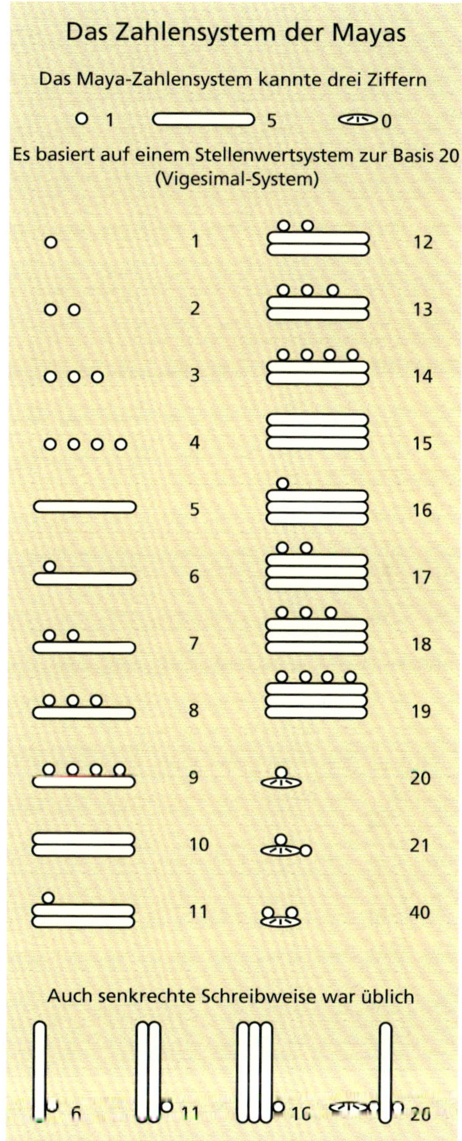

3.23 Zahlensystem der Mayas

Zur Benennung der Tage benutzten die Mayas parallel zwei Bezeichnungsweisen, die **Tzol'kin**-Zählung und den **Haab**. Der Tzol'kin, das „heilige Rund“, war ein religiöser Kultkalender für die Datierung von Opferhandlungen, Kriegsführung, aber auch in der Landwirtschaft. Jeder Tag erhielt im Tzol'kin eine Nummer, die von 1 bis 13 lief und einen von zwanzig Götternamen (siehe Tafel „Der Tzol'kin“ auf Seite 126). Nach dreizehn Tagen begann man wieder mit Nummer 1 aber mit dem Namen des 14. Gottes den Tag zu benennen. Da 13 und 20 keine gemeinsamen Teiler haben, ergibt sich ein Zyklus von 13 × 20 = 260 Tagen, bei dem jeder Tag eine eindeutige Bezeichnung bekommt. Nach 260 Tagen beginnt der Tzol'kin-Zyklus wieder neu. Den 260-Tage-Zyklus hatten die Mayas von den Zapoteken übernommen, ein mesoamerika-

Der Tzol'kin

20 Götternamen:

Die 20 Götternamen wurden kombiniert mit einer Tageszählung von 1 bis 13 (13 x 20 = 260).

1 Imix	1 Ix	1 Manik	1 Ahau	1 Ben
2 Ik	2 Men	2 Lamat	2 Imix	2 Ix
3 Akbal	3 Cib	3 Muluc	3 Ik	3 Men
4 Kan	4 Caban	4 Oc	4 Akbal	4 ·
5 Chicchan	5 Edznab	5 Chuen	5 Kan	5 ·
6 Cimi	6 Cauac	6 Eb	6 Chicchan	6 ·
7 Manik	7 Ahau	7 Ben	7 Cimi	7 ·
8 Lamat	8 Imix	8 Ix	8 Manik	8 ·
9 Muluc	9 Ik	9 Men	9 Lamat	9 ·
10 Oc	10 Akbal	10 Cib	10 Muluc	10 ·
11 Chuen	11 Kan	11 Caban	11 Oc	11 ·
12 Eb	12 Chicchan	12 Edznab	12 Chuen	12 ·
13 Ben	13 Cimi	13 Cauac	13 Eb	13 usw.

Der Haab

Die Haab-Zählung kannte 18 Monate zu je 20 Tagen, wobei die Tagesnummern von 0 bis 19 liefen.

Monatsnamen:

0 Pop	0 Uo	0 Zip	0 Zodz
1 Pop	1 Uo	1 Zip	1 Zodz
2 Pop	2 Uo	2 Zip	2 Zodz
3 Pop	3 Uo	3 Zip	3 Zodz
.	.	.	.
.	.	.	.
.	.	.	.
17 Pop	17 Uo	17 Zip	17 Zodz
18 Pop	18 Uo	18 Zip	18 Zodz
19 Pop	19 Uo	19 Zip	19 Zodz

Nach 18 x 20 Tagen wurden 5 Tage angehängt, die die Bezeichnung Uayeb („die Namenlosen") trugen. Dies ergibt 365 Tage. Das Haab-Jahr begann mit dem 0 Pop, wobei nach 20 Cumku noch 5 Uayeb-Tage folgten.

3.24 Der Tzolkin und der Haab

nisches Volk, das erstmals 1000 vor Chr. in Erscheinung trat.

In der zweiten, der bürgerlichen oder zivilen Zählung, Haab genannt, bekommt jeder Tag eine Ordnungsnummer von 1 bis 20 und einen Monatsnamen. Das Sonnenjahr der Mayas kannte 18 Monate zu je 20 Tagen. Dies gibt eine Zykluslänge von 20 × 18 = 360 Tagen. An die 18 Monate wurden fünf namenlose Tage angehängt, die man auch als Gefahren- oder Unglückstage ansah. Somit hatte das **Maya-Jahr** eine Länge von 365 Tagen. Dies erinnert an das alte ägyptische Sonnenjahr mit zwölf Monaten zu je 30 Tagen plus den fünf Epagomenen. (siehe auch Tafel „Der Haab" oben).

Die Mayas kombinierten nun die Tzol'kin-Zählung mit der Haab-Zählung. Jeder Tag hatte damit eine Tzol'kin-Bezeichnung (eine Zahl von 1 bis 13 plus einen von zwanzig Götternamen) und eine Haab-Bezeichnung (eine Zahl von 0 bis 19 plus einen von 20 Monatsnamen oder von den fünf Unglückstagen des angehängten Kurzmonats namens Uayeb). Die Mayas nummerierten übrigens die zwanzig Tage eines Haab-Monats von 0 bis 19 und nicht von 1 bis 20.

Kombiniert man nun den Tzol'kin-Zyklus von 260 Tagen mit dem des Haab von 365 Tagen, so ergibt sich ein Zyklus eindeutiger Tagesbezeichnungen von 73 × 260 = 52 × 365 = 18 980 Tagen. Denn 18 980 ist das kleinste gemeinsame Vielfache von 260 und 365. Diese Verzahnung von Tzol'kin und Haab ergibt somit für jeden der 18 980 Tage eine eindeutige Bezeichnung, denn die Mayas gaben für jeden Tag stets die Bezeichnung aus beiden Zählungen an, beispielsweise 13 Manik 4 Pop. Der kombinierte Zyklus von 18 980 Tagen wird als **Kalender-Runde** bezeichnet, das sind ziemlich genau 52 Jahre. Dies war auch die mittlere Lebensdauer eines Menschen aus dem Volk der Mayas.

Nach Vorstellung der Mayas musste nach einer Kalender-Runde der Weltuntergang erfolgen. Man löschte die Feuer, verbarg sich in den Häusern und betete. Die Maya-Priester bestiegen die Tempel und verfolgten den Lauf der Gestirne. Wenn das Siebengestirn, der Sternhaufen der Plejaden, den Meridian passierte, dann blieb nach ihrer Ansicht der Weltuntergang aus. Man verkündete diese frohe Botschaft, Freudentaumel brach aus und man feierte dreizehn Tage lang ausschweifende Feste. Denn die 13 war eine heilige Zahl, die schon im religiösen Tzol'kin vorkommt (Tageszählung von 1 bis 13). Diese 13 Tage wurden an die 52 Haab-Jahre angehängt. Damit ergibt sich eine mittlere Länge des Sonnenjahres der Mayas von (18 980 + 13) / 52 Jahre = 365,2500 Tagen. Dies ist exakt die Länge eines Julianischen Jahres, das nur um 11 Minuten und 14 Sekunden länger ist als das tropische Jahr, also die Zeit zwischen zwei aufeinanderfolgenden Passagen der Sonne durch den Frühlingspunkt.

Eine weitere Vorschrift im Maya-Kalendersystem sah vor, dass nach 61 Kalenderrunden 25 Tage abzuziehen sind – also ein ganzer Haab-Monat plus die fünf namenlosen Tage des **Uayeb**. 61 Kalenderrunden zu 52 Sonnen- oder Haab-Jahren ergeben 3172 Jahre oder 1 158 573,0 Tage (365,25 × 3172). Damit ergibt sich eine mittlere Jahreslänge von 365,242 119 Tagen (1 158 573 minus 25 Tage geteilt durch 3172 Jahre). Damit ist das Haab-Jahr der Mayas nur knapp sieben Sekunden kürzer als das tropische Jahr, wie aus der Tabelle oben zu ersehen ist.

☞ DAS HAAB-JAHR DER MAYAS

TROPISCHES JAHR:	365,242.198 TAGE	DIFFERENZ ZUM TROPISCHEN JAHR
JULIANISCHES JAHR	365,250 000 Tage	$-11^{m}14^{s}$
GREGORIANISCHES JAHR	365,242 500 Tage	-26^{s}
MAYA-JAHR	365,242 119 Tage	$+7^{s}$

Völlig unbekannt ist, wie die Mayas in der Lage waren, die Länge des tropischen Jahres so genau zu kalkulieren. Ob sie die letzte Schaltregel jemals anwandten, ist zweifelhaft. Denn so lange existierte die Maya-Zivilisation gar nicht.

Für größere Zeiträume zählten die Mayas weder die Haab-Jahre noch die Kalenderrunden. Vielmehr benutzten sie noch eine dritte, durchgehende Tagesnummerierung ähnlich dem Julianischen Datum, die **Lange Zählung**. Sie war unabhängig vom Tzol'kin und Haab und wurde durch fünf Glyphen festgelegt, die folgende Namen und Zeitspannen hatten:

1 kin = 1 Tag
20 kin = 1 uinal (ein Monat im Haab)
18 uinal = 1 tun = 360 kin (etwa ein Jahr im Haab)
20 tun = 1 katun = 7200 kin (= 19,71 Jahre)
20 katun = 1 baktun = 144 000 kin (= 394,25 Jahre)
13 baktun = 1 voller Kalenderzyklus = 1 872 000 kin (= 5125,25 Jahre)

Das Datum 11 : 2 : 7 : 16 : 12 bedeutet also 11 baktun + 2 katun + 7 tun + 16 uinal + 12 kin, das sind insgesamt 1 601 252 Tage oder 4384 Jahre, die seit Beginn der *Langen Zählung* vergangen sind. Damit hat jeder Tag im Zyklus der *Langen Zählung* von 5125 Jahren seine eigene Tagesnummer. Schalttage

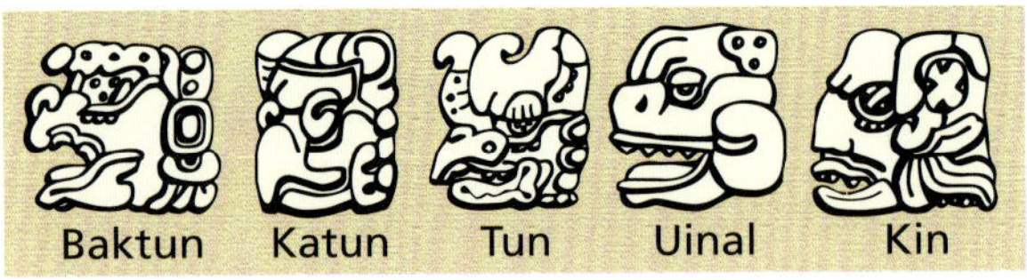

3.25 Die fünf Glyphen der langen Zählung

gibt es dabei nicht, sie sind unnötig wie auch in der julianischen Tageszählung, da keine Koinzidenz mit dem Sonnenjahr herzustellen ist.

Das Kernproblem, das die Maya-Forscher zu lösen haben, ist jedoch: Wann begann die *Lange Zählung*? Zu welchem Datum des Julianischen oder Gregorianischen Kalenders zeigte die *Lange Zählung* den Tag 0:0:0:0:0? Oder kurz gesagt: Wie lautet die Epoche der *Langen Zählung* des Maya-Kalenders?

Nach Vorstellung der Mayas wurde zu Beginn der *Langen Zählung* die Welt erschaffen. Aus den Glyphen geht das Datum hervor: 4 Ahau 8 Cumhu gemäß Tzol'kin und Haab. Dieser Tag hatte die Nummer 0:0:0:0:0 im Zyklus der *Langen Zählung*. Doch wann war dieser Tag im Julianischen oder Gregorianischen Kalender? Lange gab es mehr oder minder vergebliche Versuche, die Epoche des Maya-Kalenders zu eruieren. Verschiedene Ergebnisse wurden publiziert. Noch ist man sich nicht absolut sicher, das richtige Anfangsdatum gefunden zu haben. Aber zwei Termine sind heute die Favoriten. Und sie differieren lediglich um zwei Tage: Die Epoche der *Langen Zählung* im Maya-Kalender lautet:

11. August des Jahres –3113 oder 13. August –3113 (= 3114 vor Chr.) im Gregorianischen Kalender. Dies entspricht dem Julianischen Datum JD 584 283 beziehungsweise der zweite Termin JD 584 285. Im Julianischen Kalender sind dies der 8. September oder der 10. September des Jahres –3113.

Nach Ablauf eines Zyklus der *Langen Zählung* geht die Welt endgültig unter, also am Tag 13:0:0:0:0, wenn 13 baktun abgelaufen sind. Dann geht das alte Universum perdu und ein völlig neues entsteht. Und wann wird dies sein? Wann beginnt der neue Zyklus der *Langen Zählung* mit dem Tag 0:0:0:0:0? Dazu muss man zum 11. August –3113 (gregor.) 13 baktun, also 1 870 000 kin, hinzuzählen. Dies ergibt den 21. Dezember 2012 im Gregorianischen Kalender, nach dem sich die moderne Zivilisation orientiert. Für den zweiten Epochentermin erhält man den 23. Dezember 2012. Damit wäre die universelle Weltkatastrophe lediglich um zwei Tage hinausgeschoben, eine extrem kurze Galgenfrist.

Wie auch immer, die Mayas waren sich offensichtlich selbst nicht ganz sicher, ob nach Ablauf von 13 baktun tatsächlich die Welt untergeht. Denn auch nach einem Kalender-Rund von 52 Jahren stürzte der Himmel nicht ein. Sie schufen daher noch vier größere Zeiteinheiten für größere Zeitspannen als 13 baktun (siehe Tabelle unten). Möglicherweise geht daher die Welt erst nach 13 alautun = 299 520 000 000 Tagen oder im

☞ ZEITSPANNEN IM MAYA-KALENDER

1 PICTUN	= 20 baktun	= 2 880 000 kin	≈ 7890 Jahre
1 CALABTUN	= 20 pictun	= 57 600 000 kin	≈ 157 808 Jahre
1 KINCHILTUN	= 20 calabtun	= 1 152 000 000 kin	≈ 3 156 164 Jahre
1 ALAUTUN	= 20 kinchiltun	= 23 040 000 000 kin	≈ 63 081 430 Jahre

Jahre 819 747 285 unter. Denn 13 alautun müssen es schon sein, 13 ist schließlich die heilige Zahl der Mayas. Dies wäre dann das Ende der „*Ganz* Langen Zählung". Bis dahin bleibt genügend Zeit, über die Maya-Weltuntergangsprophezeiungen zu philosophieren, inwieweit diese ernst zu nehmen sind. Aber sowohl am 21. als auch am 23. Dezember 2012 kollabierte das Universum nicht. Jedoch nach 820 Millionen Jahren wird die Sonne dem irdischen Leben schon längst den Garaus beschert haben. Denn die Sonnenstrahlung wird bis dahin so zunehmen, dass die Oberflächentemperaturen auf der Erde die 100° C erreichen werden.
Somit hatten die Mayas doch recht mit ihrer **Weltuntergangsprophezeiung**. Man muss eben nur entsprechend große Zeiträume abwarten.
Eine besondere Verehrung genoss die **Venus** bei den Mayas. Venus ist nach Sonne und Mond das hellste Gestirn am irdischen Firmament. Sie ist entweder als Abendstern nach Sonnenuntergang am Westhimmel oder als Morgenstern vor Sonnenaufgang am Osthimmel zu sehen.
Den Mayas war daher auch die Periode von 584 Tagen wohl bekannt. Alle 584 Tage taucht Venus erneut am Abendhimmel respektive am Morgenhimmel auf. Denn 584 Tage lang ist die synodische Umlaufszeit der Venus. Ferner kannten sie den achtjährigen Venuszyklus. Fünf synodische Venusumläufe sind genau acht Haab-Jahre: $5 \times 584 = 8 \times 365 = 2920$ Tage. Nach acht Jahren erschien Venus wieder zum gleichen Haab-Datum am Abendhimmel. Die Zahlen 5 und 8 waren den Mayas heilig und auch deren Summe 13. Darum zählten sie auch im Tzol'kin die Tage von 1 bis 13 und sahen für die *Lange Zählung* die Zeitspanne von 13 baktun vor. Es ist erstaunlich, welch ausgeklügeltes Kalendersystem und welch umfangreiches astronomisches Wissen die Mayas hatten. Mit weiteren Enthüllungen ist zu rechnen, denn die Maya-Forschung ist noch längst nicht abgeschlossen.

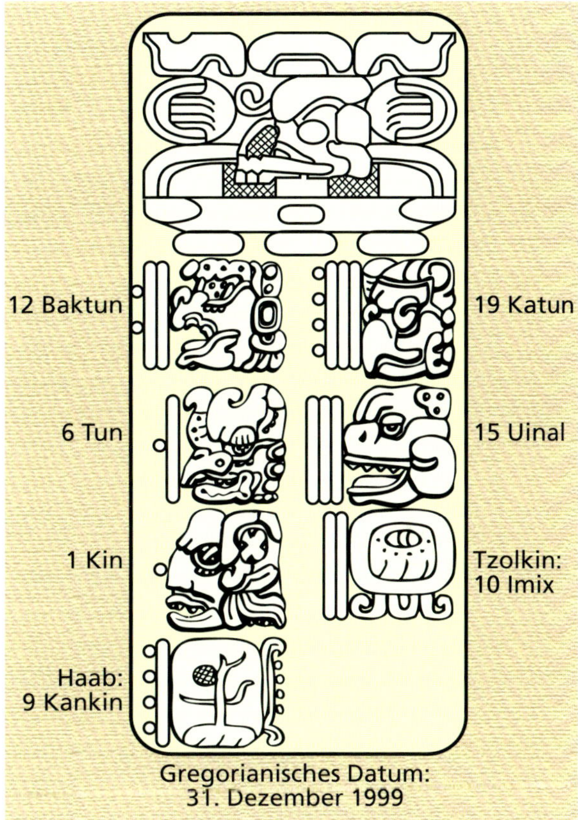

3.26 Die Kalenderstele mit dem Datum 12 Baktun usw. entspricht dem 31. Dezember 1999 im Gregorianischen Kalender.

3.12.2 KALENDER DER AZTEKEN

Der Kalender der Azteken gleicht in weiten Bereichen dem Maya-Kalender und anderen mesoamerikanischen Kalendern. Er ist ein reiner Sonnenkalender ohne Berücksichtigung der Mondphasen. Wie im Maya-Kalender gibt es zwei Kalenderzyklen, die miteinander kombiniert für jeden Tag in einer Zeitspanne von 52 Jahren eine eindeutige Bezeichnung liefert. 52 Jahre war auch die mittlere Lebenserwartung eines Azteken.

☞ MONATSNAMEN IM ZIVILEN KALENDER XIHUITL

1. CHIHUAILHUITL	Frauenfest
2. COAILHUITL	Schlangenfest
3. TOZOZTONTLI	Kleine Nachtwache
4. HUEITOZOZTLI	Große Nachtwache
5. TOXCATL	Trockenzeit
6. ETZALQUALIZTLI	Bohnenbreifest
7. TECUILHUITONTLI	Kleines Prinzenfest
8. HUEITECUILHUITL	Großes Prinzenfest
9. TLAXOCHIMACO	Blumenopfer
10. XOCOTLHUETZI	Fallen des Obstes
11. OCHPANIZTLI	Straßenputz
12. TEOTLECO	Ankunft der Götter
13. TEPEILHUITL	Bergfest
14. QUECHOLLI	Kleiner Vogel
15. PANQUETZALIZTLI	Hissen der Quetzalfederfahnen
16. ATEMOZTLI	Fallen der Wasser
17. TITITL	Hemmung*)
18. IZCALLI	Wachstum

*) Bedeutung unsicher
Die Monate im zivilen Kalender haben verschiedene Bedeutungen und Bezeichnungen.

Das zivile oder bürgerliche Jahr **(Xihuitl)** hat im Azteken-Kalender 18 Monate zu je 20 Tagen, was 360 Tage ergibt. Die 20 Tage deuten auf das Vigesimalsystem hin. Die Zählweise der Azteken benutzte die Finger plus Zehen, denn sie liefen barfuß einher. Jeder Tag im zivilen Jahr von 365 Tagen hatte eine eindeutige Tagesbezeichnung: eine laufende Nummer von 1 bis 20 zuzüglich des Monatsnamens (siehe Tabelle links). Angehängt an die 360 Tage wurden fünf Tage, die als **Nemontemi** bezeichnet wurden. Dieser Kalenderaufbau entspricht dem Haab im Maya-Kalender, bei dem die ebenfalls angehängten fünf Tage Uayeb hießen. Die Bezeichnung Nemontemi bedeutet so viel wie „überfällige Tage", an denen man keine größeren Unternehmungen beginnen soll, um ein Unglück zu vermeiden.
Das zivile Xihuitl-Jahr mit seinen 365 Tagen entsprach somit dem ägyptischen Sonnenjahr, nur dass letzteres 12 Monate zu 30 Tagen plus fünf Zusatztage (Epagomenen) hatte. Daraus wurde schließlich der Julianische Kalender.
Als zweiter Zyklus im Azteken-Kalender dient der religiöse Ritualkalender namens **Tonalpohualli** (bei den Mayas als Tzol'kin bezeichnet) mit 20 Zeitabschnitten zu je 13 Tagen. Damit ist das religiöse Jahr 260 Tage lang. Während die 13 Tage durchnummeriert werden, sind die 20 Zeitabschnitte mit Namen von Tieren, Pflanzen und Wetterereignissen belegt, im Gegensatz zum Tzol'kin im Mayakalender, wo die 20 „Monate" mit Göttergestalten bezeichnet werden (siehe Tabelle „Zeitabschnitte im Ritualkalender Tonalpohualli" auf Seite 131). Im Ritualkalender wurden Feste terminiert sowie Prophezeiungen ausgesprochen. Auch Glücks- und Unglückstage wurden terminiert. Die Länge des Ritualkalenders von 260 Tagen entspricht auch der Dauer einer Schwangerschaft. Ob dies ein Zufall ist oder von den Azteken geplant war, ist nicht bekannt.

Zusätzlich werden die 20 Tage in fünf Abschnitte zu je vier Tagen geteilt, wobei jedem Tag eine Windrichtung zugeordnet ist. Im Tonalpohualli hat jeder Tag ebenso wie im Xihuitl eine eindeutige Bezeichnung. Nach Ablauf eines Tonalpohualli beginnt ein neuer Zyklus. Die einzelnen Zyklen wurden allerdings nicht durchgezählt.
Der Tonalpohualli ergibt in Kombination mit dem Xihuitl eine Periode von 260 × 73 = 18 980 Tagen, in dem jeder Tag eindeutig bezeichnet ist. Denn das kleinste gemeinsame Vielfache von 260 und 365 ergibt (52 × 365 = 73 × 260) 18 980 Tage, das sind exakt 52 Xihuitl-Jahre. Diese Zeitspanne wird Xiuhmolpilli genannt. Danach erwarteten die Azteken den Aufbruch in eine neue Zeit. Die Herdfeuer wurden gelöscht, altes Geschirr wurde zertrümmert und diverse Gegenstände entsorgt. Danach wurden in einer feierlichen Zeremonie mit Feuersteinen und Bohrern neue Feuer entfacht und man blickte frohen Mutes in die Zukunft.
Da ein Xihuitl-Jahr zu 365 Tagen deutlich kürzer ist als ein tropisches Jahr zu 365,2422 Tagen, trat nach einem Xiuhmolpilli eine Differenz von 12,5944 Tagen auf, um die die Sonne zurückblieb. Denn im Xihuitl gibt es keine Schalttage. Schalttage würden die Korrelation mit dem religiösen Tonalpohualli zunichtemachen. Die Synchronisation mit dem Sonnenstand wurde wiederhergestellt, indem man am Ende eines Xiuhmolpilli 13 fröhliche Festtage anhängte. Damit ergab sich eine mittlere Jahreslänge von (18 980 + 13) / 52 = 365,25 Tagen, was einem julianischen Jahr entspricht. Damit ist das mittlere Kalenderjahr der Azteken um 0,078 Tage, das sind 11 Minuten und 14 Sekunden länger als ein tropisches Jahr. Danach ist das mittlere Maya-Jahr mit nur sieben Sekunden Abweichung vom tropischen Jahr erheblich genauer an das tropische Jahr angepasst als das Azteken-Jahr.

☞ NAMEN DER ZEITABSCHNITTE IM RITUALKALENDER TONALPOHUALLI

1 OST	Cipactli	Alligator
2 NORD	Ehecatl	Wind
3 WEST	Calli	Haus
4 SÜD	Cuetzpalin	Eidechse
5 OST	Coatzl	Schlange
6 NORD	Miquiztli	Tod
7 WEST	Mazatl	Hirsch
8 SÜD	Tochtli	Kaninchen
9 OST	Atl	Wasser
10 NORD	Itzcuintli	Hund
11 WEST	Ozomatli	Affe
12 SÜD	Malinalli	Grasbüschel
13 OST	Acatl	Schilfrohr
14 NORD	Ocelotl	Ozelot (Tiger)
15 WEST	Cuautli	Adler
16 SÜD	Cozcacuautl	Geier
17 OST	Olin	Erdbeben (Bewegung)
18 NORD	Tecpatl	Opfermesser
19 WEST	Quiahuitl	Regen
20 SÜD	Xochitl	Blume

3.13 BUDDHISTISCHER KALENDER

Ein einziger und einheitlicher buddhistischer Kalender existiert nicht. Je nach Land und traditioneller Überlieferung gibt es verschiedene Epochen und Feiertage in der buddhistischen Zeitrechnung. Am verbreitetsten ist noch die Ära, deren Epoche der Todestag von **Siddhartha Gautama Buddha** am 14. April 544 vor Chr. ist. Dieser Kalender war und ist teils heute noch in den Ländern Thailand, Laos, Myanmar (Burma), Sri Lanka (Ceylon) in Gebrauch. Rechnet man ab da das Jahr 0 der **Buddhistischen Ära** (abgekürzt B.E. – Buddhist Era), so entspricht das Jahr 1 der B.E. dem Jahr 543 vor Chr. Somit korrespondiert das Jahr 2023 nach Chr. mit dem Jahr 2566 B.E. Das Jahr 0 gilt als **Pari-nirvana** der Person Buddha. Pari-nirvana ist das völlige Verlöschen mit dem Tod Buddhas. Nach seiner Geburt hat er im Laufe seines Lebens das Nirvana, die höchste Erleuchtung und damit die Vollendung des Daseins erreicht.
Für Jahresangaben, die vor dem Jahre 0 der buddhistischen Zeitrechnung (B.E.) liegen, wird die Abkürzung B.B.E. (Before Buddhist Era) benutzt. Bis zur Übernahme des Gregorianischen Kalenders im Jahre 1889 nach Chr. (= 2431 B.E.) durch König **Chulalongkorn (Rama V)** benutzte man ein Lunisolarjahr. Die Monate begannen stets mit einem Neumond. Sie waren alternierend 29 und 30 Tage lang. Sie hatten keine besonderen Namen, sondern wurden einfach von 1 bis 12 durchgezählt (siehe Tabelle auf Seite 133).
Das normale Mondjahr **(Prokatimas)** war 354 Tage lang. Ein Schaltjahr (**Athikawara** – zusätzlicher Sonnentag) hatte 355 Tage, wobei der 7. Monat **(Düan Dschet)** anstatt 29 Tage wie im Normaljahr 30 Tage lang war. Das dritte Jahr beinhaltete 384 Tage, wobei ein 13. Monat namens Athikamas (= zusätzlicher Monat) zu 30 Tagen zwischen dem 8. und dem 9. Monat eingeschoben wurde. Dies geschah alternierend alle zwei bis drei Jahre, wenn der junge Mond nach dem Neumond zum zweiten Mal im 8. Monat erschien; allerdings nicht in einem Schaltjahr mit 355 Tagen.
Es gab auch eine weitere Schaltregel: Wenn der Vollmond sich im 8. Monat im Tierkreiszeichen Schütze befindet, so ist das folgende Jahr ein normales Mondjahr (Prokatimas). Steht er dabei noch im Tierkreiszeichen Skorpion, dann folgt ein Schaltjahr (Athikawara) mit einem Schalt*tag* im 7. Monat. Ist der Mond jedoch noch weiter als einen Tag vom Tierkreiszeichen Schütze entfernt, so ist das Jahr ein Schaltjahr (Athikamas) mit 13 Monaten, wobei der Schalt*monat* 30 Tage hat und an den 8. Monat angehängt wird (siehe Tabelle auf Seite 133).
Jeder Monat wurde in zwei Abschnitte geteilt. Im ersten Abschnitt (**küün** – ansteigend) nahm der Mond zu, im zweiten (**rääm** – verringern) nahm er ab.
Monate mit 29 Tagen heißen **Düan Khaad** (ungerade Monate), mit 30 Tagen **Düan Thäm** (gerade Monate). Die Wochen waren sieben Tage lang und wurden nach Planeten benannt. Außerdem wurde jedem Wochentag eine Farbe zugeordnet (siehe Tabelle auf Seite 133 unten).
Der Monatsbeginn, erster Tag nach Neumond hieß **Wan Küün Nüng Kham**.
Der achte Tag war **Wan Küün Pääd Khan**

– zunehmender Halbmond (buddhistischer Feiertag).
Der 15. Tag war **Wan Phen** – Vollmond.
Der 23. Tag war **Wan Rään Pääd Kham** – abnehmender Halbmond (ebenfalls ein Feiertag).
Der 29. Tag war **Wan Sub** – Neumond oder **Wan Rääm Sip Sii Kham** – letzter Tag im Monat mit 30 Tagen (ebenfalls ein Feiertag).
Das Jahr wird in drei Jahreszeiten aufgeteilt: Kalte Jahreszeit **(Reu-doo-nharw)** von Dezember bis Februar, warme und heiße Jahreszeit **(Reu-doo-rorn)** von März bis Mai, sowie Regenzeit **(Reu-doo-phon)** von Juni bis November.
Neben der Ära mit Beginn von Buddhas Tod gab es weitere Ären. Die Zeitrechnung **Mahasakarat** (Großer Sakarat) war im Reich der Khmer und im alten Thailand bis zur Mitte des 13. Jahrhunderts (julianisch) in Gebrauch. Diese Saka-Ära begann mit der Epoche 17. März 78 nach Chr. mit einem Sieg des Schaka-Königs in Uijayin (Indien), der daraufhin mit seiner Herrschaft begann.
Eine weitere Ära in der buddhistischen Zeitrechnung war der **Chulasakarat** oder **Julasakarat** (Kleiner Sakarat). Diese Ära ersetzt ab dem 13. Jahrhundert (julianisch) die Mahasakarat-Zeitrechnung. Die Epoche des kleinen Sakarat entspricht dem 21. März 1181 B.E. (= 638 nach Chr.).
Als schließlich wie erwähnt im Jahre 1889 nach Chr. (= 2431 B.E.) der Gregorianische Kalender eingeführt wurde, übernahm man allerdings nicht die gregorianische Jahreszählung, sondern die Epoche lautete: 1. April 1782. An diesem Tag begann das Jahr 1 RS.
RS steht für **Ratanakosinsok**, der Name für den Innenstadtbezirk von Bangkok. Am 1. April 1782 wurde die Stadt Ratanakosinsok als Hauptstadt gegründet, heute als Bangkok bezeichnet. Der Neujahrstag verblieb am 1. April und wurde erst 1941 auf den 1. Januar verlegt.

MONATE IM BUDDHISTISCHEN KALENDER

MONAT		TAGE
1	Düan Ai	29
2	Düan Yi	30
3	Düan Saam	29
4	Düan Sii	30
5	Düan Haa	29
6	Düan Hok	30
7	Düan Dschet	29 (30 im Schaltjahr)
8	Düan Pääd	30
9	Düan Kao	29
10	Düan Sip	30
11	Düan Sip-Et	29
12	Düan Sip-Song	30

WOCHENTAGE IM BUDDHISTISCHEN KALENDER

MONTAG	Wan-Chan	Tag des Mondes	Gelb
DIENSTAG	Wan-Ankaan	Tag des Mars	Rosa
MITTWOCH	Wan-Phut	Tag des Merkur	Grün
DONNERSTAG	Wan-Pharühat	Tag des Jupiters	Orange
FREITAG	Wan-Suk	Tag der Venus	Hellblau
SAMSTAG	Wan-Saao	Tag des Saturn	Violett
SONNTAG	Wan-Athit	Tag der Sonne	Rot

3.14 JAPANISCHER KALENDER

Der Kalender der Japaner fußt auf dem traditionellen chinesischen Kalender, der weitgehend mit nur leichten Modifizierungen 660 nach Chr. in Japan eingeführt wurde. Auch die Begriffe der zehn Himmelsstationen und der irdischen Zweige, die in etwa den zwölf Tierkreiszeichen entsprechen, wurden übernommen (siehe auch Kapitel 3.11 auf Seite 117). Wie im chinesischen Kalender war die Basis des japanischen Kalenders ein Lunisolarjahr. In 19 Jahren gab es zwölf Jahre zu zwölf Monaten und sieben Jahre zu 13 Monaten. Allerdings ist kein Rhythmus bekannt, in welcher Reihenfolge die sieben Jahre zu 13 Monaten in den 19-jährigen Jahreszyklus eingeschoben wurden. Monatsbeginn war jeweils der Neumondtag.
Die Namen der zwölf Monate beziehen sich auf klimatische und landwirtschaftliche Gegebenheiten (siehe Tabelle „Japanische Monatsbezeichnungen" auf Seite 135).

☞ JAPANISCHE WOCHENTAGNAMEN

WOCHENTAG		BEDEUTUNG
SONNTAG	Nichi-yobi	Tag der Sonne
MONTAG	Getsu-yobi	Tag des Mondes
DIENSTAG	Ka-yobi	Tag des Mars und des Feuers
MITTWOCH	Sui-yobi	Tag des Merkur und des Wassers
DONNERSTAG	Moku-yobi	Tag des Jupiter und des Baumes
FREITAG	Kin-yobi	Tag der Venus und des Eisens
SAMSTAG	Do-yobi	Tag des Saturn und der Erde

Das Jahr wurde in vier Jahreszeiten eingeteilt. Jede Jahreszeit hatte 24 Perioden zu je 15 Tagen. Der alte japanische Kalender kannte keine durchgängige Jahreszählung. Zu bestimmten Anlässen wie die Thronbesteigung eines neuen Kaisers oder besondere Planetenkonstellationen begann eine neue Ära. Dieses **Nengo-System**, eine Übernahme des **Gengo**-Systems aus China, machte die Zeitrechnung über größere Zeitspannen recht kompliziert. So bedeutet die Datumsangabe Sh11/7/14 der 14. Tag im 7. Monat (Juli) im 11. Jahr der **Showa-Ära**, deren Epoche im Jahr 1926 (gregorianisch) liegt.
Im Zuge der **Meiji-Reformation** wurde am 1. Januar 1873 der Gregorianische Kalender eingeführt. Das neue als Koki bezeichnete System sieht eine durchgehende Jahreszählung vor. Allerdings beginnt die Zählung nicht nach der Epoche des Gregorianischen Kalenders (Christi Geburt), sondern nach der Thronbesteigung des ersten Tenno (Kaisers) **Jimmu** und Gründer des japanischen Reiches am 11. Februar 660 vor Chr. Danach entspricht das Gregorianische Jahr 2022 dem Koki-Jahr 2682. Beide Jahre beginnen jeweils am 1. Januar. Nach Vorstellung der Japaner war der erste Tenno Jimmu ein direkter Nachkomme des Sonnengottes. Dies symbolisiert auch die japanische Flagge: Eine rote Sonne auf weißem Grund. In der japanischen Kriegsflagge gehen von der Sonne noch rote Strahlen aus.
Im Jahr 1920 wurde am 10. Juni der „Tag der Zeit" eingeführt. Am 9. Dezember 1966 beschloss ein Regierungsausschuss den 11. Februar, Tag der Reichsgründung, per Dekret zum japanischen Staatsfeiertag

zu deklarieren. Die Monate werden von 1 bis 12 durchgezählt von **Ichi-gatsu** (1. Monat, Januar) bis Juni-gatsu (12. Monat, Dezember). Zusätzlich haben die Monate noch Eigennamen (siehe Tabelle „Japanische Monatsbezeichnungen" rechts). Ursprünglich wurden die Monate in drei Dekaden eingeteilt: Jojun – obere Dekade, Chujun – mittlere Dekade und Gejun – untere Dekade. Ab 807 nach Chr. wurde die Sieben-Tage-Woche eingeführt, wobei die sieben Wochentage nach Planeten und Elementen benannt werden (siehe Tabelle „Japanische Wochentagnamen" auf Seite 134). Ferner hat jeder Tag in einem Monat einen eigenen Namen. Der 1. Tag heißt Tsuitachi – Erscheinen des Mondes, der 31. **Sunjuichinichi** – der dunkle Tag. Die Bezeichnungen beziehen sich auf den Neumond, mit dem einst jeder Monat im alten Lunisolarkalender begann. Heute ist nur selten am 1. eines Monats Neulicht des Mondes, ebenso wenig fällt der Neumond stets auf das Monatsende.
In der ursprünglichen Tageseinteilung hatte der helle Tag sechs Temporalstunden und die dunkle Nacht ebenfalls sechs Temporalstunden, deren Länge jahreszeitlich verschieden war. Zum Sommersolstitium waren die Tagesstunden am längsten und die Nachtstunden am kürzesten. Zum Wintersolstitium wiederum gab es die längsten Nachtstunden und die kürzesten Tagesstunden. Zu den Äquinoktien waren alle Stunden gleich lang und entsprachen unseren Doppelstunden. Die Stunden hatten Eigennamen sowie Bezeichnungen nach „irdischen Zweigen" (siehe Tabelle „Japanische Tageseinteilung" auf Seite 136).

☞ JAPANISCHE MONATSBEZEICHNUNGEN

MONAT		EIGENNAME	BEDEUTUNG
1.	Ichi-gatsu	Mutsuki	Zuneigungsmonat
2.	Ni-gatsu	Kisaragi	Frühlings- statt Winterbekleidung
3.	San-gatsu	Yayoi	Wachstum der Pflanzen
4.	Shi-gatsu	Uzuki	Zierstrauchmonat (Deutzien)
5.	Go-gatsu	Satsuki	Monat der Reissetzlinge
6.	Roku-gatsu	Minazuki	Wassermonat
7.	Sichi-gatsu	Fumizuki	Monat des Buches
8.	Hachi-gatsu	Hazuki	Monat des Blattes
9.	Ku-gatsu	Nagatsuki	Langer Monat
10.	Ju-gatsu	Kannazuki	Göttermonat
11.	Juichi-gatsu	Shimotsuki	Eismonat
12.	Juni-gatsu	Shiwasu	Monat der Priester

Die Stunden wurden in drei Teile zu je 40 Minuten unterteilt. Die Doppelstunde heißt Toki, die Unterteilungen werden bezeichnet als **jakoku** – oberer Teil, **chukoku** – mittlerer Teil und **gekoku** – unterer Teil. Gelegentlich wurde die Doppelstunde in zwei oder auch vier, 30 Minuten lange Teile aufgespalten. Für astronomische Berechnungen wurde der volle Tag in 100 **Koku** geteilt. Diese waren gleich lang, gewissermaßen Äquinoktialstunden. Zur Sommer- und zur Wintertagundnachtgleiche, also zu den Äquinoktien war der helle Tag wie die Nacht exakt 50 Koku lang.

Inzwischen haben die Japaner die westliche Einteilung des Tages in 24 Äquinoktialstunden zu je 60 Minuten und jeweils 3600 Sekunden pro Stunde übernommen.

☞ JAPANISCHE TAGESEINTEILUNG

STUNDE	UHRZEIT ZU DEN ÄQUINOKTIEN	BEZEICHNUNG	NAME NACH IRDISCHEN ZWEIGEN
1	23:00 – 01:00	Yahon – Mitte der Nacht	ne no toki – Stunde der Ratte
2	01:00 – 03:00	Keimei – Hahnenschrei	ushi no toki – Stunde des Büffels
3	03:00 – 05:00	Heitan – Morgendämmerung	tora no toki – Stunde des Tigers
4	05:00 – 07:00	Nisshutsu – Sonnenaufgang	u no toki – Stunde des Hasen
5	07:00 – 09:00	Shokuji – Frühstückszeit	tatsu no toki – Stunde des Drachen
6	09:00 – 11:00	Guchu – Vormittag	mi no toki – Stunde der Schlange
7	11:00 – 13:00	Nitchu – Mittag	u ma no toki – Stunde des Pferdes
8	13:00 – 15:00	Nittetsu – Nachmittag	hitsujio no toki – Stunde des Schafes
9	15:00 – 17:00	Hoji – früher Abend	saru no toki – Stunde des Affen
10	17:00 – 19:00	Nichinyu – Sonnenuntergang	tori no toki – Stunde des Hahns
11	19:00 – 21:00	Kokon – Abenddämmerung	inu no toki – Stunde des Hundes
12	21:00 – 23:00	Ninjo – Nachtruhe	i no toki – Stunde des Schweins

3.15 PERSISCHER KALENDER

Der persische Kalender ist ein reiner Sonnenkalender zu 365 Tagen pro Jahr und in Schaltjahren zu 366 Tagen. Jahresbeginn ist stets das Frühlingsäquinoktium, **Nouruz** genannt. Die zwölf Monate sind 29, 30 oder 31 Tage lang. Eingeführt wurde der persische Kalender im März 1079 nach Chr. von **Schah Dschalal-ad-Dawlah Malik** (1055–1092) als Nameh-Kalender nach dem gleichnamigen „Buch über Neujahr" von **Omar Chayyam**. Nach seinem Gründer wird er auch **Dschalali-Kalender** genannt. Vorbild war der **zoroastrische Kalender**. Das iranische Parlament hat am 31. März 1925 beschlossen, den persischen Kalender als amtlichen Kalender einzuführen. Seither wird er als **iranischer Kalender** bezeichnet. Er wird nicht nur im Iran, sondern auch in Afghanistan verwendet.

Die Epoche ist der Zeitpunkt der **Hidschra** (Hedschra) des Propheten Mohammed 15. Juli 622. Als Hidschra bezeichnet man den Auszug (die Flucht) von Mekka nach Medina des Propheten Mohammed. Das iranische Jahr beginnt am 21. März zur Frühlingstagundnachtgleiche. Als der Kalender am 31. März 1925 durch Schah **Reza Pahlavi** eingeführt wurde, entsprach dieser Tag dem 11. Farwardin 1304 **hidschri samsi** (Sonnen-Hidschra). Der iranische Kalender hat die gleiche Epoche wie der islamische Kalender, der allerdings ein reiner Mondkalender ist (**hidschri quamaris** – Mond-Hidschra). Im Jahre 1957 wurde der iranische Kalender auch als amtlicher Kalender in Afghanistan übernommen. Allerdings werden die Monate in Afghanistan nach den Tierkreiszeichen benannt.

Um für ein gregorianisches Jahr das iranische Jahr zu ermitteln, sind für Daten zwischen dem 1. Januar und dem 20. März jeweils 622 Jahre abzuziehen, vom 21. März bis 31. Dezember hingegen 621 Jahre. Beispiel: Vom 1. Januar bis 20. März 2021 schrieb man im Iran das Jahr 1399, ab dem 21. März das Jahr 1400.

Der Jahresbeginn erfolgt zum Frühlingsäquinoktium. Liegt der Zeitpunkt des Frühlingsäquinoktiums vor 12^h00^m Ortszeit in **Teheran** (UTC + 3^h30^m), so wird dieser Tag zum ersten Tag des neuen Jahres, ansonsten ist der nächste Tag der Neujahrstag. Damit ist der iranische Kalender recht gut an die Länge des tropischen Jahres angepasst.

3.27 Persisches Astrolabium mit Kalenderfunktion

Vorgänger war der **altiranische Kalender**, eine Übernahme vom **zoroastrischen Kalender.** Wie im ägyptischen Kalender hatten diese Kalender Jahre zu zwölf Monaten zu je 30 Tagen, an die fünf Zusatztage angehängt wurden. Alle vier Jahre gab es einen sechsten Zusatztag, womit man auf eine mittlere Jahreslänge von 365,25 Tagen kam wie auch im Julianischen Kalender.
Eine Minireform des iranischen Kalenders erfolgte 1976: Statt der Epoche vom Zeitpunkt der Hidschra wechselte man auf die Epoche der Krönung des Perserkönigs **Kyros** im Jahre 559 vor Chr. Damit wurde eine neue Jahreszählung eingeführt. Die islamischen Religionsführer erreichten jedoch im Jahre 1978 eine Rücknahme der Reform durch den Regierungschef **Dschafar Scharif-Emami.**
Im **Dschalali-Kalender** wird die Länge eines Monats durch die Aufenthaltsdauer der Sonne in einem bestimmten Tierkreiszeichen geregelt. So gibt es Monate zu 29, 30 und 31 Tagen. Die sechs Monate vom Frühlings- bis zum Herbstäquinoktium (Sommerhalbjahr) haben 31 Tage. Die ersten fünf Monate des Winterhalbjahres haben je 30 Tage, der sechste ist schließlich nur 29 Tage lang. Nur in einem Schaltjahr hat der sechste Monat ebenfalls 30 Tage. Dies entspricht einer Jahreslänge von 365 beziehungsweise 366 Tagen. Die gerundete Länge eines Sonnenhalbjahres beträgt 186 Tage und 10 Stunden. Das Winterhalbjahr ist 178 Tage und 20 Stunden lang. Die unterschiedlichen Längen von Winter- und Sommerhalbjahr ergeben sich aus dem 2. Kepler-Gesetz der Planetenbewegung: Anfang Januar befindet sich die Erde in Sonnennähe, Anfang Juli aber in Sonnenferne.

☞ MONATSNAMEN IM IRANISCHEN KALENDER

ZEITSPANNE	PERSISCHER NAME	BEDEUTUNG	TIERKREIS-ZEICHEN
21. MÄRZ BIS 20. APRIL	Farwardin	Austreibende Kraft	Widder
21. APRIL BIS 21. MAI	Ordibehescht	Reine Wahrheit	Stier
22. MAI BIS 21. JUNI	Chordad	Wohlbefinden	Zwillinge
22. JUNI BIS 22. JULI	Tir	Regenengel	Krebs
23. JULI BIS 22. AUGUST	Mordad	Unsterblichkeit	Löwe
23. AUGUST BIS 22. SEPTEMBER	Schahriwar	Hoheit	Jungfrau
23. SEPTEMBER BIS 22. OKTOBER	Mehr	Freundschaft	Waage
23. OKTOBER BIS 21. NOVEMBER	Aban	Wasserwächter	Skorpion
22. NOVEMBER BIS 21. DEZEMBER	Asar	Feuer	Schütze
22. DEZEMBER BIS 20. JANUAR	Dei	Schöpfer	Steinbock
21. JANUAR BIS 19. FEBRUAR	Bahman	Positives Denken	Wassermann
20. FEBRUAR BIS 20. MÄRZ	Essfand	Bescheidenheit	Fische

3.16 NEUZEITLICHE KALENDER

In der Neuzeit wurde mehrfach versucht, aus politischen oder weltanschaulichen Gründen den Gregorianischen Kalender durch andere Kalendersysteme zu ersetzen. Auch aus ökonomischen Gründen versuchte man, den Gregorianischen Kalender zu reformieren. Der französische Revolutionskalender war zwölf Jahre (1793–1805), der sowjetische Revolutionskalender elf Jahre (1929–1940) in Gebrauch. Beide Kalenderformen scheiterten jedoch und sowohl in Frankreich als auch in Russland wurde wieder der Gregorianische Kalender eingeführt, der bis dato gilt.

3.16.1 WELTKALENDER

Aus wirtschaftlichen Überlegungen versuchte man auch mit Hilfe der UNO (United Nations Organization) 1967 und nochmals 1978 einen Weltkalender einzuführen. Diese Jahre schienen zur Einführung des Weltkalenders günstig, denn nach diesem sollte jedes Jahr mit einem Sonntag beginnen. Und sowohl 1967 als auch 1978 fiel der 1. Januar auf einen Sonntag. Im Weltkalender sollte das bewegliche Osterfest durch einen fixen Termin ersetzt werden. Der Ostersonntag sollte stets auf den ersten Sonntag im April fallen, nach dem Weltkalender wäre das immer der 1. April. Denn im Weltkalender fallen alle Wochentage stets auf dasselbe Datum im Monat. Jedes Jahresviertel hat 91 Tage und beginnt mit einem Monat zu 31 Tagen. Alle übrigen Monate sind dann 30 Tage lang. Somit fällt der 1. Januar, der 1. April, der 1. Juli und der 1. Oktober jeweils auf einen Sonntag. Jedes Quartal hat somit 13 Wochen zu sieben Tagen (13 × 7 = 91). Da 7 und 365 relativ prim (teilerfremd) sind, muss am Samstag, 30. Dezember ein „Welttag“ ohne Wochentagbezeichnung angehängt werden, damit der 1. Januar des drauffolgenden Jahres wieder ein Sonntag ist. Damit ergibt sich eine Jahreslänge von 4 × 31 + 8 × 30 + 1 = 365 Tagen. Alle vier Jahre sollte nach Samstag, 30. Juni ein Schalttag, ebenfalls ohne Wochentagbezeichnung, eingeführt werden. Der 1. Juli bliebe dann wiederum ein Samstag. Das Schaltjahr hätte wie bisher schon 366 Tage.

Die Ökonomen sehen es als Vorteil des Weltkalenders an, dass in jedem Jahr die Wochentage auf die gleichen Monatsdaten fallen. Dies erleichtert Planungen und man könnte in jedem Jahr denselben Kalender benutzen. Die Jahresquartale wären alle gleich lang, jeder Monat hat 26 Werktage. Alle Feier- und Geburtstage fallen immer auf den gleichen Wochentag. Der 1. Mai wäre beispielsweise stets ein Mittwoch.

Die Zahl der Arbeitstage und der Feiertage bliebe in jedem Jahr gleich. In Wirtschaft, Technik und Wissenschaft ließen sich Veranstaltungen, Tagungen, Feste etc. auf längere Sicht leichter planen. Trotz dieser Vorteile haben sich bisher die Traditionslisten behauptet. Der Gregorianische Kalender bleibt auch im 21. Jahrhundert auf lange Sicht weltweit in Gebrauch.

Als Kuriosum sei erwähnt, dass einige Raumfahrtenthusiasten die Landung der ersten Menschen auf dem Mond (Apollo 11 am 21. Juli 1969) zum Beginn einer neuen Jahreszählung machen wollten (Ereignis X fand statt im Jahr 3 der ersten Mondlandung).

3.16.2 FRANZÖSISCHER REVOLUTIONS-KALENDER

Der französische Revolutionskalender **(calendrier révolutionnaire français)**, auch republikanischer Kalender **(calendrier républicain)** genannt, wurden im Zuge der Französischen Revolution von 1789 eingeführt. Die Institutionalisierung erfolgte nicht ganz unproblematisch. Für die Epoche gibt es unterschiedliche Termine. Zunächst wurde am 15. Juli 1789 mit der Erstürmung der Bastille das Jahr I als „An I de la liberté" (Jahr Eins der Freiheit) proklamiert. Offiziell wurde der republikanische Kalender erst am 5. Oktober 1793 vom Nationalkonvent beschlossen. Mit dem 24. November 1793 trat er als Jahr II der Republik in Kraft. Rückwirkend erklärte man den Beginn des Jahres I am 22. September 1792. Später erklärte man den 1. Januar 1793 zum Beginn der Jahreszählung. Das Jahr I dauerte nur bis zum 22. September 1793. An diesem Tag begann das Jahr II des republikanischen Kalenders, das bis 21. September 1794 dauerte. Das Jahr III begann am 22. September 1794. Um sich von der Gregorianischen Jahreszählung zu unterscheiden beschloss man, die Jahreszahlen in römischen Ziffern zu schreiben. Dies stellte sich allerdings recht schnell als recht unpraktisch heraus. Wer sieht auf den ersten Blick in CCCLXXXVIII das Jahr 388? In diesem Jahr fand am 24. Februar eine totale Sonnenfinsternis statt. Nach einer Saros-Periode von XVIII Jahren wiederholte sich die Finsternis im Jahre CDVII. In der wissenschaftlichen Praxis wurde daher diese Jahresnummerierung nicht angewandt.

Jahresbeginn im republikanischen Kalender war das Herbstäquinoktium, wobei man es sehr genau nahm. Das neue Jahr beginnt um Mitternacht wahrer Ortszeit (WOZ) des Observatoriums von Paris. Da das **Pariser Observatorium** 2°20′14″ östliche Länge aufweist, so beträgt die Zeitdifferenz zum Observatorium Greenwich (0° Länge) 9^m21^s. Um 12^h GMT (heute UTC) ist es in Paris bereits $12^h09^m21^s$ MOZ (mittlere Ortszeit). Wahre Sonnenzeit bedeutet, dass auch die Zeitgleichung bei der Ermittlung des Herbstäquinox zu berücksichtigen ist. Fand das Herbstäquinoktium vor 12^h wahrer (Pariser) Ortszeit statt, so war dieser Tag der 1. Tag des neuen Jahres. Trat das Herbstäquinoktium nach 12^h WOZ ein, so begann das neue Jahr erst am nächsten Tag oder genauer: Um Mitternacht am Tag des Herbstäquinoktiums.

Das republikanische Jahr hatte zwölf Monate zu je 30 Tagen. Nach dem 12. Monat wurden fünf Tage angehängt und in Schaltjahren sechs, ganz nach dem Muster des ägyptischen Kalenders. Das Schaltjahr hieß **„année sextile"**, weil ein sechster Tag angehängt wurde. Für statistische Zwecke wie beispielsweise die Zahl der Regentage pro Monat waren die Zusatztage eher unvorteilhaft. Für die Einführung von Schaltjahren fehlte eine einfache Regel. Die Zusatztage am Ende des Jahres **(sans-culottides)** wurden wie folgt benannt:

Jour de la Vertu – Tag der Jugend (17. September)
Jour du Génie – Tag des Geistes (18. September)
Jour du Travail – Tag der Arbeit (19. September)
Jour de l'Opinion – Tag der Meinung (20. September)
Jour des Récompenses – Tag der Belohnung (21. September)
Jour de la Révolution – Tag der Revolution (22. September in Schaltjahren)

Ab 1800 verschoben sich die Daten um einen Tag, da 1800 im Gregorianischen Kalender kein Schaltjahr war. Der Jour de la Vertu fiel dann auf den 18. September usw. Die zwölf Monate wurden von dem Dichter **Fabre d'Églantine** (1750–1794) nach meteorologischen und vegetarischen Gesichtspunkten benannt (siehe Tabelle auf Seite 141).

Jeder Monat wurde in drei Dekaden eingeteilt. Die Tage wurden nummeriert und hießen in jeder Dekade:

1. Primidi
2. Duodi
3. Tridi
4. Quartidi
5. Quintidi
6. Sextidi
7. Septidi
8. Octidi
9. Nonidi
10. Decadi

Nur noch der **Decadi** war ein Ruhetag. Auch fielen alle kirchlichen Festtage weg, wodurch sich die Zahl der Arbeitstage pro Jahr erheblich vermehrte. Da die Französische Revolution die Trennung von Kirche und Staat vorsah, so sollte auch der neue Kalender keine christlichen Bezeichnungen oder Benennungen aufweisen. Deshalb wurden die Tage nicht mehr nach Heiligengestalten, sondern nach Tieren, Pflanzen, Mineralien und Werkzeugen benannt.

Für den Tagesablauf wurde eine **Dezimalzeit** eingeführt. Jeder Tag hatte zehn Stunden zu je 100 Minuten und jede Minute enthielt 100 Sekunden. Somit hatte ein voller Tag 100.000 neue Sekunden statt 86.400 Sekunden wie bisher. Damit war die neue Sekunde (Dezimalsekunde) mit nur 0,864 alten Sekunden deutlich kürzer. Dafür war die neue Dezimalminute mit 1,44 alten Minuten erheblich länger. Und die Revolutionsstunde dauerte 2,4 bisherige Stunden.

Mit der neuen Stundeneinteilung waren die bisherigen Uhren unbrauchbar geworden. Das Geschäft mit den neuen Uhren florierte. Im Konferenzsaal des Nationalkonvents wurde eine große **Dezimaluhr** aufgestellt. Etliche der neuen Uhren hatten zwei Zifferblätter, eines mit der neuen und eines mit den alten Stunden- und Minuteneinteilungen.

Der Revolutionskalender kam bei der Bevölkerung nicht gut an. Insbesondere die Abschaffung der Sieben-Tage-Woche, die Streichung der christlichen Festtage, die deutliche Vermehrung der Arbeitstage und

☞ MONATE DES FRANZÖSISCHEN REVOLUTIONSKALENDERS

HERBSTMONATE			
1.	Vendémiaire	Weinlesemonat	22. September bis 21. Oktober
2.	Brumaire	Nebelmonat	22. Oktober bis 20. November
3.	Frimaire	Raureifmonat	21. November bis 20. Dezember
WINTERMONATE			
4.	Nivôse	Schneemonat	21. Dezember bis 19. Januar
5.	Pluviôse	Regenmonat	20. Januar bis 18. Februar
6.	Ventôse	Windmonat	19. Februar bis 20. März
FRÜHLINGSMONATE			
7.	Germinal	Keimmonat	21. März bis 19. April
8.	Floréal	Blumenmonat	20. April bis 19. Mai
9.	Prairial	Wiesenmonat	20. Mai bis 18. Juni
SOMMERMONATE			
10.	Messidor	Erntemonat	19. Juni bis 18. Juli
11.	Thermidor	Hitzemonat	19. Juli bis 17. August
12.	Fructidor	Fruchtmonat	18. August bis 16. September

Anschließend folgten die fünf (in Schaltjahren sechs) Ergänzungstage.

3.28 Sturm auf die Bastille im Jahr 1789

die Unbrauchbarkeit der bisherigen Uhren stieß auf erheblichen Widerstand.
Der französische Revolutionskalender endete schließlich im Jahr 1805. **Napoleon Bonaparte** führte am 1. Januar 1806 wieder den Gregorianischen Kalender ein.

3.16.3 SOWJETISCHER REVOLUTIONSKALENDER

Der **sowjetische Revolutionskalender** ist eine Abwandlung des Gregorianischen Kalenders. Die Epoche und die Jahreszählung wurden übernommen. Auf Anraten von **Wladimir Iljitsch Uljanow** (Владимир Ильич Ульянов, 1870–1924; politischer Deckname **Lenin** (Ленин)) folgte 1918 in Russland auf den bis dahin gültigen Julianischen Kalender der Gregorianische Kalender. Die Differenz zwischen beiden Kalendern war seit 1900 auf 13 Tage angewachsen. Auf den 31. Januar 1918 folgte unmittelbar der 14. Februar. Der Gregorianische Kalender war dann bis zum 30. September 1929 in der **Sowjetunion** in Verwendung. Am 24. September 1929 beschloss das Politbüro der KPdSU ab 1. Oktober 1929 per Dekret der Sowjetregierung einen Revolutionskalender einzuführen mit zwölf Monaten zu je exakt 30 Tagen, an die fünf arbeitsfreie sozialistische Feiertage angehängt wurden. Die **Sieben-Tage-Woche** und die Sonntage wurden abgeschafft. Stattdessen hatte jeder Monat sechs Wochen zu je fünf Tagen. Dadurch sollten die Ergebnisse der Agrarwirtschaft und die industrielle Produktion gesteigert werden. Die Arbeitstage sollten nicht durch freie (Sonn-)Tage unterbrochen werden. Alle 30 Tage eines Monats waren somit Arbeitstage. Alle Beschäftigten und Arbeiter wurden in fünf Gruppen eingeteilt, die nach Farben gekennzeichnet wurden. In jeder Woche hatte je eine Gruppe einen freien Tag als Ruhetag. Somit waren permanent 80 Prozent der Belegschaft am Arbeitsplatz und 20 Prozent in Freizeit. Alle Werktätigen hatten am **Lenin-Gedenktag**, dem 22. Januar, dem 1. und 2. Mai, den internationalen Tagen der Arbeit, sowie am 7. und 8. November, den Gedenktagen der **Oktoberrevolution**, frei (nach dem Julianischen Kalender fand die Revolution am 25. Oktober 1917 statt).

Die Regelung, jeweils einer jeden Gruppe an einem Tag der **Fünf-Tage-Woche** einen Ruhetag zu gewähren, führte bald zu sozialen Verwerfungen und familiären Problemen. Familienfeiern, Freunde, Paare, Verwandte und Bekannte konnten nicht gemeinsam ihre Freizeit genießen. Dies hielt man für unerträglich. Traditionell hielt die Bevölkerung am Sonntag fest und blieb sonntags der Fabrik oder dem Büro fern. Die orthodoxe Kirche hielt an Sonntagen weiterhin Gottesdienste ab. Dadurch hatten die Menschen mehr freie Tage als zuvor. Die Effektivität der Produktion wurde nicht gesteigert, sondern verringerte sich erheblich. Denn es fehlte täglich ein Fünftel der Belegschaft, an Sonntagen oft mehr als die Hälfte. Die innerbetriebliche Kommunikation geriet ins Stocken und die Arbeitsabläufe verliefen nicht reibungslos.

Am 1. Dezember 1931 wurde auf Befehl von **Jossif Wissarionowitsch Dschugaschwili** (Иосиф Виссарионович Джугашвили, 1878–1953), genannt **Stalin** (Сталин), der sowjetische Revolutionskalender reformiert. Die **Fünf-Tage-Woche** wurde abgeschafft und durch eine Sechs-Tage-Woche ersetzt. Somit hatte jeder Monat fünf statt sechs Wochen. Für alle Beschäftigten wurden wieder gemeinsame Ruhetage eingeführt und zwar am 6., 12., 18. und 30. Tag in einem Monat. Trotz erheblicher Repressalien hielt die Bevölkerung am christlichen Sonntag fest. Schließlich wurde der Revolutionskalender im Jahre 1940 auf dem Müllhaufen der Geschichte entsorgt. Die Sieben-Tage-Woche wurde wieder eingeführt und der Gregorianische Kalender war ab da wieder in Gebrauch.

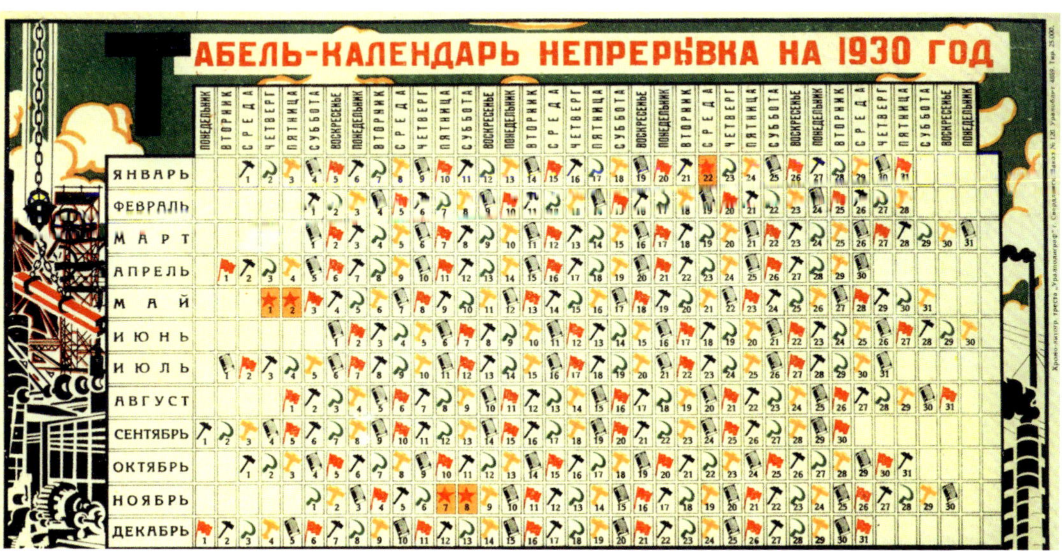

3.29 Der sowjetische Revolutionskalender von 1930

4. ZEITSKALEN

4.1 SONNENZEIT UND STERNZEIT

Die Zeitbestimmung ist seit alters her eine Domäne der Astronomie. Gerade die Einteilung der Zeit und die Aufstellung von Kalendern bezeugen, dass die Astronomen nicht eine esoterische Wissenschaft pflegen, sondern durchaus Bezug zur Praxis des täglichen Lebens haben. Ohne präzise Zeitmessung und allgemein gültige Kalenderregeln käme unsere heutige Zivilisation schnell in große Schwierigkeiten. Schon im Altertum hatte die Astronomie durch die Messung und Einteilung des Zeitlaufs ihre praktische Bedeutung bewiesen.
Es gibt so etwas wie eine **natürliche Zeit**. Sie wird durch den täglichen Lauf der Sonne über das Firmament bestimmt. Morgens geht die Sonne auf, mittags steht sie im Süden am höchsten und abends geht sie unter. Man sagt, ein Sonnentag ist die Zeitspanne zwischen zwei aufeinander folgenden Höchststellungen der Sonne. Einen Sonnentag unterteilt man in 24 Stunden oder 86 400 Sekunden.
Noch eine zweite natürliche Zeitspanne kennt jeder Mensch, auch ohne himmelskundliche Kenntnisse: Das **Sonnenjahr**, die Zeit, die vom Frühlingsbeginn bis zum folgenden Frühlingsbeginn vergeht. Die Astronomen sprechen vom **tropischen Jahr**. Ursache ist die Wanderung der Erde um die Sonne in Kombination mit der Schrägstellung der Erdachse, die die Abfolge der **Jahreszeiten** Frühling, Sommer, Herbst und Winter bedingt. Ein tropisches Jahr ist um etwa einen Vierteltag länger als 365 Sonnentage. Deshalb schiebt man alle vier Jahre einen Schalttag in den Kalender ein.

4.1.1 SONNENZEIT

Schon seit grauer Vorzeit bis in unsere Tage richtet sich das tägliche Leben nach dem Lauf der Sonne. Heller Tag wechselt periodisch mit dunkler Nacht. Die Sonne erscheint von Tag zu Tag am Osthorizont und beschreibt einen mehr oder minder großen Bogen über das Himmelsgewölbe bis sie unter dem Westhorizont versinkt und die Nacht beginnt. zur Mitte zwischen Auf- und Untergang erreicht die Sonne ihren Höchststand definitionsgemäß im Süden. Der Zeitpunkt, zu dem die Sonne kulminiert (lat.: **culminare** – den Gipfel erreichen) wird **wahrer Mittag** genannt. Der Großkreis an der Himmelskugel, der vom Nordpunkt am Horizont über den **Zenit** (Scheitelpunkt) zum Südpunkt und weiter unter dem Horizont über **Nadir** (Fußpunkt) zum Nordpunkt zieht, heißt **Meridian** (Mittagslinie). Der Meridian steht senkrecht auf dem Großkreis Horizont. Im Meridian erreichen alle Gestirne ihre **Kulmination** (höchste Stellung über dem Horizont). Nicht Sonne, Mond und Sterne umkreisen uns, sondern die tägliche Wanderung der Gestirne über das Firmament wird durch die Erdrotation bewirkt. Für die Zeitrechnung jedoch spielt es keine Rolle, ob sich die Erde dreht oder das Himmelsgewölbe. Passiert die Sonne den Meridian, so ist es zwölf Uhr Mittag. Die **Sonnenzeit** ist definiert als Stundenwinkel der Sonne plus 12: $t_\odot = 0 + 12$, also 12 Uhr. Eine Stunde nach ihrer Kulmination beträgt der Stundenwinkel der Sonne $15° \triangleq 1^h$ (siehe Kapitel 2.1 auf Seite 31). Somit ist es dann 13 Uhr Sonnen-

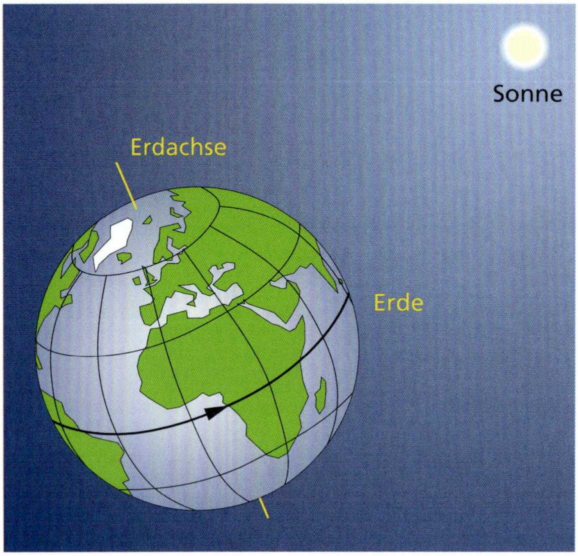

4.1 Die Rotation der Erde als natürliche Uhr. Allerdings ist die Rotationsdauer nicht konstant, sie ist abhängig von der Jahreszeit und nimmt langfristig zu.

zeit. Zwei Stunden vor Meridiandurchgang ist es 10 Uhr (vormittags). Umgangssprachlich sagt man zu 13^h auch ein Uhr nachmittags. Im angelsächsischen Sprachgebrauch teilt man die Sonnenzeit in zweimal 12 Stunden auf und spricht von 10 a.m. **(ante meridiem)** und 5 p.m. **(post meridiem)**, also 17 Uhr. Am 15. Mai 1927 wurde in Deutschland sowie in zahlreichen anderen Ländern jedoch die 24-Stunden-Zählung eingeführt.

Die Zeit zwischen zwei aufeinanderfolgenden Meridianpassagen der Sonne wird **Wahrer Sonnentag** genannt. Man nennt ihn auch Volltag im Unterschied zum Helltag, die Zeitspanne zwischen Sonnenaufgang und -untergang.

Ein wahrer Sonnentag entsteht durch zwei Bewegungskomponenten, die **Erdrotation** und die **Erdrevolution**. Wenn sich der Erdglobus im Raum einmal voll herumgedreht hat in Bezug auf die Fixsternwelt – eine sogenannte **siderische Erdrotation** –, dann ist infolge des Laufes der Erde um die Sonne diese ein knappes Grad (360° / 365,25 Tage = 0,985 63°) nach Osten vorgerückt. Die Erde muss sich noch ein Stück weiterdrehen, bis die Sonne wieder den Meridian erreicht. Die wahren Sonnentage sind jedoch unterschiedlich lang. Die Sonnenzeit wird am Stundenwinkel der Sonne festgemacht. Der Stundenwinkel wird am Himmelsäquator gemessen. Die Sonne läuft jedoch in der Ekliptik, die um 23,4° zum Himmelsäquator geneigt ist. Somit sind ihre täglichen Rektaszensionszuwächse zu den Äquinoktien(Frühlings- und Herbstbeginn) kürzer als zu den Solstitien (Sommer- und Winterbeginn). Denn die Projektionsstücke der täglichen Sonnenwanderung in der Ekliptik auf den Himmelsäquator sind zu den Äquinoktien kürzer als zu den Zeiten um die Solstitien, wenn die Sonne fast parallel zum Äquator läuft.

Außerdem läuft die Sonne schneller, wenn sich die Erde Anfang Januar in Sonnennähe befindet als Anfang Juli in Sonnenferne (2. Kepler-Gesetz der Planetenbewegung). Um ein gleichförmiges Zeitmaß zu erhalten, bedient man sich einer fiktiven mittleren Sonne, die täglich gleich große Stücke in Rektaszension zurücklegt und damit gewissermaßen mit stets gleichbleibender Geschwindigkeit am Himmelsäquator entlang in östlicher Richtung wandert. Täglich gewinnt die **mittlere Sonne** 3^m $56{,}5554^s$ an Rektaszensionszuwachs.

Der **mittlere Sonnentag** ist somit die Zeit zwischen zwei aufeinanderfolgenden Meridiandurchgängen der mittleren Sonne. Er ist damit per definitionem 24^h 00^m $00{,}00^s$ lang. Jede **Sonnenzeitstunde** enthält 60 Minuten und jede Minute hat 60 Sekunden. Somit ist ein mittlerer Sonnentag 86 400 Sekunden lang.

Der Stundenwinkel der mittleren Sonne gibt die mittlere Sonnenzeit an, die sich als gleichförmiges Zeitmaß für die Zeit- und Kalenderrechnung eignet. Da sich sowohl die wahre als auch die mittlere Sonnenzeit jeweils auf den Ort des Beobachters, also den Ortsmeridian beziehen, nennt man sie **wahre Ortszeit** (WOZ) und **mittlere Ortszeit** (MOZ). Die Differenz WOZ minus MOZ wird **Zeitgleichung** (ZGL) genannt (siehe Kapitel 4.2 auf Seite 152).

4.1.2 STERNZEIT

Da sich wie oben beschrieben die wahre Sonne täglich auf der Ekliptik vom Frühlingspunkt um durchschnittlich ein Grad in östlicher Richtung entfernt und die Erdrotation ebenfalls in östlicher Richtung erfolgt, ist der mittlere Sterntag um $3^m56{,}555^s$ (in Sternzeit ausgedrückt) kürzer als ein mittlerer Sonnentag. Wahrer und mittlerer Sterntag unterscheiden sich nur geringfügig voneinander. Der mittlere Sterntag gilt als Zeitintervall zwischen zwei aufeinanderfolgenden Kulminationen des von der Nutation befreiten (= mittleren) Frühlingspunktes.
Laut Definition (siehe oben) hat ein mittlerer Sonnentag 24 **Sonnenzeitstunden** und ein Sterntag dauert 24 **Sternzeitstunden**. Da ein Sterntag rund vier Minuten kürzer ist als ein Sonnentag, ist somit auch eine Sternzeitstunde kürzer als eine Sonnenzeitstunde. Eine Sonnenzeitstunde entspricht $1^h00^m09{,}86^s$ in Sternzeit. 366 Sterntage entsprechen 365 Sonnentagen. Die klassische Definition lautet: 1 Sekunde ist der 86 400. Teil eines mittleren Sonnentages. Dabei handelt es sich um eine **Sonnenzeitsekunde**. 1 Sternzeitsekunde ist der 86 400. Teil eines mittleren Sterntages. Wie vorhin dargelegt, ist eine **Sternzeitsekunde** etwas kürzer als eine Sonnenzeitsekunde, und zwar ist 1 Sternzeitsekunde = 0,997 269 566 Sonnenzeitsekunden.
Sternzeittage, -stunden, -minuten und -sekunden sind jeweils um den Faktor 0,997 269 566 kürzer als Sonnenzeittage, -stunden, -minuten und -sekunden. Man muss stets darauf achten, in welchem Zeitmaß eine Zeitspanne angegeben ist, um Verwechslungen zu vermeiden.
Die siderische Erdrotation (Zeit zwischen zwei aufeinanderfolgenden Meridiandurchgängen eines Fixsternes mit verschwindender Eigenbewegung) unterscheidet sich vom mittleren Sterntag infolge der Lunisolarpräzession: Der Frühlingspunkt wandert täglich rückläufig (also entgegengesetzt der Erdrotation) um das kleine Stück von 50″, 2 / 366 = 0,137″ in der Ekliptik, so dass ein mittlerer Sterntag um 0,009 Sekunden kürzer ist als eine siderische Erdrotation. Diese Differenz wächst in 25 784 Jahren zu einem ganzen Tag an. In 25 784 Jahren wandert der Frühlingspunkt einmal durch den gesamten Tierkreis. Diese Zeitspanne entspricht also einer vollen Präzessionsperiode und wird Platonisches Jahr genannt (siehe auch weiter unten).
Aus der Erdrotation lassen sich fünf Zeitintervalle definieren:

1. Wahrer Sonnentag
= Zeit zwischen zwei aufeinanderfolgenden Kulminationen der wahren Sonne

2. Mittlerer Sonnentag
= Zeit zwischen zwei aufeinanderfolgenden Kulminationen der mittleren Sonne
= per definitionem $24^h00^m00{,}00^s$ Sonnenzeit
= $24^h03^m56{,}555^s$ in Sternzeit

3. Wahrer Sterntag
= Zeit zwischen zwei aufeinanderfolgenden Kulminationen des wahren Frühlingspunktes

4. Mittlerer Sterntag
= Zeit zwischen zwei aufeinanderfolgenden Kulminationen des mittleren Frühlingspunktes
= per definitionem $24^h00^m00{,}00^s$ Sternzeit
= $23^h56^m04{,}091^s$ in Sonnenzeit

5. Siderische Erdrotation
= Zeit zwischen zwei aufeinanderfolgenden Kulminationen eines Fixsternes mit verschwindender Eigenbewegung (EB = 0)
= $23^h56^m04{,}100^s$ in Sonnenzeit

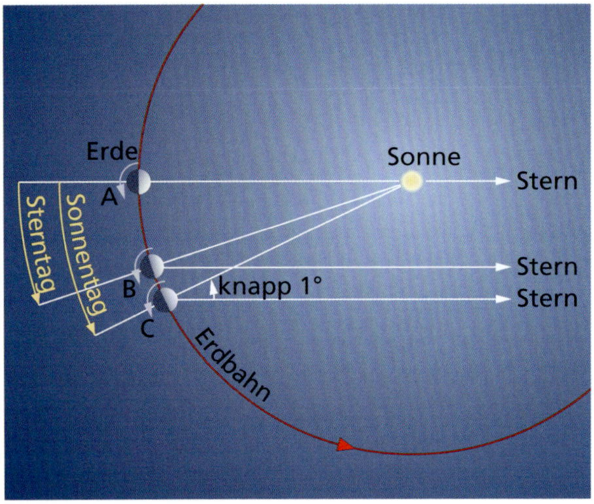

4.2 Ein Sonnentag ist fast vier Minuten länger als eine volle Umdrehung der Erde um ihre eigene Achse.

Der mittlere Sonnentag und der mittlere Sterntag sind Zeitintervalle von konstanten Längen, weshalb sie für die Zeitrechnung brauchbar sind. Sie sind allerdings nicht beobachtbar. Beobachtbar hingegen sind der wahre Sonnentag und die siderische Erdrotation, die im Mittel nur um 0,009 Sekunden länger dauert als ein mittlerer Sterntag. Der Ablauf der Zeit wird anhand des wachsenden Stundenwinkels der Gestirne ermittelt.

Die **Sonnenzeit** entspricht dem Stundenwinkel der Sonne, vermehrt um zwölf, die **Sternzeit** ist gleich dem Stundenwinkel des Frühlingspunktes.

Die obere Kulmination der wahren Sonne entspricht somit 12 Uhr wahrer Sonnenzeit, die des wahren Frühlingspunktes 0 Uhr wahrer Sternzeit.

Da der Stundenwinkel eines Gestirns von der geografischen Länge des Beobachters abhängt, handelt es sich bei den oben definierten Zeiten um **Ortszeiten**. Für den gleichen Erdmeridian gelten dieselben Sonnen- und Sternzeiten.

Eine Längendifferenz von 15° entspricht jeweils einer Differenz der Ortszeiten von einer Stunde. Sternzeiten sind immer Ortszeiten. Deshalb ist bei jeder Zeitangabe stets der Ortsmeridian (= geografische Länge), auf den sich die Zeitangabe bezieht, zu nennen. In Jahrbüchern wird üblicherweise die Sternzeit für den **Null-Meridian** der Erde (Meridian der alten Sternwarte von Greenwich bei London) tabuliert. Häufig findet man für sie die Abkürzung: GMST (Greenwich Mean Sidereal Time).

Die auf den Null-Meridian bezogene mittlere Sonnenzeit wird **Weltzeit** (WZ) oder **Universal Time** (UT) früher auch **Greenwich Mean Time** (GMT) genannt.

Aus verkehrstechnischen Gründen wurden für die mittlere Sonnenzeit sogenannte **Zonenzeiten** geschaffen. Laut Übereinkunft gilt für alle ungefähr 15° breiten Zonen innerhalb einer jeden die gleiche mittlere Sonnenzeit, unabhängig von der tatsächlichen geografischen Länge des Beobachtungsortes. An der Grenze zweier Zeitzonen springt die mittlere Sonnenzeit um eine Stunde. Beim Überschreiten einer **Zeitzonengrenze** von West nach Ost ist eine Stunde zu addieren, beim Überschreiten von Ost nach West ist eine Stunde zu subtrahieren.

Für die **mitteleuropäische Zonenzeit** (MEZ) gilt die mittlere Sonnenzeit des 15°-Meridians östlich von Greenwich. Sie geht gegenüber der Weltzeit um eine Stunde vor. Es gilt: MEZ = UT + 1

Die **Westeuropäische Zonenzeit** (WEZ) korrespondiert mit der Weltzeit (0°-Meridian), die **Osteuropäische Zonenzeit** (OEZ) entspricht der mittleren Sonnenzeit des 30°-Meridians östlich von Greenwich (OEZ = UT + 2).

Die Sternzeit gibt die relative Stellung des Beobachters an einem bestimmten Ort auf der Erde zum Sternenhimmel an. Allgemein benutzen wir jedoch die Sonnenzeit. Geht nach Sonnenzeit beispielsweise der hellste Fixstern des Himmels, Sirius, abends um 22^h durch den Meridian, so erfolgt seine Meridianpassage am nächsten Abend bereits

vier Minuten früher, also schon um 21^h56^m. Jeden Tag gehen somit die Fixsterne vier Minuten früher auf, kulminieren vier Minuten früher und gehen somit auch vier Minuten früher unter. Nach einem Monat von 30 Tagen gehen alle Gestirne dann schon zwei Stunden früher auf und passieren den Meridian zwei Stunden früher als zu Monatsbeginn ($30 \times 4^m = 120^m = 2^h$). Somit ändert sich der Himmelsanblick im Laufe der Zeit. Sirius geht somit nach einem Monat schon um 20^h statt um 22^h durch den Meridian. Nach drei Monaten, also einem Vierteljahr, stehen die gleichen Fixsterne bereits sechs Stunden früher im Süden. Sirius kulminiert dann schon um 16^h statt um 22^h.
Beobachtet man den Fixsternhimmel immer zur gleichen Stunde, beispielsweise abends gegen 22^h, so ändert sich der Himmelsanblick im Laufe des Jahres permanent. Man spricht daher von einem **Frühlings-**, **Sommer-**, **Herbst-** und **Wintersternenhimmel**. Denn nach jeweils drei Monaten hat sich die Himmelskugel bezogen auf die gleiche Sonnenzeitstunde um 90° oder 6^h weitergedreht. Bei 0^h Sternzeit (Frühlingspunkt im Meridian) passiert gerade der **Pegasus** mit dem **Herbstviereck** den Meridian. Das **Himmels-W**, die **Kassiopeia**, steht fast im Zenit, der **Große Wagen** rollt den Nordhorizont entlang. Hoch im Westen sieht man das **Sommerdreieck** mit Wega, Deneb und Atair. Am Osthimmel nimmt der **Stier** seinen Platz ein und **Orion** ist eben am Osthorizont im Aufgehen.

0^h Sternzeit ist es beispielsweise am 23. September um Mitternacht. Denn der Stundenwinkel der Sonne beträgt an diesem Tag um Mitternacht 12^h. Laut Definition erhält man die Sonnenzeit, wenn man zum Stundenwinkel der Sonne zwölf addiert: $12^h + 12^h = 24^h$, also Mitternacht. Wenn die Sonne am 21. März den Frühlingspunkt passiert, dann ist es um 0^h Sternzeit gleich 12^h mittags Sonnenzeit. Zu Herbstbeginn laufen Sonnenzeit und Sternzeit parallel, zu Frühlingsbeginn zwölf Stunden versetzt. Zeigt die Sternzeituhr 6^h an, dann entfaltet der Winterhimmel seine volle Pracht. Dies ist am 21. Dezember um Mitternacht oder am 21. Januar schon um 22^h der Fall. Orion kulminiert eben, direkt gefolgt von dem strahlend hellen, bläulichen Sirius. Kapella im **Fuhrmann** steht senkrecht über den Köpfen, das **Pegasusquadrat** oder **Herbstviereck** ist zum Westhorizont hinabgesunken. Die **Zwillinge** stehen kurz vor ihrem Meridiandurchgang und am Osthimmel ist das Frühlingssternbild **Löwe** erschienen.

12 Uhr Sternzeit: Der Große Wagen steht hoch über unseren Köpfen, nämlich im Zenit, während das Himmels-W, die Kassiopeia, knapp über dem Nordpunkt am Horizont zu erspähen ist. Der Löwe hat eben den Meridian durchschritten. Weit im Westen sind die Zwillinge zu sehen. Arktur im Bootes hält sich hoch im Südosten auf, Spica in der Jungfrau halbhoch im Süden. Das **Frühlingsdreieck** mit Regulus, Arktur und Spica nimmt somit seinen Platz im Süden ein.
12 Uhr Sternzeit zeigt den typischen Frühlingshimmel, wie man ihn am 21. März um Mitternacht oder am 21. April um 22^h sieht.
18 Uhr Sternzeit entspricht dem Sommerhimmel. Im Westen sieht man den **Bootes** mit dem hell strahlenden Arktur. Das **Sommerdreieck** setzt zu seiner Meridianpassage an, wobei Wega steil über den Köpfen ziemlich in Zenitnähe zu sehen ist. Am Osthimmel steigt das Herbstviereck, das Pegasusquadrat, soeben knapp über dem Horizont empor. Diese Stellung erlebt man am 21. Juni gegen Mitternacht und am 21. Juli schon um 22^h.
Die Kenntnis der Sternzeit benötigt man auch, wenn man ein Himmelsobjekt „nach Koordinaten“ mit seinem Teleskop einstellen will. Ein helles Objekt kann man direkt anpeilen. Hat man es einmal im Gesichtsfeld des Sucherfernrohrs, dann stellt man

es in die Mitte des Fadenkreuzes und sollte es anschließend im Hauptrohr sehen (wenn beide Fernrohre parallel ausgerichtet sind). Bei lichtschwachen Objekten, die mit bloßen Augen gar nicht zu sehen sind, sucht man zunächst hellere Anhaltssterne, nach denen man sein Teleskop ausrichtet. Dann hangelt man sich mit Hilfe einer Sternkarte von Stern zu Stern, bis man auf das Objekt trifft. Man spricht auch von „star-hopping“ (engl., Sternhüpfen). Diese Methode ist umständlich und zeitaufwändig. Viel eleganter ist es, einfach die Deklination und den Stundenwinkel des gesuchten Himmelsobjektes an der **parallaktischen Montierung** des Teleskops einzustellen. Während die Deklination unverändert bleibt (bei stellaren Objekten) oder sich nur langsam ändert (Planeten, Kometen), so ändert sich der Stundenwinkel des Gestirns von Minute zu Minute, von Stunde zu Stunde. Man muss somit den Stundenwinkel des Gestirns zu dem Zeitpunkt ermitteln, zu dem man das Objekt aufsuchen will. Dies ist relativ schnell getan. Denn zwischen dem Stundenwinkel t_* des Gestirns, der Sternzeit ϑ (Theta) und der Rektaszension α (Alpha) gilt die einfache Bezeichnung: $\vartheta = \alpha + t_*$, oder in Worten: **Sternzeit** ist die **Summe aus Rektaszension und Stundenwinkel** des gesuchten Gestirns. Rektaszension und Deklination entnimmt man dem Sternkatalog (für stellare Objekte) oder dem Jahrbuch (für Sonne, Mond, Planeten und Planetoiden). Wie die Deklination, so ändert sich auch die Rektaszension während einer Beobachtungsnacht nicht oder kaum. Der Stundenwinkel des gesuchten Gestirns ergibt sich somit aus der Differenz Sternzeit minus Rektaszension ($t_* = \vartheta - \alpha$). Hat ein Gestirn die Rektaszension 2^h15^m und die Sternzeituhr zeigt 5^h40^m an, so hat das Gestirn den Stundenwinkel $t_* = 3^h25^m$.

Es steht somit 51°15′ westlich des Meridians. Erhält man einen negativen Stundenwinkel, so hat das Gestirn seine Kulmination noch vor sich, das Teleskop muss nach Osten geschwenkt werden. Beispiel: Ein Gestirn hat $\alpha = 6^h$ und die Sternzeit zeigt $\vartheta = 4^h$ an. Dann ist der Stundenwinkel $t_* = 4 - 6 = -2^h$ oder gleichbedeutend 22^h. Das Gestirn hält sich somit 30° vor dem Meridian auf (stets in der Ebene des Himmelsäquators gemessen).

Bei modernen Teleskopen übernimmt der Computer die Rechenarbeit. Man tippt das gewünschte Objekt ein und leise surrend bewegt sich das Teleskop bis es in der richtigen Stellung anhält (sogenannte „go to“ [„gehe zu“]-Teleskope).

Die Astronomen wiederum verwenden speziell ausgesuchte Sterne **(Fundamentalsterne)**, deren Koordinaten genau bekannt sind, um die Zeit zu bestimmen. Kulminiert das Gestirn, so entspricht seine Rektaszension der Sternzeit im Augenblick der Meridianpassage. Denn im Meridian hat das Gestirn den Stundenwinkel $t = 0$, somit folgt $\alpha = \vartheta$. Aus der so gemessenen Sternzeit kann mittels kurzer Rechnung die Sonnenzeit bestimmt werden, nach der dann die „bürgerlichen“ Uhren gestellt werden. Früher war es üblich, dass die großen Sternwarten einen **Zeitdienst** unterhielten. Sie bestimmten regelmäßig aus genauen Beobachtungen der Meridianpassagen von Fundamentalsternen die Zeit und stellten sie der Öffentlichkeit (Rundfunk, Straßenuhren, Telefonansagen etc.) zur Verfügung. Heute hat dies in Deutschland die **Physikalisch-Technische Bundesanstalt** in Braunschweig übernommen, die über sehr genau gehende Atomuhren verfügt (siehe Kapitel 5.5 auf Seite 200).

Die Beobachtungen von Fundamentalsternen werden heute nicht mehr dazu benutzt, um die genaue Zeit zu bestimmen, sondern um Ungleichförmigkeiten in der längst nicht genau gehenden **„Erduhr“** zu registrieren. Alle global zur Verfügung gestellten Messdaten werden im **International Earth**

Rotation Service (IERS) in Paris gesammelt und ausgewertet.
Viele Sternwarten verfügen über eigene Sternzeituhren, die etwas schneller laufen als die normalen Uhren, die ja Sonnenzeit anzeigen.

4.1.3 UMRECHNUNG VON MEZ IN STERNZEIT

Die Sternzeit gibt die Stellung des Beobachters relativ zur Himmelssphäre an und erlaubt die Bestimmung des Stundenwinkels eines Gestirnes, dessen Rektaszension bekannt ist. Sie wird benötigt, um beispielsweise ein Teleskop auf das Gestirn zu richten oder aus einem Meridiandurchgang eines bekannten Gestirns die genaue Zeit abzuleiten.
Verfügt man über keine Sternzeituhr, sondern nur Uhren, die MEZ (= mittlere Sonnenzeit des Meridians 15° östlich von Greenwich) anzeigen, so kann man die Sternzeit folgendermaßen ermitteln: Zunächst wird die MEZ um eine Stunde reduziert, um Weltzeit zu erhalten (MEZ – 1^h = UT). Dann wird die UT (= Zeit, die seit 0^h UT des betreffenden Tages verflossen ist), die eine Sonnenzeit darstellt, in Sternzeitmaß (Sternzeitstunde, -minuten, -sekunden) verwandelt, indem man eine Korrektion Δ_{korr} anbringt. Die Korrektion entnimmt man einer Umrechnungstafel. Verfügt man nicht über diese Tafel, so kann man die Sternzeit für die meisten Fälle mit ausreichender Genauigkeit einer Korrektion ermitteln, wenn man pro sechs Stunden Sonnenzeit eine Minute addiert. 6^h Sonnenzeit entsprechen etwa 6^h01^m Sternzeit. Zwischenwerte lassen sich interpolieren.
Zur so ermittelten verflossenen Sternzeit seit 0^h UT ist noch der Wert der Sternzeit zu addieren, der um 0^h UT an dem betreffenden Tag am Meridian von Greenwich ($\lambda = 0°$) gilt. Dieser Wert ist einem astronomischen Jahrbuch zu entnehmen.
Man erhält damit die Sternzeit für die oben verwendete MEZ, die in Greenwich gilt!
Für den Beobachtungsort ist noch die Korrektur für die geografische Länge λ im Zeitmaß anzubringen ($15° = 1^h$, $1° = 4^m$). Für die Orte *östlich* von Greenwich ist λ zu addieren, für Orte *westlich* von Greenwich dagegen zu subtrahieren. Dann erhält man die **Ortssternzeit** für den Beobachtungsplatz. Ist der ermittelte Wert größer als 24, zieht man 24 ab. Für die Berechnung der MEZ aus der Ortssternzeit (z. B. für die Zeitbestimmung) geht man umgekehrt vor.

☞ VERWANDLUNG VON MEZ IN ORTSSTERNZEIT

MEZ	
-1^h	
= UT	Weltzeit in Sonnenzeitstunden
+ Δ_{korr}	Verwandlung Sonnenstunden in Sternzeitstunden (siehe Tafel Seite 243)
+ ST	Sternzeit 0^h UT für Greenwich am Berechnungstag (siehe Jahrbuch)
= ST	in Greenwich
± λ	geografische Länge: östlich (+) / westlich (–) von Greenwich
= ST_λ	**Ortssternzeit für (MEZ, λ)**

4.2 ZEITGLEICHUNG

4.2.1 WAHRE UND MITTLERE ORTSZEIT

Die mittlere Sonnenzeit richtet sich nach einer fiktiven mittleren Sonne, die mit gleichmäßiger Geschwindigkeit den Himmelsäquator im Laufe eines Jahres durchwandert. Die täglichen Rektaszensionszunahmen der mittleren Sonne bleiben konstant.
Die wahre Sonne wandert entlang der Ekliptik, die um rund 23,4° gegen den Himmelsäquator geneigt ist. Gleich lange Strecken auf der Ekliptik, die auf den Himmelsäquator projiziert werden, entsprechen dort ungleich langen Abschnitten. Die täglichen Rektaszensionszuwächse der wahren Sonne fallen somit um die Zeit der **Solstitien** (Sommer- und Wintersonnenwende) größer aus als um die Zeit der **Äquinoktien** (Frühlings- und Herbsttagundnachtgleiche). Da aber die Zeitmessung auf das Äquatorsystem bezogen wird (Sonnenzeit = Stundenwinkel der Sonne + 12^h), so ergibt sich eine Differenz mit halbjähriger Periode zwischen wahrer und mittlerer Sonnenzeit. Sie bildet die Hauptkomponente der Zeitgleichung. Hinzu kommt als zweite Komponente die ungleichförmige Geschwindigkeit der wahren Sonne entlang der Ekliptik. Infolge der **Elliptizität der Erdbahn** läuft nach dem 2. Keplerschen Gesetz die Erde im **Perihel** (Anfang Januar) schneller als im **Aphel** (Anfang Juli). Als spiegelbildliche Bewegung wandert daher die wahre Sonne im Winter schneller als im Sommer entlang der Ekliptik. Die zweite Komponente der Zeitgleichung hat eine ganzjährige Periode. Der Unterschied zwischen wahrer und mittlerer Sonnenzeit wird Zeitgleichung ge-

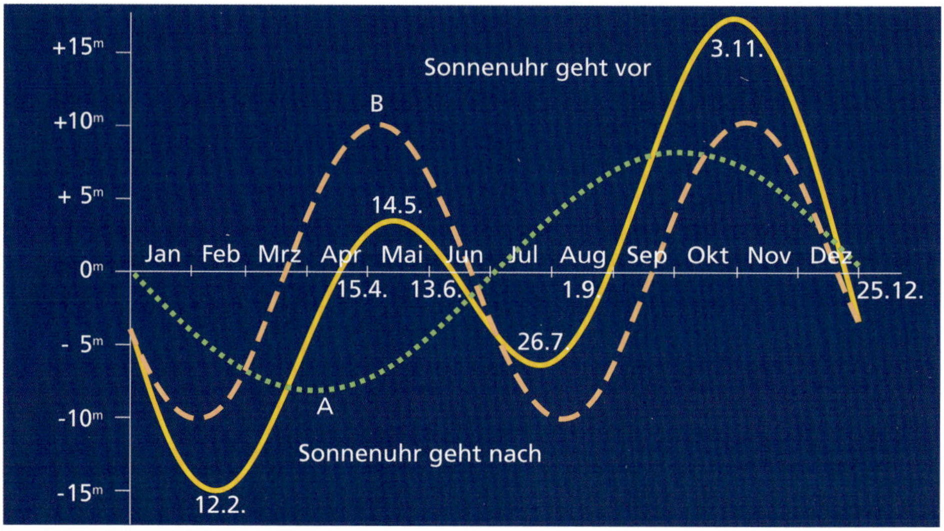

4.3 Die jährliche Doppelwelle der Zeitgleichung. Die Kurve A gibt den Zeitgleichungsanteil aus der ungleichförmigen Erdbewegung um die Sonne, die Kurve B die Hauptkomponente der Zeitgleichung an, die aus der Schiefe der Ekliptik folgt. Beide Effekte addieren sich zur resultierenden Zeitgleichungskurve (durchgezogene Kurve).

4.4 Johannes Kepler (1571–1631)

☞ EXTREMWERTE DER ZEITGLEICHUNG

EXTREMA		NULLSTELLEN
12. Februar	-15^m	15. April
15. Mai	$+4^m$	13. Juni
27. Juli	-6^m	1. September
3. November	$+17^m$	25. Dezember

nannt. Es gilt folgende Definition: **Zeitgleichung = wahre Sonnenzeit minus mittlere Sonnenzeit**. Die wahre Sonnenzeit ist stets eine Ortszeit und keine Zonenzeit. Die Zeitgleichung gibt somit die Differenz zwischen wahrer Ortszeit (WOZ) und mittlerer Ortszeit (MOZ) an: ZGL = WOZ – MOZ. Der Unterschied zwischen wahrer und mittlerer Zeit, also die Zeitgleichung, ist der Betrag, der der *mittleren* Sonnenzeit *hinzugefügt* werden muss, um die *wahre* Sonnenzeit zu erhalten. Ist der Wert der Zeitgleichung positiv, so kulminiert die *wahre* Sonne *vor* der *mittleren* im Meridian. Sonnenuhren, die in der Regel wahre Sonnenzeit anzeigen, gehen somit vor, wenn die Zeitgleichung *positiv* ist. Ist die Zeitgleichung negativ, so kulminiert die wahre Sonne *später* als die *mittlere*, die Sonnenuhr *geht nach*.

Wie Abbildung auf Seite 152 und Tabelle oben erkennen lassen, kann die Zeitgleichung Werte um plus/minus eine Viertelstunde annehmen. Sie darf daher keineswegs vernachlässigt werden.

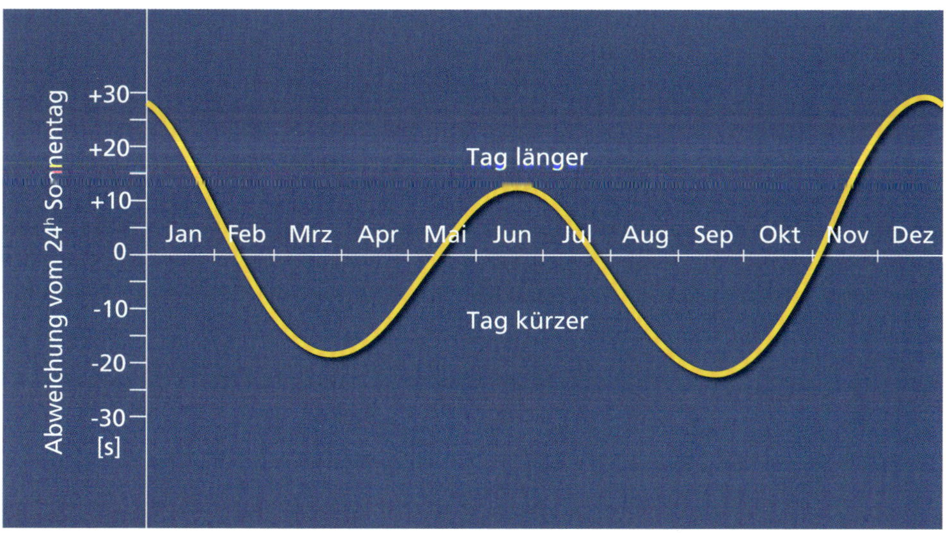

4.5 Die Schwankungen der Tageslänge im Laufe eines Jahres infolge der Neigung der Erdachse und der Elliptizität der Erdbahn (2. Keplersches Gesetz)

4.2.2 ANALEMMA

Trägt man den Wert der Zeitgleichung gegen die Sonnendeklination auf, so erhält man eine achtförmige Kurve, die Analemma genannt wird. Diese Bezeichnung geht auf **Eudoxos von Knidos** (408–355 vor Chr.) zurück, der diesen Begriff erstmals für die Zeitgleichungs-Sonnendeklinations-Kurve verwendet hat. Im Griechischen bedeutet ἡ ἀνάλημψις so viel wie Aufnahme oder Auffahrt, auch Aufzeichnung.
Eine Folge der Zeitgleichung führt zur Asymmetrie der Sonnenaufgangszeiten und -untergangszeiten um die Solstitien. Der früheste Sonnenuntergang erfolgt nicht zur Wintersonnenwende am 21. Dezember, sondern schon zehn Tage vorher. Denn die Werte der Zeitgleichung nehmen im Dezember rasch ab, was einen Verspätungseffekt beim Untergang der wahren Sonne bewirkt. Ende Dezember wird die Zeitgleichung negativ, der späteste Sonnenaufgang erfolgt somit nicht am Tag der Wintersonnenwende, sondern erst zum Jahreswechsel. Analog, aber nicht ganz so extrem, sind die Verhältnisse zur Sommersonnenwende. Der früheste Sonnenaufgang erfolgt bereits um den 15. Juni. Der späteste Sonnenuntergang hält sich noch bis Ende Juni.

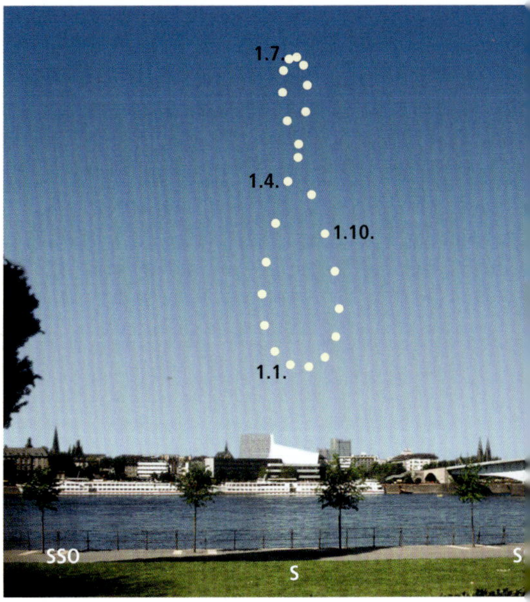

4.7 Position der Sonne über dem Südhorizont um 12 Uhr Ortszeit im Laufe eines Jahres. Aufgrund der Zeitgleichung beschreibt sie die „Analemma" genannte Figur.

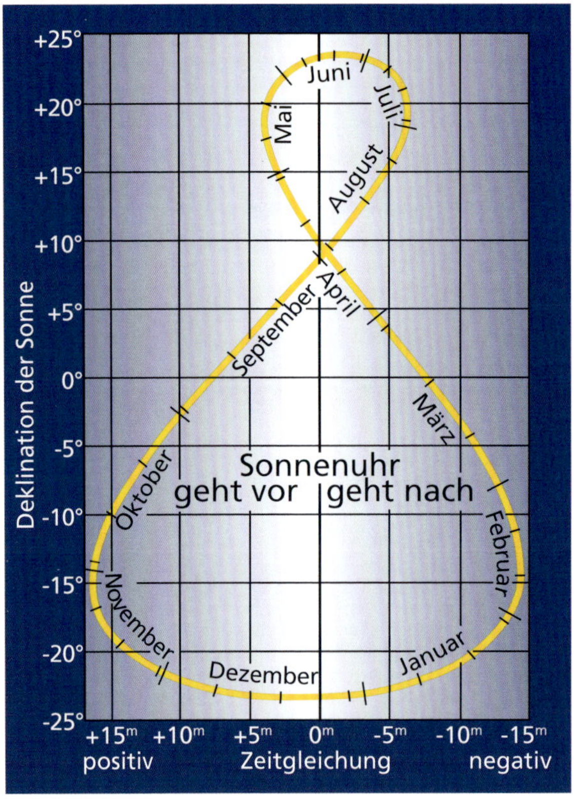

4.6 Die Zeitgleichungs-Sonnendeklinationskurve wird Analemma genannt. Bei positiver Zeitgleichung geht die Sonnenuhr vor, bei negativer hingegen nach.

4.3 WELTZEIT, ZONENZEITEN, SOMMERZEIT

4.3.1 WELTZEIT UND ZONENZEITEN

Die mittlere Sonne definiert die mittlere Ortszeit (MOZ). Um 12 Uhr Mittag steht die mittlere Sonne im Meridian am Ort des Beobachters. Daher die Bezeichnung Ortszeit. Für den weiter westlich wohnenden Nachbarn geht die Sonne aber später durch den Meridian, während die Beobachter östlich von uns früher Mittag haben. Da die Sonne 24 Stunden von einem bis zum nächstfolgenden Meridiandurchgang braucht, so benötigt sie pro ein Grad Differenz in geografischer Länge vier Minuten, um diesen Bogen zurückzulegen (24^h / 360° = 4^m). Für den Nachbarn ein Grad östlich vom Beobachter geht die Sonne daher vier Minuten früher durch die Mittagslinie. Der ein Grad westlicher wohnende Mitbürger

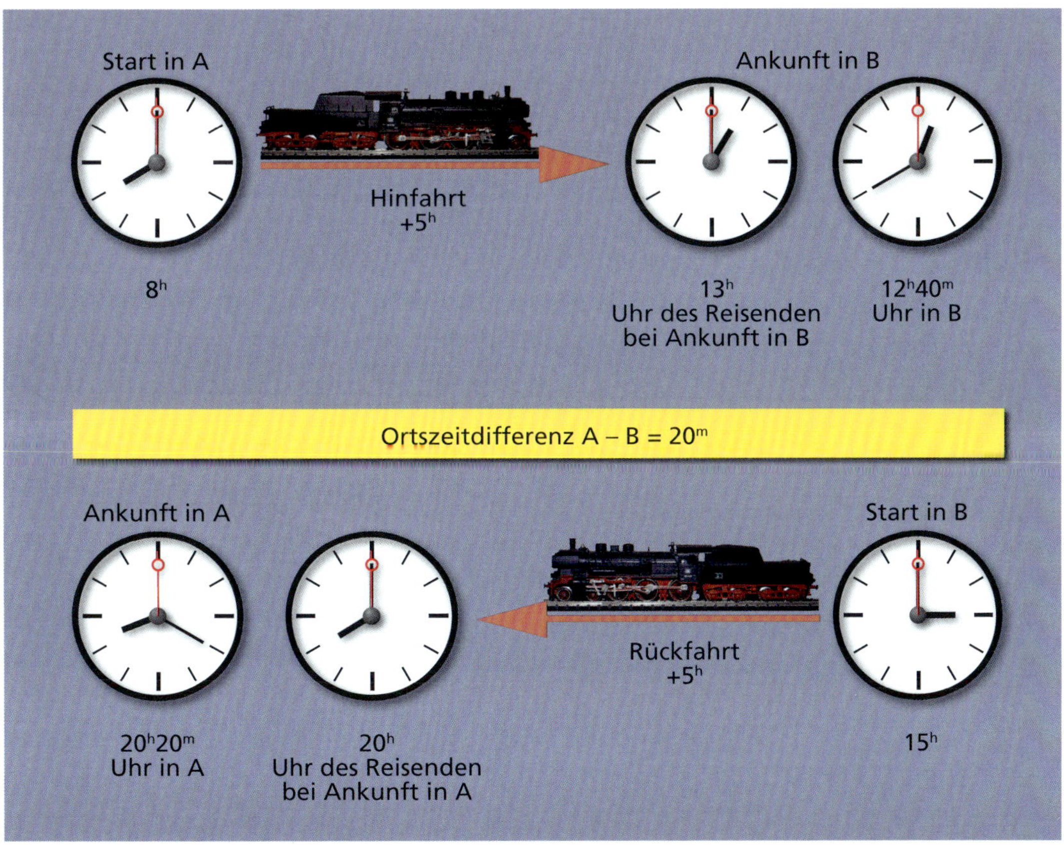

4.8 Zeitdifferenzen bei Zugfahrten von Ost nach West und zurück. Jeder Ort hat seine eigene Ortszeit.

muss hingegen noch vier Minuten bis zum Sonnenhöchststand warten.

In der beschaulichen **Postkutschenzeit** spielten ein paar Minuten Zeitdifferenz zwischen den einzelnen Orten, die man in einer Tagesreise erreichen konnte, so gut wie keine Rolle. Nicht jedoch im **Zeitalter der Eisenbahnen** und erst recht nicht bei Reisen mit dem Flugzeug. Bis Ende des 19. Jahrhunderts hatte fast jeder Ort seine eigene Zeit. So gab es eine **Berliner Zeit**, eine **Bonner Zeit** (auch für Köln), eine **Wiener Zeit**, eine **Prager Zeit** usw. Um den Bodensee waren zeitweise fünf verschiedene Zeiten in Gebrauch. Im anbrechenden **Eisenbahnzeitalter** führte dies aber schnell zu gravierenden Problemen.

Folgendes Beispiel möge dies erläutern: Ein Zug fährt von der Stadt A mit gleichförmiger Geschwindigkeit in die Stadt B. Er ist dabei fünf Stunden unterwegs. Die Stadt B liegt 5° westlich von Stadt A. Dies entspricht in 50° nördlicher Breite, also beispielsweise in Mitteleuropa, einer linearen Entfernung von rund 357 Kilometer. Darauf kommt es aber gar nicht an. Der Zug startet um 8 Uhr morgens in A. Nach fünf Stunden Fahrtzeit kommt er in B an. Die Uhren in A zeigen dann 8 + 5 = 13 Uhr. Die Fahrgäste schauen in B auf die Bahnhofsuhr – sie zeigt 12:40 Uhr und nicht 13 Uhr an! Denn B liegt 5° westlich von A, dies entspricht einer Zeitdifferenz von zwanzig Minuten. In B ist es somit erst 12:40 Uhr, wenn in A die Uhren schon 13 Uhr anzeigen.

Um 15 Uhr startet der Zug in B zur Rückfahrt nach A. Wieder ist er fünf Stunden unterwegs, bis er in A ankommt. Bei seinem Eintreffen in A zeigen die Uhren in B 15 + 5 = 20 Uhr an. Die Passagiere sehen wiederum auf die Bahnhofsuhr in A bei ihrer Ankunft – und sie zeigt 20:20 Uhr an! In A ist es somit nach der lokalen Ortszeit zwanzig Minuten später als die Ortszeit in B (siehe auch Abb. 4.8 auf Seite 155).

Noch krasser fallen die längenbedingten Zeitdifferenzen im Flugverkehr aus. Fliegt man beispielsweise von Stuttgart nach Atlanta (Georgia, USA), so dauert der Flug acht Stunden. Startet man in Stuttgart um 10 Uhr, so zeigen hier die Uhren 18 Uhr, wenn man in Atlanta landet. In Atlanta zeigen aber die Uhren erst 14 Uhr (2 p. m., zwei Uhr nachmittags). Denn die Zeitdifferenz zwischen den Normalzeiten in Stuttgart und Atlanta beträgt sechs Stunden. In Atlanta ist es somit sechs Stunden früher als in Stuttgart.

Beim Rückflug verlässt man Atlanta um 20 Uhr (8 p. m., acht Uhr abends) und erreicht Stuttgart am nächsten Morgen um 10 Uhr, während zum Zeitpunkt der Landung in Stuttgart die Uhren in Atlanta auf 4 Uhr (4 a. m., vier Uhr morgens) stehen. Denn der Rückflug dauert wie der Hinflug acht Stunden (wenn kein westlicher Jetstream ihn beschleunigt). Hinzu kommen die sechs Stunden Zeitdifferenz, um die es in Stuttgart später als in Atlanta ist.

Besonders paradox erschien nach Erfindung der **Telegrafie**, dass eine telegrafische Nachricht am Zielort (scheinbar) früher eintraf, als sie abgesendet wurde. Um bei unseren Städten A und B zu bleiben: Der Postbeamte sandte um 9:10 Uhr ein Telegramm nach B, wo bei seinem Eintreffen die Uhr erst 8:50 zeigte.

Um Verwirrungen und Paradoxien zu vermeiden, führte die britische Eisenbahngesellschaft bereits 1880 für das gesamte Vereinigte Königreich (UK, United Kingdom) eine sogenannte **Eisenbahnzeit** oder **Normalzeit** ein. Diese Normalzeit bezog sich auf die mittlere Sonnenzeit des Meridians, der durch die Sternwarte Greenwich bei London geht. Diese Zeit nennt man auch **Greenwich Mean Solar Time** (GMT). Auf der **Internationalen Meridiankonferenz in Washington**, D. C. wurde im Oktober 1884 schließlich beschlossen, den Greenwich-Meridian als Nullmeridian der Erde zu definieren. Inzwischen wird die mittlere Sonnenzeit des Greenwich- oder Nullmeridians als **Welt-**

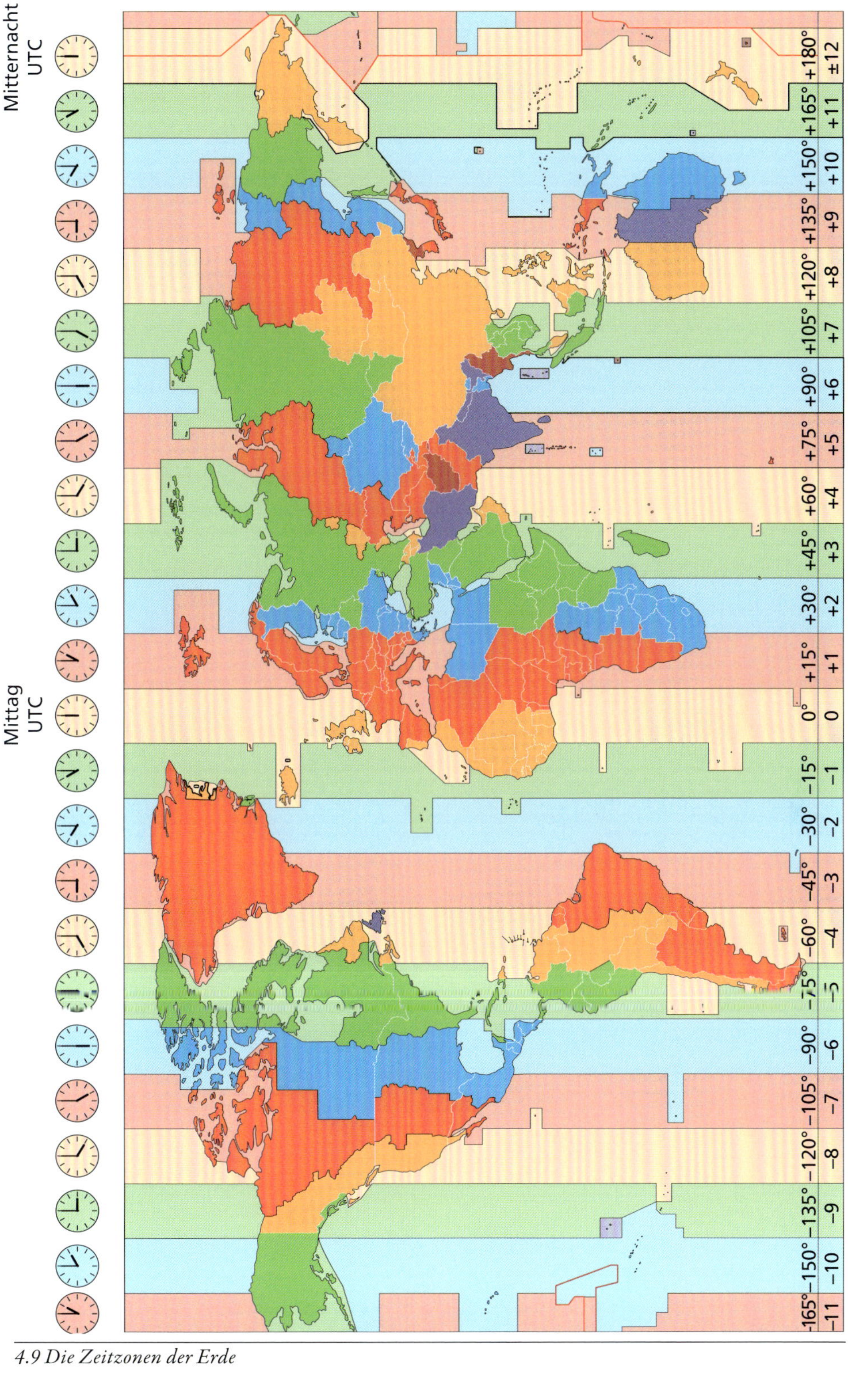

4.9 Die Zeitzonen der Erde

zeit bezeichnet. Da die Erdrotation ungleichförmig verläuft (**Chandlersche Polschwankungen** sowie jahreszeitlich bedingtes Vor- und Nachgehen der Erduhr) wird eine um diese Schwankungen ausgeglichene Weltzeit verbreitet, die man als UTC **(Universal Time Coordinated)** bezeichnet. Die früher vor allem im internationalen Flugverkehr verbreitete Bezeichnung GMT **(Greenwich Mean Time)** für die Weltzeit wird heute nicht mehr verwendet, sondern ausschließlich die Abkürzung UTC (siehe auch Kapitel 5.6 auf Seite 206).
Auf der Meridiankonferenz wurde ferner beschlossen, die Erde in 24 **Zeitzonen** einzuteilen, in denen jeweils die gleiche Uhrzeit vorherrschen soll. Die Zeitzonen sind im Allgemeinen 15° in geografischer Länge breit. Dadurch differieren mit wenigen Ausnahmen die einzelnen Zonenzeiten um jeweils ganze Stunden zur Weltzeit (UTC). So definiert der Meridian 15° östlich von Greenwich die Mitteleuropäische Zeit (MEZ). Die mittlere Sonnenzeit des Meridians 15° östlicher Länge gilt somit als MEZ. Dieser Meridian geht beispielsweise durch die Städte **Görlitz** und **Gmünd** in Niederösterreich. Die MEZ geht somit gegenüber der Weltzeit um eine Stunde vor. Wenn es in Greenwich bei London 12 Uhr ist, so ist es in der mitteleuropäischen Zeitzone bereits 13 Uhr. Es gilt: MEZ = UTC + 1^h. Die Uhren in den Zeitzonen *östlich* von Greenwich gehen gegenüber der Weltzeit stets *vor*. Uhren *westlich* von Greenwich gehen hingegen *nach*. Um 12 Uhr UTC ist es in New York erst 7 Uhr morgens (siehe Abb. 4.9 auf Seite 157). Vorläufer der Einführung von Zonenzeiten war die k**anadische Regierung**, die schon 1878 einen ähnlichen Vorschlag machte.
Die Grenzen der Zeitzonen verlaufen nicht schnurgerade entlang eines Meridians. Sie zeigen kleine Abweichungen nach West oder Ost (siehe Abb. 4.9). Damit wird vermieden, dass in dicht besiedelten Gebieten benachbarte Orte verschiedene Uhrzeiten haben. Oft folgen die Grenzen der Zeitzonen den etwa in Nord-Südrichtung verlaufenden Staatsgrenzen.
Die **Mitteleuropäische Zeit** (MEZ) wurde als Verkehrszeit für Österreich-Ungarn im Jahre 1888 in Budapest beschlossen, das **Deutsche Reich** folgte 1890. In beiden Staaten wurde die MEZ dann am 1. April 1893 eingeführt. In der Schweiz wurde bei Gründung der **Confoederatio Helvetica** im Jahre 1848 eine für das ganze Land einheitliche Zeit festgelegt, nämlich die mittlere Sonnenzeit des Meridians der Sternwarte **Bern**. Da Bern 7°26,4′ östlich von Greenwich liegt, so hatte die Schweizer Zeit eine halbe Stunde Differenz zur MEZ. Um nicht als Zeitinsel dazustehen und bei Reisenden für Verwirrung zu sorgen, beschloss die Regierung in Bern, auch in der Schweiz die MEZ einzuführen. Am 1. Juni 1894 stellten die Schweizer dann ihre Uhren um eine halbe Stunde vor.
In Staaten mit großer Ost-West-Ausdehnung sind mehrere Zeitzonen in Gebrauch. So gibt es in den **USA** und in **Kanada** je sechs Zeitzonen, in Brasilien und Australien je drei und in **Russland** sogar elf. Im März 2010 reduzierte die russische Regierung die Zahl der Zeitzonen auf ihrem Territorium auf neun. Trotz der großen Ost-West-Ausdehnung hat die **Volksrepublik China** eine einheitliche Zeit, die sogenannte **Peking-Zeit** mit dem Referenzmeridian 120° östlicher Länge. Danach gehen die Uhren in China gegenüber der Weltzeit um acht Stunden vor. Wenn es in Frankfurt/Main 14 Uhr MEZ ist, so zeigen die Uhren in China 21 Uhr an.
Nicht in allen Staaten werden Zeitzonen verwendet, die um volle Stunden zur UTC differieren. So gehen die Uhren im **Iran** 3,5 Stunden, in **Afghanistan** 4,5 Stunden, in **Indien** 5,5 Stunden und in den beiden Bundesstaaten **Northern Territory** und **South Australia** in Australien um 9,5 Stunden gegenüber der Weltzeit vor.

In der Astronomie, in der **Weltraumfahrt**, auf hoher See und in der **Antarktis** wird stets die UTC verwendet (theoretisch hätte die Antarktis 24 Zeitzonen).
Reist man nach Osten, so sind bei Überschreiten einer Zeitzonengrenze die Uhren jeweils um eine Stunde *vor*zustellen (gegebenenfalls um eine halbe oder eineinhalb Stunden). Bei Passieren einer Zeitzonengrenze in westlicher Richtung werden die Uhren um eine Stunde *zurück*gestellt. Überquert man eine Zeitzonengrenze um 23 Uhr in östlicher Richtung, so muss man auch das Datum um einen Tag vorstellen.
Früher zählte man die Stunden eines Tages zweimal von 1 bis 12. Noch heute sagen wir umgangssprachlich 3 Uhr nachmittags oder 2 Uhr morgens. In den meisten europäischen Ländern wurde erst am 1. Mai 1921 die 24-Stunden-Zählung eingeführt. In den angelsächsischen Ländern ist man bei der zweimal-12-Stunden-Bezeichnung geblieben. Die Stunden von Mitternacht bis Mittag erhalten ein „a.m.“ (ante meridian – vor dem Mittag) und von Mittag bis Mitternacht markiert man die Stunden mit „p.m.“ (post meridian – nach dem Mittag). 3 p.m. bedeutet somit 15 Uhr und 2 Uhr morgens wird als 2 a.m. bezeichnet.

4.3.1.1 INTERNATIONALE DATUMSGRENZE

Reist man einmal um den Erdglobus, so überschreitet man dabei die internationale Datumsgrenze. Während die Naturvölker am Morgen zu Sonnenaufgang einen neuen Tag begrüßen, so endet bei uns der Tag um 24 Uhr. Um 0^h00^m beginnt dann der folgende Tag. Damit wird auch der Datumswechsel von der jeweiligen Zeitzone bestimmt. In Moskau beginnt ein neuer Tag zwei Stunden, bevor in Mitteleuropa das Datum wechselt, also bereits um 22 Uhr MEZ. In London wechselt das Datum eine Stunde später als bei uns, nämlich um 1^h MEZ = 0^h UTC.

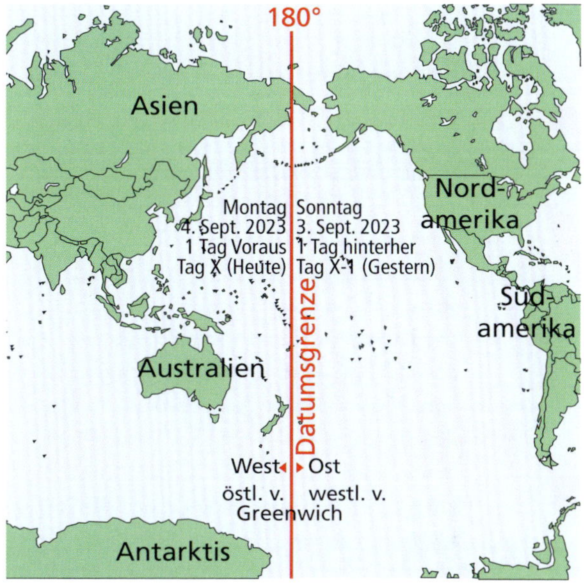

4.10 Die Datumsgrenze trennt die Orte mit altem Datum von denen mit neuem Datum. An der Datumsgrenze beginnt erstmals ein neuer Tag und der alte endet endgültig auf unserem Planeten.

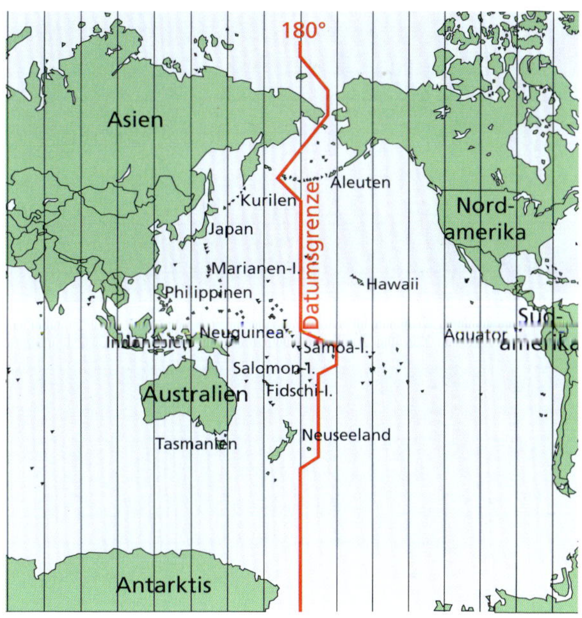

4.11 Verlauf der Datumsgrenze

Reist man ostwärts und legt eine volle Erdumkreisung zurück, so ist man bei Rückkehr kalendermäßig um einen Tag voraus. Denn beim Überschreiten einer Zeitzonengrenze in Richtung Ost muss man die Uhr jeweils um eine Stunde vorstellen. Bei einer vollen Erdumrundung sind dies dann 24 Stunden oder ein voller Tag. Wie man sich leicht überlegen kann, bleibt man datumsmäßig um einen Tag zurück, wenn man in westlicher Richtung den Erdball umrundet.
Um bei Fernreisen – vor allem mit dem Schiff – Verwirrungen um das korrekte Datum zu vermeiden, hat man die internationale Datumsgrenze oder -linie eingeführt. Sie ist sogar älter als die Zeitzoneneinteilung. Die **nautische Datumsgrenze** ist seit dem 31. Dezember 1844 in Gebrauch. Sie verläuft in etwa den 180°-Längengrad entlang. Dabei werden zusammengehörige Inselgruppen, Wirtschaftsgebiete und Staaten berücksichtigt (siehe Abb. 4.11 auf Seite 159). So wird vermieden, dass zusammengehörige Gebiete datumsmäßig zerschnitten werden.

4.3.1.2 ÜBERQUEREN DER DATUMSLINIE

Überschreitet man die Datumsgrenze in Richtung Ost – beispielsweise auf einem Flug von Tokio nach Los Angeles – so ist das gleiche Datum nochmals zu zählen. Denn man fliegt gewissermaßen in den alten Tag hinein. Bei einer Schiffsreise lässt der Kapitän das Kalenderblatt einen Tag länger hängen, er hält das Datum gewissermaßen fest. Die einfache Merkregel lautet daher: „Von Ost nach West, halt‘s Datum fest.“ Gemeint ist, wenn man von östlichen Längengraden auf westliche wechselt.
Bei Passieren der Datumslinie in westlicher Richtung, also bei einer Reise von Amerika nach Japan, wird ein Tag übersprungen, der Kapitän reißt zwei Kalenderblätter ab. Auf einen Donnerstag folgt ein Samstag, auf den 7. März der 9. März.

4.3.2 SOMMERZEIT

Schon im Jahre 1884 hat **Benjamin Franklin**, berühmt geworden als Erfinder des Blitzableiters, vorgeschlagen, die Uhren im Sommer um eine Stunde vorzustellen, um Kerzen zu sparen. Denn abends bliebe es dann eine Stunde länger hell, am frühen Morgen hingegen schliefen die Menschen ohnehin (Benjamin Franklin: „An Economical Project for Diminishing the Cost of Light“).
Zu Beginn des 20. Jahrhunderts schlug der britische Bauunternehmer William Willett (1856–1915) vor, die Uhren im Frühling und Sommer um eine Stunde vorzustellen. Damit wäre es abends länger hell und die Arbeiter könnten im Freien länger bei Tageslicht schaffen. Der Vorschlag setzte sich zunächst nicht durch. Im **Ersten Weltkrieg**, als die Kohlevorräte für die Dampfkraftwerke schnell zu schrumpfen begannen, wurden in Deutschland und **Österreich-Ungarn** die Uhren um eine Stunde vorgestellt, um Energie einzusparen. Das neutrale Holland schloss sich dieser Regelung an. Somit gingen die Uhren in diesen Ländern um *zwei* Stunden gegenüber der Weltzeit vor. Auch das **Vereinigte Königreich (United Kingdom – Großbritannien)** stellte die Uhren bis Kriegsende 1918 um eine Stunde vor (**British Summer Time** – BST). Ab 1922 galt wieder die BST. Während des Zweiten Weltkriegs galt in Großbritannien von 1940 bis 1945 die BST (= UT + 1^h = MEZ) sogar ganzjährig. Im Jahre 1947 wurden die Uhren im Sommer sogar um zwei Stunden vorgestellt. 1968 wurde die **BST** in **British Standard Time** umbenannt und galt von da ab ganzjährig. Damit gab es keine Zeitdifferenz mehr zu Mitteleuropa. Auf Grund heftiger Proteste – in Schottland wurde es im Winter nicht vor 10 Uhr hell – kehrte man 1971 wieder zur GMT (Greenwich Mean Time – UT) zurück.
Nachdem man in Deutschland von 1916 bis 1918 und in Österreich von 1916 bis 1920 die

Sommerzeit eingeführt hatte, hat man im Deutschen Reich im Zweiten Weltkrieg von 1940 an auf Sommerzeit umgestellt (siehe auch Tabelle „Mitteleuropäische Sommerzeit“ auf Seite 162). In Österreich und Deutschland hat man von 1948 beziehungsweise 1949 auf die Zeitumstellung im Frühjahr und Sommer verzichtet.

Im Zuge der Ölkrise 1974 entschlossen sich die meisten europäischen Staaten, die Sommerzeit wieder einzuführen, um Energie zu sparen. In der Bundesrepublik Deutschland und Österreich werden die Uhren seit 1980 wieder umgestellt. Die Schweiz und die DDR folgten ein Jahr später.

Die Regelung der Europäischen Union sieht inzwischen Folgendes vor: Die Mitteleuropäische Sommerzeit (MESZ) geht gegenüber der Weltzeit (UTC) um zwei Stunden vor. Es gilt: MESZ = MEZ + 1^h = UTC + 2^h. Die Uhren sind am letzten Sonntag im März um eine Stunde von 2 Uhr morgens auf 3 Uhr morgens vorzustellen. Die MESZ endet am letzten Sonntag im Oktober, die Uhren sind um 3 Uhr morgens um eine Stunde auf 2 Uhr zurückzustellen. Damit endet die Sommerzeit und es gilt wieder die MEZ, die inoffiziell manchmal als **Winterzeit** bezeichnet wird. Die MEZ ist jedoch die Normalzeit der 15°-Länge-Zeitzone und keine spezielle Winterzeit.

In der Bundesrepublik Deutschland gilt seit 1978 das **Zeitermächtigungsgesetz** („Gesetz über die Zeitbestimmung“). Aufgrund des § 3 Abs. 1 des Zeitgesetzes vom 25. Juli 1978 (BGBl. I S. 1110, 1262), der durch Artikel 1 des Gesetzes vom 13. September 1994 (BGBl. I S. 2322) geändert worden ist, ist die Bundesregierung ermächtigt, durch Rechtsverordnung des Bundesinnenministeriums die Sommerzeit auf dem Gebiet der Bundesrepublik Deutschland einzuführen beziehungsweise jährlich anzuordnen.

Auch in Staaten wie den USA und Russland stellt man im Sommerhalbjahr die Uhren um eine Stunde vor. So gilt in den meisten Bundesstaaten der USA und Kanada vom zweiten Sonntag im März bis zum ersten Sonntag im November die sogenannte **Daylight Saving Time**. Nicht umgestellt wird in Arizona (mit Ausnahme der Reservate der Navajo-Indianer), Hawaii und Alaska.

Da die Einführung der Sommerzeit eine politische Entscheidung ist und nicht auf astronomischen Grundlagen beruht, so ist stets mit kurzfristigen Änderungen der Regeln zu rechnen.

Nach wie vor wird über Sinn und Nutzen der Sommerzeit diskutiert. Definitiv wird keine Energie eingespart, sondern zusätzliche wird verbraucht. Denn es werden nun abends mehr Fahrten unternommen sowie verstärkt Freizeitaktivitäten entwickelt. Man kann abends auch länger wandern, im Schwimmbad liegen oder Grillfeste feiern. Andererseits haben oft Kinder, ältere Menschen und Kranke Probleme bei der Zeitumstellung. Auch Landwirte klagen, dass die Tiere ihren **zirkadianen Rhythmus** nicht so schnell umstellen können. Die Natur lässt sich nicht vergewaltigen. Aber auch ohne Verdrehen der Uhren könnte man im Sommerhalbjahr die Tageshelle besser nutzen. Man müsste nur eine Stunde früher aufstehen, Schulen, Fabriken und Behörden könnten eine Stunde früher mit ihrem Tagwerk beginnen. Im Übrigen: Durch Verdrehen der Uhren werden Tage und Nächte weder kürzer noch länger, wie dies manche immer noch meinen.

☞ MITTELEUROPÄISCHE SOMMERZEIT (MESZ)

Wenn nicht besonders vermerkt gilt:
Mitteleuropäische Sommerzeit (MESZ) = UTC + 2^h = MEZ + 1^h

DEUTSCHLAND

Jahr	Beginn	Ende
1916	30. April	1. Oktober
1917	16. April	17. September
1918	15. April	16. September
nur französisch besetzte Zone Deutschlands:		
1919	1. März	6. Oktober (UTC + 1^h)
1920	14. Februar	26. Oktober (UTC + 1^h)
1921	14. März	26. Oktober (UTC + 1^h)
1922	25. März	8. Oktober (UTC + 1^h)
1923	26. Mai	7. Oktober (UTC + 1^h)
1924	29. März	5. Oktober (UTC + 1^h)
1925	4. April	4. Oktober (UTC + 1^h)
1926	17. April	3. Oktober (UTC + 1^h)
1940	1. April	2. November
1943	29. März	4. Oktober
1944	3. April	2. Oktober
1945	2. April	16. September
sowjetisch besetzte Zone Deutschlands:		
1945	24. Mai	24. September (UTC + 1^h)
1945	24. September	18. November (UTC + 2^h)
1946	14. April	7. Oktober
1947	6. April	11. Mai (UTC + 1^h)
	11. Mai	29. Juni (UTC + 3^h)
	29. Juni	5. Oktober (UTC + 1^h)
1948	18. April	3. Oktober
1949	10. April	2. Oktober

ÖSTERREICH

Jahr	Beginn	Ende
1916	1. Mai	30. September
1917	16. April	16. September
1918	15. April	15. September
1919	28. April	29. September
1920	5. April	13. September
1940	1. April	2. November 1942
1943	29. März	4. Oktober
1944	3. April	2. Oktober
1945	2. April	18. November
1946	14. April	7. Oktober
1947	6. April	5. Oktober
1948	18. April	3. Oktober
1980	6. April	27. September

SCHWEIZ

Jahr	Beginn	Ende
1916	3. Juni	30. September
1941	5. Mai	6. Oktober
1942	4. Mai	5. Oktober

☞ SOMMERZEIT (MESZ) IN DER BUNDESREPUBLIK DEUTSCHLAND AB 1980

JAHR	BEGINN	ENDE	JAHR	BEGINN	ENDE
1980	06. April	28. September	**2003**	30. März	26. Oktober
1981	29. März	27. September	**2004**	28. März	31. Oktober
1982	28. März	26. September	**2005**	27. März	30. Oktober
1983	27. März	25. September	**2006**	26. März	29. Oktober
1984	25. März	30. September	**2007**	25. März	28. Oktober
1985	31. März	29. September	**2008**	30. März	26. Oktober
1986	30. März	28. September	**2009**	29. März	25. Oktober
1987	29. März	27. September	**2010**	28. März	31. Oktober
1988	27. März	25. September	**2011**	27. März	30. Oktober
1989	26. März	24. September	**2012**	25. März	28. Oktober
1990	25. März	30. September	**2013**	31. März	27.Oktober
1991	31. März	29. September	**2014**	30. März	26. Oktober
1992	29. März	27. September	**2015**	29. März	25. Oktober
1993	28. März	26. September	**2016**	27. März	30. Oktober
1994	27. März	25. September	**2017**	s26. März	29. Oktober
1995	26. März	24. September	**2018**	25. März	28. Oktober
1996	31. März	27. Oktober	**2019**	31. März	27. Oktober
1997	30. März	26. Oktober	**2020**	29. März	25. Oktober
1998	29. März	25. Oktober	**2021**	28. März	31. Oktober
1999	28. März	31. Oktober	**2022**	27. März	30. Oktober
2000	26. März	29. Oktober	**2023**	26. März	29. Oktober
2001	25. März	28. Oktober			
2002	31. März	27. Oktober			

In Österreich ab 1980 und in der Schweiz ab 1981 Sommerzeit wie in Deutschland beziehungsweise nach der EU-Regelung.

4.4 EPHEMERIDENZEIT, DYNAMISCHE ZEIT, ATOMZEITSKALA

Die klassische Definition der Sekunde als 1/86 400 eines mittleren Sonnentages hat sich für die Ableitung und Darstellung eines gleichförmigen Zeitmaßes als nicht praktikabel erwiesen. Die Erdrotation erfolgt nämlich nicht gleichmäßig, sondern unterliegt Schwankungen. Darüber hinaus verlangsamt sich die Erdrotation permanent, die Tageslängen nehmen zu – in 100 000 Jahren um etwa 1,6 Sekunden.

Die jahreszeitlichen Schwankungen der Erdrotation werden durch Änderungen des Trägheitsmomentes des **Erdkreisels** bewirkt. Da der Drehimpuls gleich dem Produkt von Trägheitsmoment mal Winkelgeschwindigkeit ist, erhöht sich die Winkelgeschwindigkeit bei Verringerung des Trägheitsmoments. Durch Verlagerung von Massen (Wasser durch Niederschläge, Drift von Eisbergen, Schmelzen von Polareis, Zirkulation der Atmosphäre, fallende Blätter im Herbst, Verschiebungen innerhalb des Erdkörpers usw.) treten kurzfristige Änderungen der **Erdrotationsdauer** auf, die Werte von einigen Hundertstelsekunden erreichen. Im Frühsommer verlangsamt sich die Erddrehung um rund 0,02 Sekunden, im Herbst ist sie um den gleichen Betrag beschleunigt. Weitere quasiperiodische Fluktuationen mit mittlerer Periode von zehn Jahren sind diesen Schwankungen überlagert **(dekadische Variation der Erdrotation).**

Doch auch der Drehimpuls der Erde bleibt nicht konstant. Durch die **Gezeitenreibung** verliert die Erde an **Rotationsenergie** und gibt sie an den Mond ab, der beschleunigt

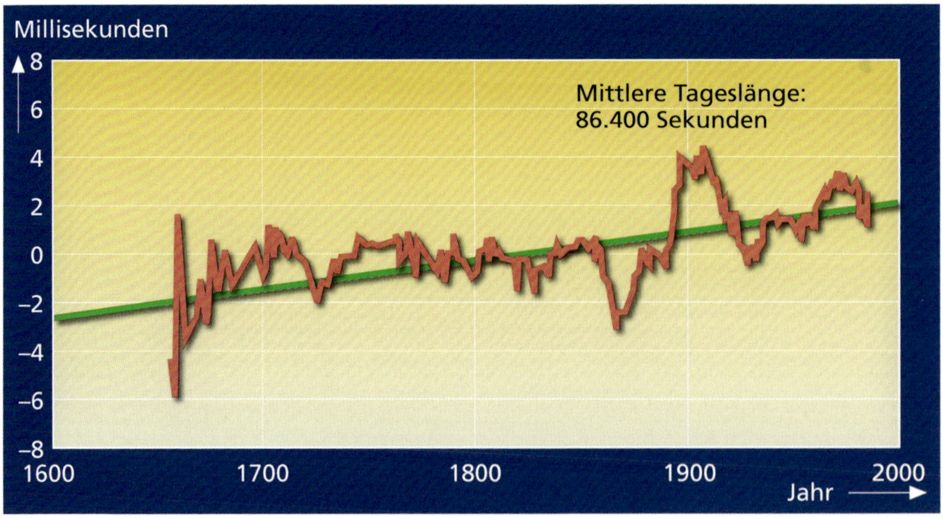

4.12 Die Zunahme der mittleren Tageslänge in Millisekunden von 1650 bis 2000

4.13 Die Flutberge der Gezeiten wirken wie Bremsbacken. Sie verzögern die Erdrotation allmählich.

wird. Die Flutberge bremsen die Erddrehung, was zur säkularen Zunahme der Tageslänge führt. Inzwischen erreichen moderne Atomuhren eine innere Ganggenauigkeit von 10^{-15} (siehe Abschnitt „Atomuhren“ auf Seite 201).

Die stetige Abnahme der Erdrotationsgeschwindigkeit fiel in erster Linie durch Beobachtung der Mondbewegung, aber auch der Planetenbewegung auf. Da man den mittleren Sonnentag und die daraus abgeleitete Sekunde als gleichförmiges Zeitmaß ansah, schienen der Mond und die Planeten gegenüber den kalkulierten Positionen stets ein wenig vorauszueilen **(säkulare Akzeleration)**.

Mit genau gehenden Zeitmessern (Atomuhren) wiederum fand man die kurzfristigen Schwankungen der Erddrehung. Da sich die Erdrotation somit zur Ableitung eines gleichförmigen Zeitmaßes als ungeeignet erweist, hat man eine physikalische Festlegung der Zeiteinheit Sekunde gewählt. Die **physikalische Definition der Sekunde** lautet: $1\ \text{s} = 9\,192\,631\,770\ \text{Hz} / {}^2S_{½}\ Cs^{133}$. Eine Sekunde entspricht der Dauer von 9 192 631 770 Schwingungen der Strahlung, die beim Übergang zwischen den beiden **Hyperfeinstrukturniveaus** eines **Caesium-133**-Atomkerns ausgesandt wird. Diese Strahlung hat eine Wellenlänge von $\lambda = 3{,}261\,25$ cm.

Damit ist die Sekundendefinition von astronomischen Vorgängen abgekoppelt. Mit der physikalisch festgelegten Sekunde wird eine gleichförmige Zeitskala dargestellt, die als **Internationale Atomzeit** (TAI = **Temps Atomique International**) bezeichnet wird. Sie wird durch den Einsatz von **Atomuhren** realisiert und wurde 1972 als internationales Zeitmaß eingeführt. Die **Ganggenauigkeit von Atomuhren** liegt bei 10^{-12}, was zu einer Abweichung von 1 Sekunde in 30 000 Jahren führt. Inzwischen erreichen moderne Atomuhren eine innere Ganggenauigkeit von 10^{-15} (siehe Abschnitt „Atomuhren“ auf Seite 201). Die Atomzeitskala muss jedoch mit astronomischen Zeitbestimmungen in Einklang gebracht werden, da sich unser zivilisatorisches Leben nach Sonnentag und Sonnenjahr richtet. Noch vor Einführung der Atomzeitsekunde hat man die Sekundendefinition von der Erdrotation unabhängig gemacht und die Ephemeridensekunde eingeführt. Die **Ephemeridensekunde** wird aus der Erdrevolution abgeleitet.

In der Himmelsmechanik und Ephemeridenrechnung wird üblicherweise das tropische Jahr verwendet. Aus dem tropischen Jahr lässt sich ebenfalls die Sekundenlänge festlegen. Die Definition der Sekunde aus dem tropischen Jahr ist unabhängig von der Erdrotation und wird Ephemeridensekunde genannt. Eine **Ephemeridensekunde** ist de-

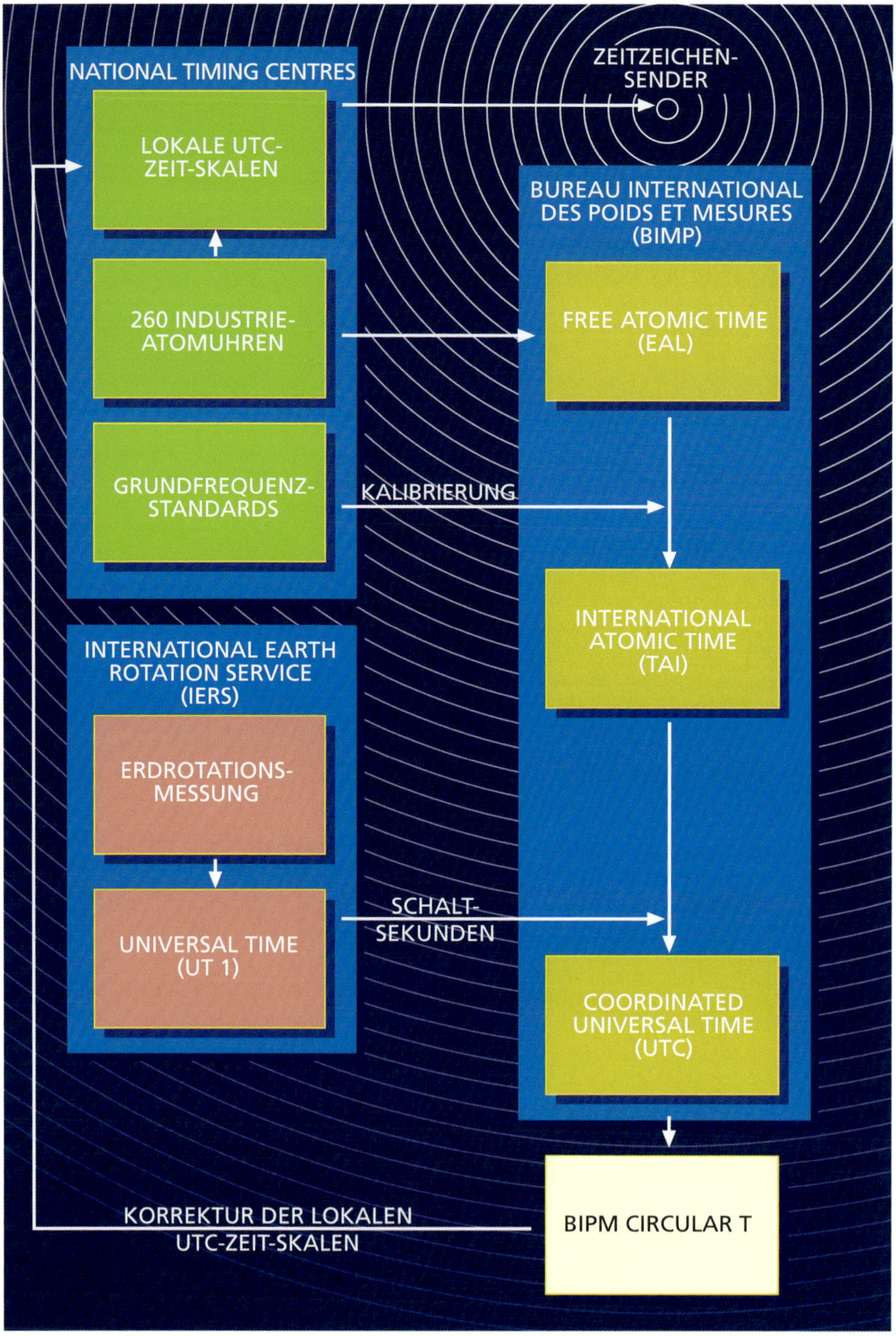

4.14 Die Aufbereitung der Universal Time Coordinated (UTC) ist ein komplexer Prozess. Rund 260 Atomuhren weltweit liefern die Atomzeitskala (TAI). Astronomische Beobachtungen liefern die Dynamische Zeit, woraus bestimmt wird, inwieweit die Erduhr nachgeht oder gegebenenfalls vorgeht. Der International Earth Rotation Service (IERS) bestimmt die UT und entscheidet über Einfügen oder Weglassen von Schaltsekunden. Nach der Schaltung, sofern nötig, ergibt sich die UTC, die weltweit von lokalen Zeitzeichensendern verbreitet wird.

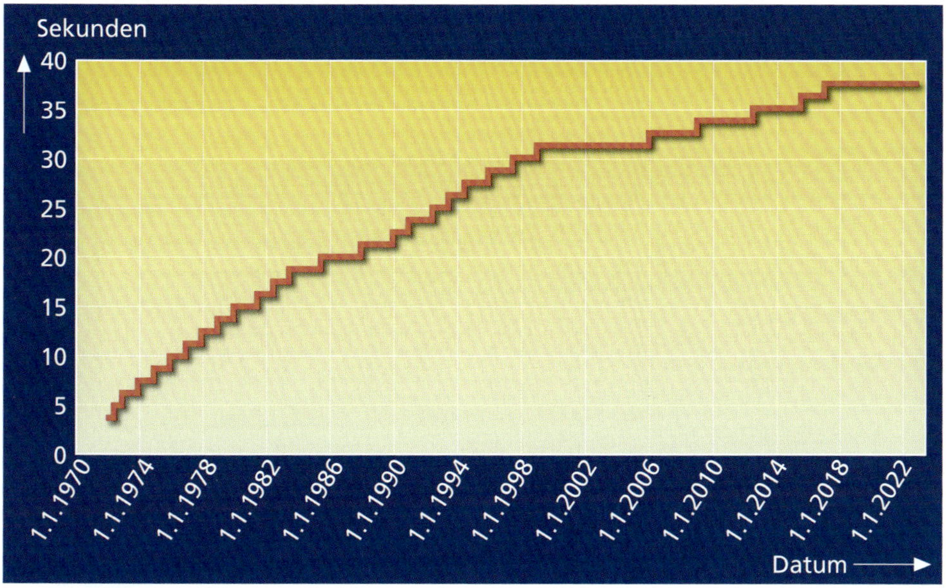

4.15 Einfügen von Schaltsekunden in die Weltzeitskala (UTC).

finiert als: 1 s = 1/31 556 925,9747 des tropischen Jahres 1900.0. Eine Ephemeridensekunde dauert also rund ein 31 Millionstel des tropischen Jahres 1900. Man musste ein bestimmtes tropisches Jahr wählen, da durch die **Variation der Erdbahnelemente** auch die Länge des tropischen Jahres Schwankungen unterliegt.

Aus der Ephemeridensekunde wird die Zeitskala der sogenannten **Ephemeridenzeit** gebildet. Die Ephemeridenzeit ist erst im Nachhinein aus Beobachtungen der Umläufe des Mondes und der Planeten bestimmbar (daher auch der Name Ephemeridenzeit). Da sich aber unser bürgerliches Leben nach der Sonnenzeit richtet, also vom Stundenwinkel der Sonne abhängt und dieser wieder an die Erdrotation gebunden ist, so muss die Ephemeridenzeit (ET) mit der Weltzeit (UT) in Einklang gebracht werden. Es gilt: $\Delta T = ET - UT$.

Infolge der säkularen Abnahme der Erdrotation wächst das ΔT immer mehr an. Zurzeit (2022) beträgt die Differenz zwischen Ephemeridenzeit und Weltzeit etwas mehr als eine Minute (70^s). Der Wert von ΔT wird zunächst extrapoliert und im Nachhinein aus Mond- und Planetenbeobachtungen (Sternbedeckungen, Positionsmessungen) ermittelt. Die Kalkulation der Planetenpositionen erfolgt in Ephemeridenzeit.

Seit 1984 wird statt der Ephemeridenzeit die Dynamische Zeitskala **(Dynamical Time)** benutzt. Die DT ist ebenfalls eine Ephemeridenzeit, nur unterscheidet man nun zwischen drei dynamischen (von der Erdrotation unabhängigen) Zeitskalen:

- TT (**Terrestrial Time** – vor 2001 TDT (**Terrestrial Dynamical Time**))
- TCG (**Geocentric Coordinate Time**)
- TDB (**Barycentric Dynamical Time**).

Die TDT bezieht sich auf den Beobachter auf der Erde, die TCG gilt für den Erdmittelpunkt und die TDB ist auf das Baryzentrum (Schwerpunkt) des Sonnensystems bezogen. Die Differenz TDT–TDB liegt in der Größenordnung von 0,001 Sekunden und ist für die meisten Fälle der Zeitmessung ver-

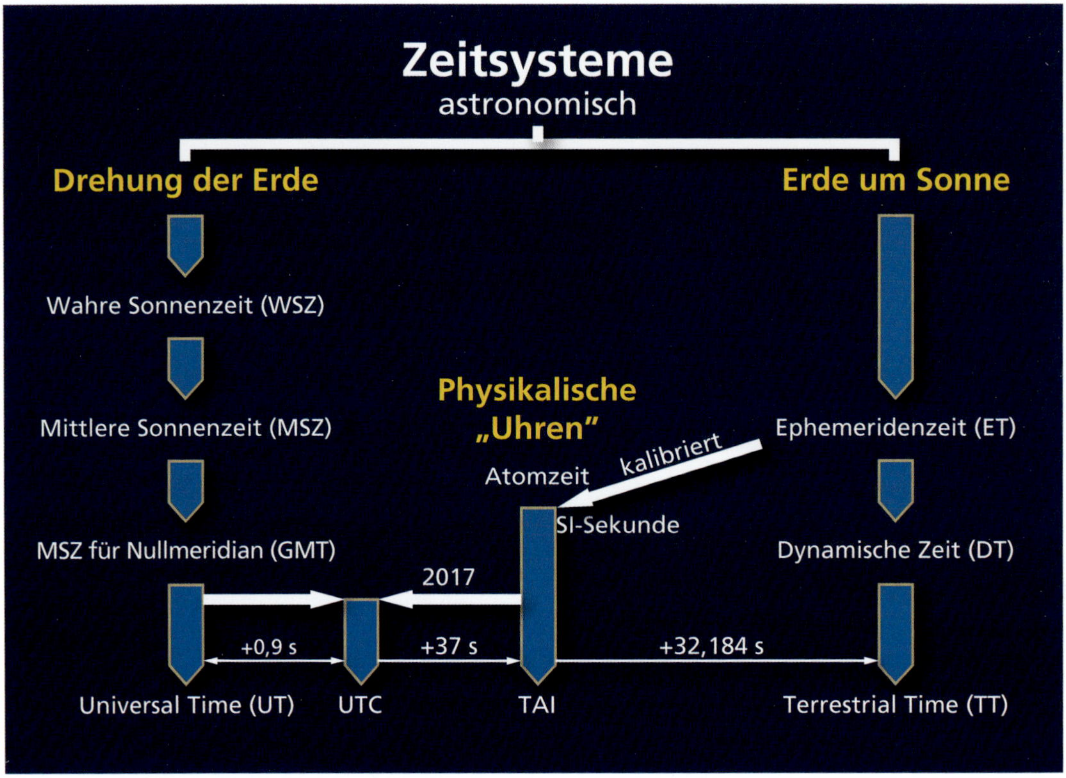

4.16 Übersicht zu den astronomischen Zeitsystemen

nachlässigbar, nicht aber in der Raumfahrt! Die Dynamische Zeitskala muss als Ephemeridenzeit mit der Atomzeitskala (TAI) in Einklang gebracht werden. Auf Beschluss der IAU von 1976 gilt: 1977 Januar 1. $0^h0^m32{,}184^s$ TDT = 1977 Januar 1. $0^h0^m0{,}0^s$ TAI.

Auf die Erdrotation bezogen sind drei Weltzeiten in Gebrauch:

— UT0 = Stundenwinkel der mittleren Sonne + 12 für den Meridian von Greenwich (Nullmeridian) = Mittlere Zeit Greenwich (GMT – Greenwich Mean Time) gezählt von Mitternacht

— UT1 = UT0 verbessert für die Polschwankung (Breitendrift)

— UT2 = UT1 verbessert für die extrapolierte jahreszeitliche Schwankung der Erdrotation.

Die Differenz zur Ephemeridenzeit (TDT): ΔT = TDT – UT1 wird aus Beobachtungen bestimmt. Davon wird eine koordinierte Weltzeit (UTC) abgeleitet, die über Zeitzeichensender verbreitet wird. Die Bestimmung von ΔT ist somit, wie angedeutet, erst im Nachhinein möglich. Der Wert von ΔT wird jedoch extrapoliert und in den astronomischen Jahrbüchern im Voraus angegeben. Beispiele zeigt die Tabelle auf Seite 169 links oben.

Die Weltzeit hinkt also etwas über eine Minute der Dynamischen Zeitskala (Ephemeridenzeit) hinterher. Um aus der Ephemeridenzeit eines kalkulierten astronomischen Ereignisses Weltzeit zu erhalten, ist somit eine Minute abzuziehen.

Die UTC hat als Zeiteinheit die physikalisch definierte SI-Sekunde. Weicht die

☞ DIFFERENZ ZUR EPHEMERIDEN-ZEIT

JAHR	ΔT	
2019	+ $69{,}22^s$	bestimmt
2020	+ 69,4	bestimmt
2021	+ 69,5	bestimmt
2022	+ 70	extrapoliert
2023	+ 70	extrapoliert

UTC um mehr als 0,9 Sekunden von der UT1 ab, dann wird eine Schaltsekunde eingeschoben beziehungsweise weggelassen. Nach internationaler Vereinbarung ist dies entweder am 30. Juni oder am 31. Dezember um $24^h00^m00^s$ möglich. Es gilt die Vorschrift: Wenn ΔUT (= UT1 – UTC) ≥ 0,9, dann ist eine Schaltsekunde einzufügen!

☞ SCHALTMODUS

2016 DEZEMBER 31	$23^h59^m59^s$
2016 DEZEMBER 31	$23^h59^m60^s$
2017 JANUAR 1	$00^h00^m00^s$

Normalerweise ist die 60. Sekunde einer Minute identisch mit der nullten Sekunde der folgenden Minute. Bei Einschaltung einer 60. Sekunde vor der nullten Sekunde der folgenden Minute wird dadurch eine Schaltsekunde in die Zeitskala eingeschoben.
Die Differenz zwischen der Atomzeitskala (TAI) und der koordinierten Weltzeit (UTC) wird stets auf ganze Sekunden festgelegt. Durch die säkulare Abnahme der Erdrotation driften beide Skalen auseinander: ΔAT = TAI – UTC. Für 2017 Januar 1. $0^h0^m0^s$ UTC ist ΔAT = $+37{,}00^s$.

☞ ATOMZEITSKALA UND KOORDINIERTE WELTZEIT

VON 2009 JULI 1, 0^h UTC BIS 2012 JULI 1, 0^h:	TAI – UTC = $+34^s$
VON 2012 JULI 1, 0^h UTC BIS 2015 JULI 1, 0^h:	TAI – UTC = $+35^s$
VON 2015 JULI 1, 0^h UTC BIS 2016 JANUAR 1, 0^h:	TAI – UTC = $+36^s$
VON 2016 JANUAR 1, 0^h UTC BIS WEITERE MITTEILUNG	TAI – UTC = $+37^s$

Für die Darstellung und Verbreitung der UTC ist in Deutschland die **Physikalisch-Technische Bundesanstalt (PTB)** in Braunschweig zuständig (siehe Abschnitt 5.6 auf Seite 206).

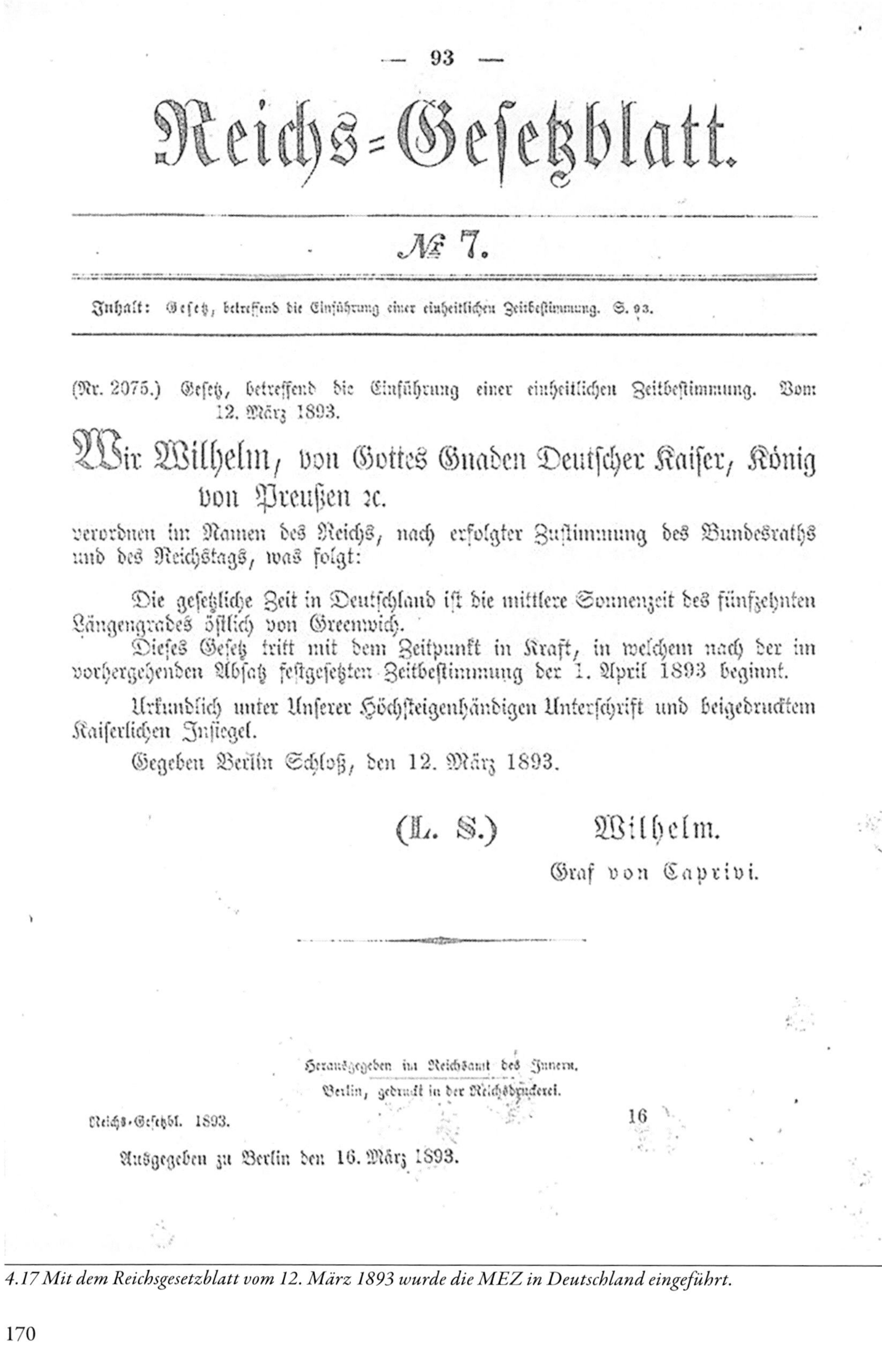

— 93 —

Reichs-Gesetzblatt.

№ 7.

Inhalt: Gesetz, betreffend die Einführung einer einheitlichen Zeitbestimmung. S. 93.

(Nr. 2075.) Gesetz, betreffend die Einführung einer einheitlichen Zeitbestimmung. Vom 12. März 1893.

Wir Wilhelm, von Gottes Gnaden Deutscher Kaiser, König von Preußen rc.

verordnen im Namen des Reichs, nach erfolgter Zustimmung des Bundesraths und des Reichstags, was folgt:

Die gesetzliche Zeit in Deutschland ist die mittlere Sonnenzeit des fünfzehnten Längengrades östlich von Greenwich.

Dieses Gesetz tritt mit dem Zeitpunkt in Kraft, in welchem nach der im vorhergehenden Absatz festgesetzten Zeitbestimmung der 1. April 1893 beginnt.

Urkundlich unter Unserer Höchsteigenhändigen Unterschrift und beigedrucktem Kaiserlichen Insiegel.

Gegeben Berlin Schloß, den 12. März 1893.

(L. S.) Wilhelm.

Graf von Caprivi.

Herausgegeben im Reichsamt des Innern.

Berlin, gedruckt in der Reichsdruckerei.

Reichs-Gesetzbl. 1893. 16

Ausgegeben zu Berlin den 16. März 1893.

4.17 Mit dem Reichsgesetzblatt vom 12. März 1893 wurde die MEZ in Deutschland eingeführt.

☞ HISTORISCHE ENTWICKLUNG (ÜBERBLICK)

VORZEIT	LOKALE SONNENZEIT (SONNENUHREN, GNOMONE, OBELISKEN)
1700	Edmund Halley entdeckt Akzeleration des Mondes (1,5° in 3000 Jahren).
1750	Tobias Mayer entdeckt die säkulare Abnahme der Erdrotation ($1{,}6^s$ in 100.000 Jahren).
1884	27 Staaten beschließen Zonenzeiten einzuführen.
1893 APRIL 1	MEZ wird in Deutschland (und anderen Staaten) gesetzliche Zeit.
1956	Ephemeridenzeit (ET) wird auf Beschluss der Internationalen Konferenz für Maße und Gewichte in Paris eingeführt.
1972 JANUAR 1	Atomzeitskala (TAI) mit SI-Sekunde wird eingeführt.
1976 AUGUST	IAU-Generalversammlung in Grenoble: Beschluss ET an TAI anzukoppeln und Dynamische Zeit einzuführen: TDT – Terrestrial Dynamical Time TDB – Barycentric Dynamical Time 1977 Jan 1, $0^h0^m0{,}0^s$ TAI entspricht1977 Jan 1, $0^h0^m32{,}184^s$ exakt. $TDT = TAI + 32{,}184^s$, Differenz stets konstant
1984 JANUAR 1	Dynamische Zeit wird eingeführt: $\Delta T = TDT - UT$ (entspricht UT1!) ΔT (2022) $= TDT - UT = +70^s$ $MEZ = TDT - \Delta T + 1^h$, für Ephemeridenberechnung, nicht UTC
1991	IAU-Resolution: TT – Terrestrial Time TDT – Terrestrial Dynamical Time TDB – Barycentric Dynamical Time
1890 BIS 1983	$\Delta T = ET - UT$
1984 BIS 2000	$\Delta T = TDT - UT$
VON 2001 AN	$\Delta T = TT - UT$

REDUKTION DER ZEITSKALEN ΔT = TT-UT

JAHR	ΔT	JAHR	ΔT	JAHR	ΔT	JAHR	ΔT
1900	-2,72	**1930**	+24,02	**1960**	+33,15	**1990**	+56,86
1901	-1,54	**1931**	+24,00	**1961**	+33,59	**1991**	+57,57
1902	-0,02	**1932**	+23,87	**1962**	+34,00	**1992**	+58,31
1903	+1,24	**1933**	+23,95	**1963**	+34,47	**1993**	+59,12
1904	+2,64	**1934**	+23,86	**1964**	+35,03	**1994**	+59,98
1905	+3,86	**1935**	+23,93	**1965**	+35,73	**1995**	+60,78
1906	+5,37	**1936**	+23,73	**1966**	+36,54	**1996**	+61,63
1907	+6,14	**1937**	+23,92	**1967**	+37,43	**1997**	+62,29
1908	+7,75	**1938**	+23,96	**1968**	+38,29	**1998**	+62,97
1909	+9,13	**1939**	+24,02	**1969**	+39,20	**1999**	+63,47
1910	+10,46	**1940**	+24,33	**1970**	+40,18	**2000**	+63,83
1911	+11,53	**1941**	+24,83	**1971**	+41,17	**2001**	+64,09
1912	+13,36	**1942**	+25,30	**1972**	+42,23	**2002**	+64,30
1913	+14,65	**1943**	+25,70	**1973**	+43,37	**2003**	+64,47
1914	+16,01	**1944**	+26,24	**1974**	+44,49	**2004**	+64,57
1915	+17,20	**1945**	+26,77	**1975**	+45,48	**2005**	+64,69
1916	+18,24	**1946**	+27,28	**1976**	+46,46	**2006**	+64,85
1917	+19,06	**1947**	+27,78	**1977**	+47,52	**2007**	+65,15
1918	+20,25	**1948**	+28,25	**1978**	+48,53	**2008**	+65,46
1919	+20,95	**1949**	+28,71	**1979**	+49,59	**2009**	+65,78
1920	+21,16	**1950**	+29,15	**1980**	+50,54	**2010**	+66,07
1921	+22,25	**1951**	+29,57	**1981**	+51,38	**2011**	+66,32
1922	+22,41	**1952**	+29,97	**1982**	+52,17	**2012**	+66,60
1923	+23,03	**1953**	+30,36	**1983**	+52,96	**2013**	+66,91
1924	+23,49	**1954**	+30,72	**1984**	+53,79	**2014**	+67,28
1925	+23,62	**1955**	+31,07	**1985**	+54,34	**2015**	+67,64
1926	+23,86	**1956**	+31,35	**1986**	+54,87	**2016**	+68,10
1927	+24,49	**1957**	+31,68	**1987**	+55,32	**2017**	+68,59
1928	+24,34	**1958**	+32,18	**1988**	+55,82	**2018**	+68,97
1929	+24,08	**1959**	+32,68	**1989**	+56,30	**2019**	+69,22
						2020	+69,36

4.5 JULIANISCHES DATUM

Das Julianische Datum (JD – Julian Day) stellt eine fortlaufende Zählung der Tage dar. Es wurde von **Joseph Justus Scaliger** im Jahre 1583 eingeführt. Der Startzeitpunkt entspricht der Epoche der Julianischen Periode (siehe Kapitel 3.8.7 auf Seite 108): JD 0,00 = 1. Januar –4712 (= 4713 vor Chr.), 12^h00^m UT. Seit diesem Zeitpunkt werden alle Tage durchgezählt. Jeder Tag hat somit eine eigene Nummer. Der 1. Januar 2014 hat danach die Tagesnummer: JD 2.456.658,5. Am 1. Januar des Jahres 0 (= 1 vor Chr.) lautete die **Tagesnummer**: JD 1.721.058,5. Am 1. Januar des Jahres 1 (= 1 nach Chr.) lautete die Tagesnummer: JD 1.721.423,5.

Statt Julianisches Datum wird auch die Bezeichnung Julianische Tagesnummer (JDN – Julian Day Number) verwendet, um damit eine Verwechslung mit dem Julianischen Kalender und seinen Daten zu vermeiden. Denn das Julianische Datum hat nichts mit dem Julianischen Kalender zu tun. Wie bereits in Kap. 3.8 erwähnt, hat Scaliger diese Tageszählung nach dem Vornamen seines Vaters „Julius“ benannt.

Unter einem **Datum** versteht man gemeinhin die Angabe von Jahreszahl, Monatsname, Nummer des Tages im Monat und des Wochentags, also beispielsweise Montag, 6. Juni 2016. Will man den Zeitpunkt eines Ereignisses genauer angeben, so werden Stunden, Minuten, Sekunden und eventuell Bruchteile von Sekunden hinzugefügt.

So praktisch diese Angaben im täglichen Leben auch sind, bei der Berechnung astronomischer Ereignisse stößt man auf Schwierigkeiten. Denn bei bürgerlichen Zeitangaben werden verschiedene Einheiten gleichzeitig verwendet: Jahre, Monate, Tage, Stunden, Minuten, Sekunden. Diese Zeiteinheiten entsprechen nicht dem Dezimalsystem und sind meist inkommensurabel, also nicht einmal in ganzzahligen Vielfachen ausdrückbar: Ein Jahr hat nicht genau 365 Tage; ein Monat hat mal 30, dann 31 Tage, der Februar 28 oder 29 Tage. Der veränderliche Stern **Algol** erreicht immer nach $2^d20^h48^m05^s$ sein Lichtminimum. Im astronomischen Jahrbuch *Kosmos Himmelsjahr* steht vermerkt, dass Algol am 6. Januar 2014 um 2^h21^m ein Helligkeits-Minimum erreicht. Will man berechnen, wann Algol im Juni 2016 ein beobachtbares Minimum aufweist, das also nicht in die Tageshelle fällt, so gibt dies eine mühsame Rechnerei mit Minuten, Stunden, Tagen, Wochen und Monaten. Um periodische Himmelsvorgänge – wie etwa die Algol-Minima – rasch und vergleichsweise mühelos zu berechnen, bedient

4.18 Josef Justus Scaliger (1540–1609) führte 1582 die Julianische Tageszählung ein.

man sich in der Astronomie eines einheitlichen Zeitmaßes, nämlich des Sonnentages. Jahr, Monat, Tag, Stunde, Minute und Sekunde eines Zeitpunktes werden nur durch eine einzige Tageszahl ausgedrückt. Zeitdifferenzen können so leicht gebildet werden. Ein Vorteil der Tageszählung ist es, dass man sich um Schaltjahre oder Kalenderreform (es fehlen bekanntlich die Tage zwischen 4. und 15. Oktober 1582) nicht zu kümmern braucht. Denn jeder Tag hat seine eigene Nummer, die man bei Berechnungen automatisch als Ergebnis erhält. Stunden, Minuten und Sekunden werden durch dezimale Tagesbruchteile ausgedrückt. Hat ein **RR-Lyrae-Stern** eine Periode von 0,78 231 Tagen, so entspricht dies 18 Stunden 46 Minuten 31,6 Sekunden. Noch etwas ist zu beachten: Die Tageszählung springt nicht um Mitternacht, sondern zu Mittag um eine Einheit weiter. Der Vormittag zählt zum vergangenen Tag. Dies hat historische Gründe. Früher wollten die Astronomen bei ihren nächtlichen Beobachtungen den Datums-

☞ AUSGEWÄHLTE JULIANISCHE TAGESNUMMERN

EPOCHE DES JULIANISCHEN DATUMS:	
1. Januar –4712 (= 4713 BCE) **00**^{h}00^{m}00^s UT	JD –0,50 000
1. Januar –4712 (= 4713 BCE) **12**^{h}00^{m}00^s UT	JD 0,00 000
EPOCHE A.U.C. – GRÜNDUNG ROMS:	
1. April –752 (= 753 BCE) **12**^{h}00^{m}00^s UT	JD 1 446 481,0
SCHLACHT BEI ISSOS:	
1. November -332 (=333 BCE) **12**h00^{m}00^s UT	JD 1 600 100,0
EDIKT VON CANOPUS – ÄGYPTISCHE KALENDERREFORM:	
1. Januar –237 (= 238 BCE) **12**^{h}00^{m}00^s UT	JD 1 634 493,0
JULIANISCHE KALENDERREFORM:	
1. März –45 (= 46 BCE) **12**^{h}00^{m}00^s UT	JD 1 704 680,0
EPOCHE DER CHRISTLICHEN ÄRA (CE):	
1. Januar 0 (= 1 BCE) **12**^{h}00^{m}00^s UT	JD 1 721 058,0
31. Dezember 0 (= 1 BCE) **12**^{h}00^{m}00^s UT	JD 1 721 423,0
1. Januar 1 (= 1 CE) **12**^{h}00^{m}00^s UT	JD 1 721 424,0
31. Dezember 1 (= 1 CE) **12**^{h}00^{m}00^s UT	JD 1 721 788,0
GREGORIANISCHE KALENDERREFORM:	
4. Oktober 1582 CE julianisch **12**^{h}00^{m}00^s UT	JD 2.299.16**0**,0
15. Oktober 1582 CE gregorianisch **12**^{h}00^{m}00^s UT	JD 2.299.16**1**,0

wechsel um Mitternacht aus protokollarischen Gründen vermeiden. Seit 1925 ist man von dieser Gepflogenheit abgegangen, nur beim Julianischen Datum ist man – wie leicht einzusehen – dabei geblieben. JD 2 457 023,**0** bedeutet also **31. Dezember** 2014, 12^h UTC (= 13^h MEZ), JD 2 457 023,**5** aber **1. Januar** 20**15**, 0^h UT (Mitternacht Greenwich Mean Local Time) beziehungsweise 1^h MEZ. Ein anderes Beispiel: JD 2 456 812,23786 bedeutet den Zeitpunkt 3. Juni 2014, $17^h42^m31{,}4^s$.

Bei genauen astronomischen Berechnungen (ab Minutengenauigkeit) ist noch anzugeben, auf welche Zeitskala sich das jeweilige Julianische Datum bezieht. JDE bedeutet, dass das Julianische Datum in Ephemeridenzeit angegeben ist. Oft wird auch die entsprechende Dynamische Zeitskala in Klammern gesetzt wie JD(TT). Ist JD ohne Zusatz, so ist immer davon auszugehen, dass JD(UTC) gemeint ist (siehe auch Kap. 4.5 auf Seite 173).

☞ AUSGEWÄHLTE SÄKULARJAHRE

jeweils 1. Januar für **$12^h00^m00^s$** UT

SÄKULARJAHRE	JULIANISCHES DATUM	SÄKULARJAHRE	JULIANISCHES DATUM
4000 BCE	260 424	**2000**	2 451 545
3000	625 674	**2001**	2 451 911
2000	990 924	**2010**	2 455 198
1000 BCE	1 356 174	**2020**	2 458 850
0	1 721 058	**2030**	2 462 503
1000 CE	2 086 308	**2040**	2 466 155
1100	2 122 833	**2050**	2 469 808
1200	2 159 358	**2100**	2 488 070
1300	2 195 883	**2200**	2 524 594
1400	2 232 408	**2300**	2 561 118
1500	2 268 933	**2400**	2 597 642
1600	2 305 448	**2500**	2 634 167
1700	2 341 973	**3000**	2 816 788
1800	2 378 497	**4000**	3 182 030
1900	2 415 021	**5000**	3 547 273
1950	2 433 282	**6000**	3 912 515
1960	2 436 935	**7000**	4 277 758
1970	2 440 588	**8000**	4 643 000
1980	2 444 240	**9000**	5 008 243
1990	2 447 893		

☞ AUSGEWÄHLTE JULIANISCHE DATEN

JULIANISCHES DATUM	SÄKULARJAHRE	
JD 0,00000	1. Januar	4713 BCE
JD 1000000	7. November	1976 BCE
JD 1234567	23. Januar	1333 BCE
JD 2.000.000	14. September	763 CE
JD 2345678	23. Februar	1710 CE
JD 2500000	31. August	2132 CE
JD 3000000	15. August	3501 CE

CE: Common Era (nach Chr.), BCE: Before Common Era (vor Chr.)

Zur Vermeidung großer Zahlen hat man im **Geophysikalischen Jahr 1956/1957** das **Modifizierte Julianische Datum**, abgekürzt **MJD**, eingeführt. Die **Epoche des MJD** ist der 17. November 1858, $0^h00^m00^s$ UT. Es gilt: 2.400.000,5 JD = 00.000,0 MJD. Der Tagesbeginn erfolgt beim MJD um Mitternacht wie beim bürgerlichen Datum. Das MJD hat sich in der Astronomie nicht durchgesetzt, vermutlich weil die Astronomen gewohnt sind, mit großen Zahlen zu rechnen. In der Raumfahrt allerdings wird es verwendet.
Aus dem Julianischen Datum kann übrigens schnell der **Wochentag** bestimmt werden. Man teilt die Julianische Tagesnummer durch 7. Bleibt kein Rest, so ist der Tag ein Montag, Rest 1 = Dienstag, Rest 2 = Mittwoch, Rest 3 = Donnerstag, Rest 4 = Freitag, Rest 5 = Samstag und Rest 6 = Sonntag. Im astronomischen Jahrbuch *Kosmos Himmelsjahr* ist für jeden Monatsersten das Julianische Datum unter der Rubrik *Sonnenlauf* vermerkt, so dass für jeden Tag des Monats durch einfache Addition des Monatstages die Julianische Tageszahl leicht bestimmbar ist.

Umrechnung: Bürgerliches Datum in Julianisches Datum

Y: Jahr, M: Monat, D: Tag, JD: Julianische Tagesnummer

Für M = 1 oder M = 2 setze man Y = Y – 1 und M = M + 12 (Jan und Feb sind dann der 13. und 14. Monat des Vorjahres).

Für ein Datum im Julianischen Kalender gilt: B = 0

Für ein Datum im Gregorianischen Kalender gilt:
A = INT (Y / 100)
B = 2 – A + INT (A / 4)

JD = INT (365,25 × (Y + 4716)) + INT (30,6001 × (M +1)) + D + B – 1524,5

Umrechnung: Julianisches Datum in bürgerliches Datum

Y: Jahr, M: Monat, D: Tag, JD: Julianische Tagesnummer

Z = INT (JD + 0,5),
F = FRAC JD = (JD – INT JD)
X = INT ((Z – 1 867 216,25) / 36 524,25)
A = Z + 1 + X – INT (X / 4)
B = A + 1524
C = INT ((B – 122,1) / 365,25)
G = INT (365,25 × C)
E = INT ((B – G) / 30,6001)

Y = C – 4716 für M > 2
Y = C – 4715 für M = 1 oder 2
M = E – 1 für E < 14
M = E – 13 für E = 14 oder 15
D = B – G – INT (30,6001 × E) + F

☞ UMRECHNUNG TAGESBRUCHTEILE (T.B.)

T.B.	h m	T.B.	h m s	T.B.	m s	T.B.	m s
0,1	2 24	**0,01**	0 14 24	**0,001**	1 26	**0,0001**	0 9
0,2	4 48	**0,02**	0 28 48	**0,002**	2 53	**0,0002**	0 17
0,3	7 12	**0,03**	0 43 12	**0,003**	4 19	**0,0003**	0 26
0,4	9 36	**0,04**	0 57 36	**0,004**	5 46	**0,0004**	0 35
0,5	12 00	**0,05**	1 12 00	**0,005**	7 12	**0,0005**	0 43
0,6	14 24	**0,06**	1 26 24	**0,006**	8 38	**0,0006**	0 52
0,7	16 48	**0,07**	1 40 48	**0,007**	10 05	**0,0007**	1 00
0,8	19 12	**0,08**	1 55 12	**0,008**	11 31	**0,0008**	1 09
0,9	21 36	**0,09**	2 09 36	**0,009**	12 58	**0,0009**	1 18
1,0	24 00	**0,10**	2 24 00	**0,010**	14 24	**0,0010**	1 26

Rechenbeispiel: Der dezimale Tagesbruchteil 0,7823 soll in Stunden, Minuten und Sekunden verwandelt werden:

Es sind 0,7 = $16^h48^m00^s$
0,08 = $1^h55^m12^s$
0,002 = 2^m53^s
0,0003 = 0^m26^s
...
0,7823 = $18^h46^m31^s$

IX
X
XI
XII
I
II
III
IV

5. ZEITMESSUNG

5.1 Eine Uhr besteht aus einem gleichmäßigen periodischen Vorgang und einem Zählwerk.

Die Messung des Zeitablaufes geschieht mit Hilfe von Uhren. Im Mittelalter sprach man auch von **Horologium**, dem Stundenanzeiger. Hochpräzise Uhren für astronomische und physikalische Zwecke werden **Chronometer** genannt.
Eine Uhr setzt sich aus zwei fundamentalen Bestandteilen zusammen: einem periodischen Vorgang und einem Zählwerk. Solch periodische Vorgänge sind die Rotation der Erde, die Schwingung eines Pendels, die Oszillation eines Quarzes oder die Frequenz atomarer Niveauübergänge.
Je konstanter die Periode eines Vorganges, desto genauer die Uhr – vorausgesetzt, das Zählwerk ist intakt. Die **Erduhr** zeigt sich längst nicht so präzise, wie einst gedacht. Die Erdrotation unterliegt täglichen Schwankungen und langfristig nimmt ihre Frequenz ab. **Pendeluhren** werden durch Temperaturänderungen sowie Luftdruckschwankungen in ihrer Genauigkeit beeinträchtigt. **Die Schwingungsfrequenz eines Quarzes** variiert ebenfalls mit der Temperatur.
Der **Uhrenstand** gibt an, inwieweit die angezeigte Uhrzeit von einer idealen Uhr abweicht. Der **Uhrengang** wiederum gibt die Änderung des Uhrenstandes innerhalb von 24 Stunden an. Eine genau gehende Uhr zeigt einen möglichst konstanten Gang, auch wenn dieser relativ groß ist. Beträgt der Uhrengang genau eine Minute, so geht die Uhr täglich um eine Minute mehr vor als am Vortag, der Uhrenstand vergrößert sich infolge dessen jeden Tag um eine Minute. Somit lässt sich die genaue Zeit leicht ermitteln. Schwankt die Ganggenauigkeit von Tag zu Tag, so kann man auf die genaue Zeit nicht schließen.
Die **Ganggenauigkeit** gibt die Abweichung relativ zu einer fiktiven gleichförmigen Zeit an. Die Ganggenauigkeit der besten Präzisionspendeluhren erreichten immerhin 10^{-7}, dies entspricht einer Abweichung von nur 0,01 Sekunden pro Tag. Die ersten Atomuhren (Cäsium-Uhren) erreichten 10^{-12}, dies ergibt eine Abweichung von rund einer Sekunde in 30 000 Jahren. Moderne Strontium- oder Ytterbium-Uhren weisen eine Ganggenauigkeit von 10^{-17} auf, was einen Fehler von einer Sekunde in drei Milliarden Jahren ergibt.

5.1 SONNENUHREN UND GNOMONIK

Den einfachsten Fall einer Sonnenuhr stellt ein senkrecht postierter Stab dar, der im Sonnenlicht seinen Schatten auf eine horizontale Ebene wirft. Einen solchen Stab oder eine solche Säule nennt man **Schattenstab** oder **Gnomon**. Das Wort Gnomon stammt aus dem Griechischen: ὁ γνώμων bedeutet Aufseher, Begutachter und Zeiger der Sonnenuhr. Die Griechen übernahmen den Gnomon von den Babyloniern. Oft wurde die Bezeichnung Gnomon für die Sonnenuhr selbst verwendet, also Schattenstab samt Zifferblatt. Die Lehre von den Sonnenuhrkonstruktionen wird daher Gnomonik genannt.

Im Altertum wurden die Gnomone oft zu gewaltigen Säulen. Vor allem in Ägypten errichtete man riesige, vierkantige, sich nach oben verjüngende Steinpfeiler, deren Abschluss eine kleine Pyramide bildete.

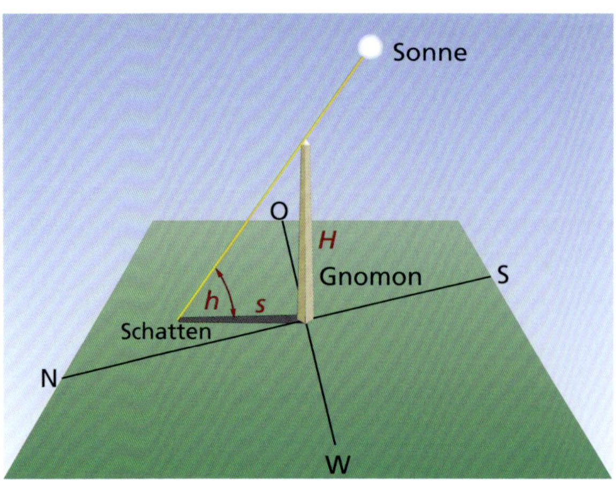

5.2 Ein Gnomon in einfacher Ausführung – auch als Schattenstab bezeichnet.

Solche überdimensionalen Schattenstäbe nennt man **Obelisken**. Die Bezeichnung stammt vom griechischen Wort ὁ ὀβελός, der Spieß. In der Regel meinte man damit einen Bratspieß. Der Begriff wurde dann leicht scherzhaft auf die wahrhaft monumentalen Obelisken übertragen.

Oftmals wurde die pyramidenförmige Spitze vergoldet. Die ersten Strahlen der Morgensonne, die die Spitze trafen, ließen sie funkeln und leuchten. Obelisken waren ein Kultsymbol des ägyptischen Sonnengottes **Ra**. Der höchste noch erhaltene Obelisk in Ägypten steht in Luxor und hat eine Höhe von 28 Meter. Er wurde unter der Herrschaft der Königin **Hatschepsut** errichtet. Mehrere Obelisken wurden von den Römern entwendet und nach Rom verschleppt, so ein fast 30 Meter langer Obelisk von **Ramses II**.

Aus der Schattenrichtung und der Schattenlänge eines Gnomons lässt sich auf die Tagesstunde schließen. Doch nicht nur das. Der Gnomon vermag noch mehr. Sein kürzester Schatten, den er wirft, markiert die Nord-Süd-Richtung. Der Gnomon erlaubt somit die Bestimmung der Himmelsrichtungen. Ferner gibt er die Sonnenhöhe an. Der Höhenwinkel h der Sonne ergibt sich aus der Höhe H des Gnomons und der Schattenlänge s (siehe Abb. 5.2). Es gilt $h = \mathrm{arctg}\,(H/s)$.

Die Höhe der Sonne ist aber nicht nur von der Tagesstunde, sondern auch von der Jahreszeit abhängig. Zur gleichen Tageszeit, beispielsweise mittags, steht die Sonne im Sommer höher als im Winter. Aus der

5.3 Ägyptische Obelisken sind die kultmäßig ausgeprägten, riesigen Gnomone mit bis zu 28 m Höhe. Sie sind dem Sonnengott Ra (Re) gewidmet.

Schattenlänge lässt sich somit auch der Jahreslauf der Sonne bestimmen und in Folge davon auch die Schiefe der Ekliptik, also die Neigung der scheinbaren Sonnenbahn zum Himmelsäquator.

Darüber hinaus lässt sich sogar die **Elliptizität der Erdbahn** mit Hilfe eines Gnomons ermitteln. Aus der Schattenlänge zur Kulmination (Höchststellung der Sonne im Meridian, der Mittagslinie) ergibt sich die Jahreszeit. Bei regelmäßiger Ablesung des Schattenwurfes stellt man fest, dass das **Sommerhalbjahr** länger dauert als das **Winterhalbjahr**. Dies ist eine direkte Folge des 2. Keplerschen Gesetzes: In Sonnenferne läuft ein Planet langsamer als in Sonnennähe. Die Erde passiert ihr Perihel Anfang Januar, ihr Aphel hingegen Anfang Juli. Somit braucht sie länger, um die halbe Bahn im Sommerhalbjahr

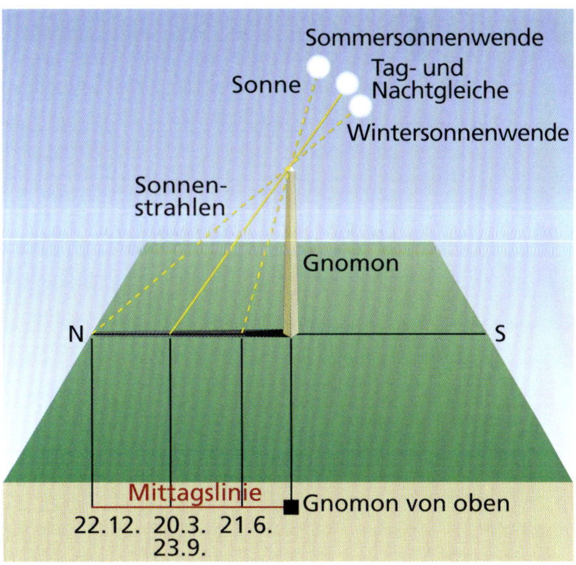

5.4 Mit Hilfe eines Gnomons lassen sich die Solstitien- und Äquinoktientermine sowie die Abweichung der Erdbahn von der exakten Kreisform bestimmen.

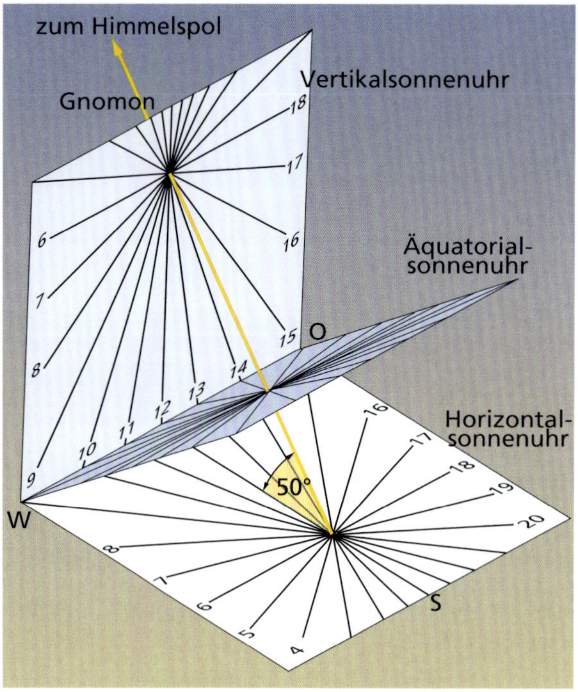

5.5 Prinzip einer Horizontal-, Vertikal- und Äquatorialsonnenuhr

zurückzulegen als im Winterhalbjahr.
Um aus einem Gnomon eine Sonnenuhr werden zu lassen, muss man noch auf der Fläche, auf die der Schatten fällt, Markierungen anbringen, um die Schattenrichtung möglichst genau zu ermitteln. Kurz, eine Sonnenuhr besteht aus einem Schattenspender (der nicht immer ein Stab oder eine Säule sein muss) und einem Zifferblatt. Je nach der schattenauffangenden Fläche teilt man die Sonnenuhren in drei Gruppen (im Wesentlichen) ein: **Horizontal-**, **Vertikal-** und **Äquatorialsonnenuhren**.
Im ersten Fall liegt das Zifferblatt in der Horizontebene des Aufstellungsortes. Horizontalsonnenuhren kommen vor allem bei sehr großen Dimensionen vor. Vertikalsonnenuhren findet man an Gebäudewänden, die senkrecht stehen. Der einfachste Fall für die Konstruktion einer Vertikalsonnenuhr liegt bei einer Wand vor, die genau in Ost-West-Richtung steht. Man spricht von einer **Südwand**, weil die Front der Wand nach Süden sieht. Hier ist das Zifferblatt symmetrisch, während man bei Wänden, die nach anderen Azimuten ausgerichtet sind, ein asymmetrisches Zifferblatt konstruieren muss („abweichende" Vertikalsonnenuhren).
Äquatoriale Sonnenuhren sind meist kleinere, freistehende Sonnenuhren (in Gärten oder Parks). Dabei unterscheidet man zwei Typen: Sonnenuhren mit **äquatorparallelen** und solche mit **erdachsparallelen Zifferblättern**. Im ersten Fall liegt das Zifferblatt in der Ebene des Himmelsäquators, ist also um den Komplementärwinkel der geografischen Breite des Standortes aus der Horizontebene heraus gekippt. Im zweiten Fall ist das Zifferblatt parallel der Erdachse ausgerichtet und damit um den Winkel der geografischen Breite zur Horizontebene geneigt. Der Schattenstab zeigt in diesem Fall dann häufig auf den Himmelsäquator.
Die Sonnenuhr zeigt nicht die Zeit an, die man an seiner Armbanduhr abliest. Die Sonnenuhr geht jedoch nicht falsch, sondern sie zeigt die **wahre Ortszeit** (WOZ) an, während die übrigen Uhren in unserer Gegend nach Mitteleuropäischer Zeit (MEZ) laufen. Um aus der WOZ die MEZ zu ermitteln, muss man zwei Korrekturen anbringen: Eine ist für die geografische Länge, und die zweite berücksichtigt die Differenz zwischen mittlerer und wahrer Sonnenzeit. Die Sonnenuhr kann gegenüber der mittleren (Orts-)Zeit bis eine Viertelstunde vor- oder nachgehen. Die Zeitgleichung ist auf Seite 152 näher erläutert.
Die Zeitkorrektur wegen geografischer Länge ist einfach vorzunehmen und ist das ganze Jahr hindurch gleich. Pro Längengrad sind vier Minuten anzubringen. Die Mitteleuropäische Zeit ist gleich der mittleren Ortssonnenzeit des Meridians 15° östlich von Greenwich. Steht eine Sonnenuhr auf dem Meridian 10° östlich von Greenwich, dann geht die Sonnenuhr 20^m gegenüber der

MEZ nach. Wenn eine Sonnenuhr auf dem 15°-Meridian 12^h angezeigt, dann zeigt zum gleichen Zeitpunkt eine Sonnenuhr auf dem 10°-Meridian erst 11^h40^m. Da die Sonnenuhr jedoch die wahre und nicht die mittlere Ortssonnenzeit anzeigt, muss noch die Zeitgleichung als zweite Korrektur abgebracht werden.

Die **Zeitgleichung** ist vom Datum abhängig. Viermal im Jahr ist der Wert der Zeitgleichung gleich Null, nämlich am 15. April, am 13. Juni, am 1. September und am 25. Dezember. Zu diesen Terminen erspart man sich eine Korrektur. Die Extremwerte erreicht die Zeitgleichung am 12. Februar und am 3. November. Die Zeitgleichung beträgt am 12. Februar -14^m. Die Sonnenuhr geht an diesem Tag nach, sie hinkt der mittleren Sonnenzeit hinterher. Wenn die wahre Sonne kulminiert, also um 12^h WOZ, dann ist es bereits 12^h14^m MOZ. Im Herbst ist die Zeitgleichung positiv. Am 3. November ist ihr Wert 17^m die Sonnenuhr geht um 17^m vor. Kulminiert die Wahre Sonne am 3. November, ist es also 12^h WOZ, so zeigt eine Uhr, die nach MOZ läuft, erst 11^h44^m.

Positive Zeitgleichung bedeutet stets ein Vorgehen der Sonnenuhr, negative Werte ein Nachgehen, denn es gilt:

WOZ = MOZ + ZGL.

Trägt man den Wert der Zeitgleichung gegen die Sonnendeklinationen auf, so erhält man eine achtartige Kurve, die **Analemma** genannt wird (siehe Abb. 4.6 auf Seite 154). Die Bezeichnung stammt vom griechischen ἡ ἀνάλημψις, was Aufnahme oder Auffahrt, auch Aufzeichnung heißt. **Eudoxos von Knidos** (408–355 vor Chr.) hat diesen Begriff erstmals für die Zeitgleichungs-Sonnendeklinations-Kurve verwendet. Durch geeignete Konstruktionen der Zifferblätter und spezieller Formgebung der Schattenwerfer gelingt es, Sonnenuhren zu bauen, die beide Korrekturen berücksichtigen und deshalb nicht die WOZ, sondern die MEZ anzeigen. Solche Sonnenuhren nennt man **analemmatisch**. Eine besonders ausgereifte Konstruktion stammt von **Martin Bernhardt** aus Freudenstadt. Er hat eine minutengenaue **Präzisionssonnenuhr** entwickelt, die MEZ und MESZ (Sommerzeit) anzeigt. Zwei analemmatisch geformte

5.6 Präzisionssonnenuhr vor dem Planetarium Stuttgart (Konstruktion: Ing. Martin Bernhard)

☞ SINNSPRÜCHE AUF SONNENUHREN

HORAS NON NUMERO NISI SERENAS	Mach' es wie die Sonnenuhr, zähl die heit'ren Stunden nur
CARPE DIEM	Nutze den Tag
TEMPUS FUGIT	Die Zeit flieht
TEMPUS VINCIT OMNIA	Die Zeit besiegt alles
SOL OMNIBUS LUCET	Die Sonne scheint für alle
UT HORA SIC FUGIT VITA	Wie die Stunde flieht das Leben
OMNES VULNERANT, ULTIMA NECAT	Alle (Stunden) verletzen, die letzte tötet
	Wie Schatten flieht die edle Zeit
	Oh, Mensch, gedenk' der Ewigkeit!
TEMPUS FUGIT, AETERNITAS ADVENIT	Die Zeit flieht, die Ewigkeit kommt
	Die Sonnenuhr geht immer richtig, die Räderuhr nimmt man zu wichtig
LENTE HORA, CELERITER ANNI	Träge vergeht die Stunde, zu schnell die Jahre
TEMPUS RERUM IMPERATOR	Die Zeit ist die Herrscherin über alle Dinge
	Die Zeit heilt alles
	Die Zeit eilt, heilt und teilt

5.7 Die steinerne Sonnenuhr vor der Sternwarte Welzheim

Schattenwalzen – jeweils eine für das erste und eine für das zweite Halbjahr – korrigieren automatisch die Zeitgleichung, da durch die Änderung der Sonnendeklination der jeweils passende Abschnitt der Schattenwalze seinen Schatten auf das Zifferblatt wirft. Gelegentlich werden Sonnenuhren auch als **„Monduhren"** eingesetzt. Besonders um die Vollmondzeit, vor allem wenn keine irdischen Lichtquellen stören, wirft der Gnomon einer Sonnenuhr auch im Mondlicht einen sichtbaren Schatten. Um auf die wahre Ortssonnenzeit schließen zu können, ist noch die Differenz der Rektaszension von Sonne und Mond anzubringen: WOZ = abgelesene „Mondzeit" + Differenz (Mondrektaszension minus Sonnenrektaszension). Bei Vollmond beträgt diese Rektaszensionsdifferenz 12^h. Zeigt die Sonnenuhr also im Mondschatten 12^h an, so ist es 24^h Mitternacht.

5.2 HISTORISCHE ZEITMESSVERFAHREN

Neben Sonnenuhren jeder Größe, die schon zwei- bis dreitausend Jahre vor Chr. in Ägypten, Babylon und China in Gebrauch waren, verwendete man im Altertum noch andere Zeitmessverfahren. Zu ihnen zählt die **Wasseruhr**, in Griechenland **Klepshydra** (Κλεψύδρα), der Wasserfasser oder Wasserdieb genannt. Wasseruhren wurden in zahlreichen Variationen konstruiert. Im einfachsten Falle wurde das Abfüllen eines oder mehrerer Gefäße durch eine gleichmäßig fließende Wasserquelle beobachtet. Die Auslaufwasseruhren berücksichtigten das Auslaufen von Wasser aus einem vorher gefüllten Gefäß.
Die Wasseruhr von Karnak nahe dem **Amuntempel** wurde 1360 vor Chr. in Ägypten erbaut. Es handelt sich um eine Wasserauslaufuhr. Sie gilt als älteste erhaltene Wasseruhr, obwohl schon um 2150 vor Chr. erste Wasseruhren in Ägypten in Gebrauch waren. Der chinesische Mathematiker **Han Kung-Lien** erbaute eine Wasseruhr mit einem Räderwerk und Anzeigevorrichtung, bewegten Figuren und einem Gong. Eine Wasseruhr mit einem Wecker wurde 800 nach Chr. erbaut.
Die Voraussetzung für alle Wasseruhren ist ein gleichmäßiger Zu- und Abfluss. In Indien und China ließ man Wasser von einem oberen Gefäß durch ein kleines Loch in ein unteres Gefäß fließen. In Griechenland benutzte man den simplen Ausfluss aus einem Wasserkrug zur Messung der Länge eines Redebeitrages. Wasseruhren wurden noch im Mittelalter verwendet.
Öluhren ließen nach dem verbrauchten Öl die Zeit schätzen. An der Abnahme des Ölstandes ließ sich die Nachtstunde bestimmen. **Kalibrierte Kerzen** ließen nach Fortschreiten des Abbrandes den Zeitablauf relativ genau messen. Manchmal wurde in einer

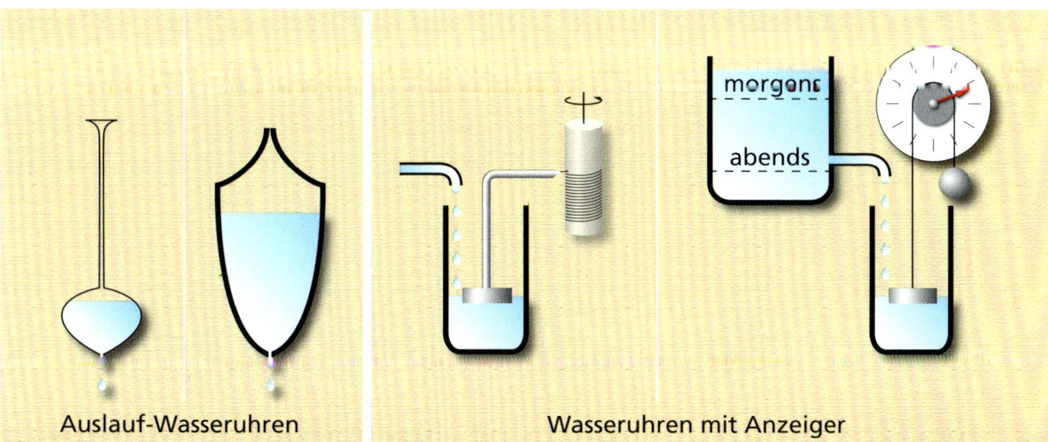

5.8 Verschiedene Typen von Klepshydren (Wasseruhren)

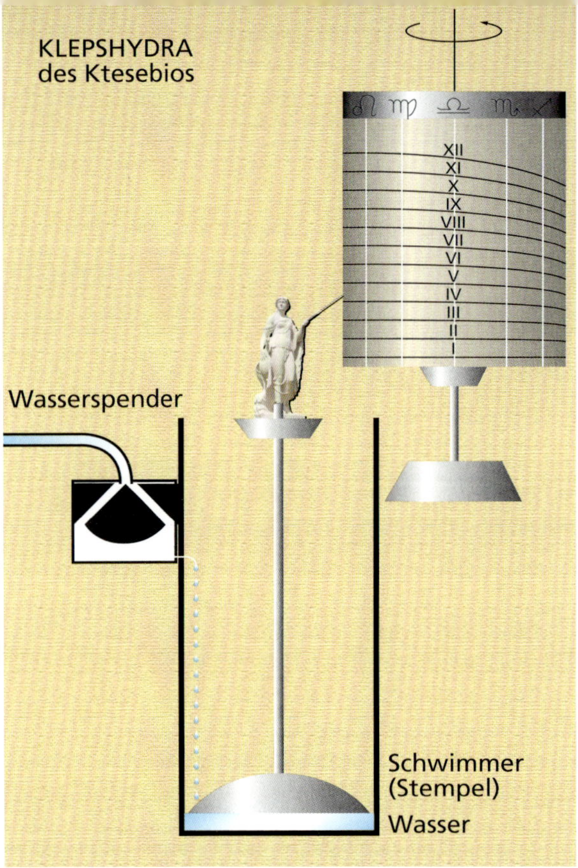

5.9 Die Klepshydra des Ktesebios (um 260 vor Chr.)

5.10 Feueruhr nahe des Ōmi-jingū-Schreins in Ōtsu, Westjapan.

bestimmten Höhe ein Metallring um die Kerze gelegt. An ihn war ein Faden gebunden, an dem über eine Rolle ein Gewicht hing – zum Beispiel eine Schale mit Metallkugeln. Darunter lag ein Metallteller. War die Kerze bis zum Ring abgebrannt, so löste sich der Metallring und die Gewichte stürzten auf den Metallteller. Der Krach weckte die Schläfer.

Berühmt geworden sind auch die chinesischen **Feueruhren**, die in vielfältiger Ausgestaltung konstruiert und hergestellt wurden.

Die Feueruhren wurden nicht im täglichen Leben verwendet, sondern bei kultischen Handlungen eingesetzt. Auch zu astronomischen Beobachtungen verwendete man Feueruhren. Manchmal zählt man auch die Kerzenuhren und die Öluhren zu den Feueruhren. Man spricht auch von Luntenuhren.

5.11 Kerzenuhr mit Weckmechanismus aus dem 19. Jahrhundert

5.2.1 SANDUHREN

Mit dem Aufkommen der Glasherstellung um 1250 in Venedig wurden auch die ersten Sanduhren gefertigt. Sie bestanden aus zwei miteinander verbundenen Glasgefäßen, die senkrecht übereinandergestellt waren. Ein kleines Loch ermöglichte es, dass Sand vom oberen ins untere Gefäß rieselte. Die ersten Darstellungen von Sanduhren findet man zu Beginn des 14. Jahrhunderts auf Bildern und Fresken. Ab dem 14. Jahrhundert kamen Sanduhren in den allgemeinen Gebrauch. Sie galten seit jeher als zuverlässige Zeitmesser. Im Inventarverzeichnis von **Karl V.** von Frankreich aus dem Jahre 1379 wird auch eine Sanduhr aufgeführt. **Tycho Brahe** nutzte eine Sanduhr, die mit Quecksilber anstatt mit Sand gefüllt war.

Mit fortschreitender Glasbläserkunst wurden Sanduhren aus einem Stück gefertigt und meist in einem Holzgestell untergebracht. Die Größe der Gefäße und die Sandmenge bestimmen die Laufzeit einer Sanduhr. Beliebt und weit verbreitet waren **Halbstundenuhren**.

Sanduhren wurden meist auch als **Stundengläser** bezeichnet. Sie waren lange Zeit den Räderuhren an Zuverlässigkeit überlegen. Von Nachteil war: Man musste sie genau beobachten. War der gesamte Sand vom oberen ins untere Gefäß durchgelaufen, musste die Sanduhr sofort umgedreht werden. Dies war vor allem bei Seereisen von großer Bedeutung. War die Sanduhr abgelaufen, wurde ein Gong angeschlagen. Die eingeteilte Wachmannschaft musste die Uhren umdrehen, was man **„Glasen"** nannte. Nach achtmaligem Umdrehen der Halbstundenuhren waren vier Stunden vergangen und die Wachen wurden abgelöst. Vergaß ein Matrose, die Sanduhr rechtzeitig umzudrehen, weil er eingeschlafen war, so erhielt er die Bastonade. Oftmals ertönten beim zweiten Glasen zwei Gongschläge, beim dritten Mal drei Gongschläge usw. Bei

5.12 Öllampenuhr aus dem 19. Jahrhundert

5.13 Sanduhr, vermutlich aus dem 18. Jahrhundert

acht Gongschlägen war schließlich Wachablösung.
Außer den Sanduhren zur Messung der Zeit bis zur nächsten Wachablöse wurden sogenannte **Loggläser** zur Messung der Schiffsgeschwindigkeit eingesetzt. Ein Logglas war eine Sanduhr mit nur 30 Sekunden Laufzeit. Zur Feststellung der Geschwindigkeit wurde ein Stück Holz ins Wasser geworfen, das an einem Seil mit Knoten in regelmäßigen Abständen angebunden war. Das Seil lief von einer Rolle ab. Je höher die Geschwindigkeit des Schiffes, desto mehr Knoten liefen während der Laufzeit der Loguhr von der Rolle. Noch heute gibt man die Geschwindigkeit eines Schiffes in **Knoten** an.

Ein Knoten ist eine Seemeile (= 1852 m) pro Stunde. Ein Schiff mit 30 Knoten bewegt sich somit mit einer Geschwindigkeit von 56 Kilometer pro Stunde.
Gewöhnlicher Sand eignet sich nicht für Sanduhren, denn er verklebt beziehungsweise verstopft die enge Öffnung zwischen beiden Gefäßen, durch die der Sand angetrieben durch die Schwerkraft rieseln soll. Nur Sand mit feinster Körnung und mit möglichst homogener Größe der Körner, die kugelförmig sein sollen, eignen sich als Füllung für Sanduhren. Im Mittelalter wurde Marmorstaub sowie Zinn- oder Bleisand verwendet. In der Neuzeit nimmt man häufig superfeine Glasperlen als Füllmaterial.
Vom Rieseln des Sandes in einer Sanduhr kommt die Vorstellung, dass „die Zeit verrinnt". Sanduhren gelten auch als Symbol der Vergänglichkeit des Lebens. Öfters findet man sie auf Abbildungen in Kombination mit einem Knochenmann, der eine Sense hält, mit der der Lebensfaden abgeschnitten wird. Totenschädel ergänzen manchmal diese allegorische Darstellung.
Die wohl kleinste Sanduhr der Welt ist nur 24 mm hoch und läuft fünf Sekunden. Im Museum der Stadt **Nima** (Japan) steht die mit sechs Meter Höhe eine der größten Sanduhren mit einer Laufzeit von einem Jahr.
Noch größer ist das „Zeitrad" mit einem Durchmesser von acht Meter und einer Breite von zweieinhalb Meter. Es steht in der ungarischen Hauptstadt Budapest in der Nähe des Heldenplatzes und besteht aus Edelstahl, Verbundglas und rotem Granit. Sein Gewicht beträgt rund 60 Tonnen. Es enthält in zwei Kammern 4,5 Kubikmeter Glasgranulat, das in einem Jahr von einer in die andere Kammer fließt. Zu Silvester wird das Rad um 180° gedreht und diese Sanduhr wieder für ein Jahr in Funktion gesetzt.

5.3 ASTRONOMISCHE ZEITBESTIMMUNG

5.3.1 DURCHGANGS-TELESKOPE

Die astronomische Zeitbestimmung beruht auf der genauen Beobachtung der Erdrotation. Die Stellung des Beobachters relativ zu den Gestirnen ändert sich infolge der Erdrotation permanent. Als Referenzmarke dient der Ortsmeridian des Beobachters. Der Stundenwinkel t eines Gestirns ist ein astronomisches Zeitmaß. Bei der Meridianpassage eines Gestirns ist dessen Stundenwinkel per definitionem gleich Null. Geht ein Gestirn durch den Meridian oder die Mittagslinie, so erreicht es die maximale Höhe über dem Südpunkt am Horizont. Passiert ein Gestirn den Meridian, so sagt man „es kulminiert" (von lateinisch culminare – den Gipfel erklimmen, den Höhepunkt erreichen; Substantiv: die Kulmination). **Meridianpassagen** werden auch als **Transite** bezeichnet. Kulminiert ein Gestirn, dann entspricht die Rektaszension des Gestirns der Sternzeit ϑ. Die Sternzeit ist definitionsgemäß der Stundenwinkel des Frühlingspunktes. Passiert der Frühlingspunkt den Meridian, so ist es 0^h Sternzeit. Es gilt $\vartheta = \alpha + t$, also Sternzeit ist gleich der Summe aus Rektaszension des Gestirns und seinem momentanen Stundenwinkel (siehe auch Abschnitt 2.1.2 auf Seite 33). Da beim Transit eines Gestirns sein Stundenwinkel $t = 0$ ist, so entspricht seine Rektaszension gleich der Sternzeit im Augenblick des Durchgangs ($\alpha = \vartheta$).
Die Sternzeit lässt sich in Sonnenzeit umrechnen. Man erhält dann die wahre Ortssonnenzeit (WOZ) für den Meridian des Beobachters. Die wahre Sonnenzeit entspricht dem Stundenwinkel der wahren Sonne vermehrt um 12. Kulminiert die wahre Sonne, so ist ihr Stundenwinkel $t = 0$. Plus 12 gibt 12 Uhr mittags. Zieht man die Zeitgleichung ab, erhält man die mittlere Sonnenzeit (MOZ) des Beobachtungsortes. Denn die Zeitgleichung ist definiert als ZGL = WOZ – MOZ.
Durch Abzug der geografischen Länge des Ortsmeridians von der MOZ erhält man dann die Weltzeit UT (Universal Time). Die UT entspricht der mittleren Sonnenzeit am Nullmeridian der Erde, der durch die Sternwarte Greenwich bei London geht (genauer: durch den Mittelpunkt des dortigen Meridiankreises). Daher nennt man die UT auch **Greenwich Mean Solar Time** (GMT). Addiert man die Stundendifferenz zur Zeitzone, in der sich ein Beobachter befindet, so erhält man die Zonenzeit am Beobachtungsstandort. Addiert man zur UT eine Stunde, so erhält man die Mitteleuropäische Zeit (MEZ). Sie entspricht der mittleren Sonnenzeit des Meridians 15° östlich von Greenwich.
Da sich die Sonne beim Meridiandurchgang als ausgedehnte Scheibe viel schwieriger einmessen lässt als punktförmige Sterne, werden zur astronomischen Zeitbestimmung ausgesuchte Sterne, deren äquatoriale Koordinaten genau bekannt sind, verwendet. Dazu zählen beispielsweise die Sterne des **FK 5 (5. Fundamentalkatalog)**. Bei der Messung selbst ist die Position des Frühlingspunktes zum Zeitpunkt der Messung

(**Equinox of date**) maßgebend. Passiert der Stern das Fadenkreuz (z. B. eines Passageninstruments – siehe unten), so erhält man die **wahre Sternzeit**, die wie erwähnt gleich der Rektaszension des Sternes ist. Die wahre Sternzeit entspricht dem Stundenwinkel des wahren Frühlingspunktes. Sie ist um die **Äquinoktialgleichung** zu korrigieren, um die mittlere Sternzeit zu erhalten.
Die mittlere Sternzeit ist der Stundenwinkel des mittleren Frühlingspunktes. Der mittlere Frühlingspunkt ist der von der Nutation befreite Frühlingspunkt (siehe Abschnitt 2.3.2 auf Seite 46). Die Differenz der wahren minus der mittleren Sternzeit heißt Äquinoktialgleichung. Sie kann auf etwas mehr als eine Zeitsekunde anwachsen. Außerdem ist bei der astronomischen Zeitbestimmung aus Transitbeobachtungen von Fundamentalsternen noch die **Aberration** des Lichtes sowie die Größe der Chandlerschen Polschwankung in Länge zu berücksichtigen.

5.3.1.1 PASSAGENINSTRUMENT

Meridiandurchgänge von Gestirnen wurden einst mit **Mauerquadranten** gemessen. Auch **Tycho Brahe** nutzte einen Mauerquadranten samt Diopter mit Kimme und Korn und ohne Fernrohr. **Johann Tobias Mayer** beobachtete auf der Göttinger Sternwarte erstmal mit einem Mauerquadranten, der mit einem Teleskop ausgestattet war. Die Entwicklung von Passageninstrumenten geht auf den dänischen Astronomen **Ole Römer** (1644–1710) zurück. Er setzte erstmals 1689 ein Passageninstrument zur Zeitmessung ein.
Passageninstrumente sind kleine Teleskope (Objektivöffnung um 5 cm), die sich um eine waagrechte, genau in Ost-West-Richtung justierte Achse schwenken lassen. Die optische Achse des Teleskops steht senkrecht auf der Ost-West-Kippachse. Das Teleskop hat nur einen Freiheitsgrad. Es lässt sich nur in Nord-Süd-Richtung drehen. Damit sind alle Gestirne bei ihrem Transit zu beobachten.
Bei manchen Passageninstrumenten wird mittels eines total reflektierenden Prismas der Strahlengang in die Horizontalachse geleitet. Dadurch kann an einem Ende das Okular eingesetzt werden. Man nimmt dann immer an derselben Stelle eine bequeme Beobachtungsposition ein. Am entgegengesetzten Ende der Achse ist meist eine kleine Lampe angebracht, um das Fadenkreuz zu beleuchten.
Passageninstrumente und Meridiankreise (siehe weiter unten) sind hochpräzise und empfindliche Messgeräte, deren Herstellung besondere Sorgfalt erfordert. Dennoch lassen sich Aufstellungsfehler nie ganz vermeiden. Es gilt, hauptsächlich folgende drei Fehler zu kompensieren:

1. **Azimutfehler:** Die Horizontalachse zeigt nicht exakt in Ost-West-Richtung. Durch Beobachtung polnaher Sterne kann man den Azimutfehler ermitteln. Bei Abweichung nach Westen geht in oberer Kulmination ein Stern etwas zu spät durch den Vertikal-faden (die Vertikalfäden) im Gesichtsfeld des Okulars. Beim Transit ein und desselben Sterns in oberer und anschließend in unterer Kulmination beträgt die Zeitdifferenz bei korrektem Azimut (90° – 270°) exakt

5.14 Passageninstrument der Kuffner-Sternwarte in Wien-Ottakring

zwölf Sternzeitstunden. Aus der Abweichung von dieser Zeitdifferenz erschließt sich der Azimutfehler.

2. **Neigungsfehler:** Die Horizontalachse ist mehr oder minder stark zur Tangentialebene (in erster Näherung die Horizontalebene) am Beobachtungsort geneigt. Die Neigung wird durch eine an beiden Achsenden parallel zur Horizontalachse aufgehängte Libelle (Wasserwaage) festgestellt und mechanisch korrigiert.
3. **Kollimationsfehler:** Die optische Achse des Teleskops nimmt nicht exakt einen Winkel von 90° zur Horizontalachse ein, das Teleskop steht somit nicht genau senkrecht auf der horizontalen Drehachse. Übliche Korrektur: Die Achse samt Teleskop lässt sich anheben und um 180° drehen. Damit wechseln die Achszapfen die Lager. Der zunächst im Westlager befindliche Achszapfen gelangt nach der Drehung ins Ostlager, der andere Achszapfen ins Westlager. Damit lässt sich der Kollimationsfehler ausgleichen. Steht die optische Achse nicht exakt senkrecht auf der Kipp- oder Schwenkachse, so passieren die Sterne etwas zu früh das Fadenkreuz. Nach Umschwenken gehen die Sterne etwas zu spät durch das Fadenkreuz. Durch Mittelung eliminiert sich der Kollimationsfehler.

Das Beobachtungsokular besitzt nicht nur ein simples Fadenkreuz, sondern eine Reihe von parallelen Fäden, so dass die Passage mehrmals gemessen wird. Die **Messgenauigkeit** erreicht je nach Beobachter eine halbe bis etwa 0,02 Zeitsekunden. Dabei muss die Reaktionszeit des Beobachters vorher bestimmt werden. Es gibt verschiedene Methoden, dies zu bewerkstelligen. Die Reaktionszeit wird gewöhnlich als **„persönliche Gleichung"** bezeichnet. Je nachdem wie ausgeruht der Beobachter ist, beträgt die Reaktionszeit 0,05 bis 0,2 Sekunden. Im Prinzip sind Passageninstrumente im Gegensatz zu den größeren Meridiankreisen transportabel. Sie werden üblicherweise auf gemauerten Pfeilern aufgestellt und genau justiert.

Ursprünglich wurde die **„Auge-Ohr-Methode"** zur **Transitbeobachtung** angewandt: Der Beobachter zählt die Sekundenschläge einer nahestehenden Uhr nach Gehör und verfolgt die Passage eines Sternes durch das Fadenkreuz mit dem Auge. Heute werden die Sterntransite fotoelektrisch registriert.

5.3.1.2 MERIDIANKREIS

Ein Meridiankreis oder **Mittagsrohr** ist ebenfalls ein Durchgangsinstrument, nur wesentlich größer. Zudem besitzt er einen vergleichsweise großen Höhenkreis zur Messung der Sternhöhen über dem Südpunkt am Horizont während der Sternpassage. Die Messteleskope haben Objektivdurchmesser von 10 cm bis 20 cm und Brennweiten von ein bis drei Metern. Damit können wesentlich lichtschwächere Sterne erfasst werden als bei einem Passageninstrument. Wegen der größeren Brennweite erreichen die Messungen auch eine höhere Genauigkeit. Der Meridiankreis des **Straßburger Observatoriums** hat ein Messteleskop von 15 cm freier Öffnung, der des Observatoriums von **Bischofsheim**

5.15 Meridiankreis der Kuffner-Sternwarte in Wien-Ottakring

(Frankreich) eine freie Öffnung von 19 cm. Die Horizontalachse samt Teleskop ist auf zwei stabil auf einem festen Untergrund fundierten Pfeilern gelagert. Die beiden präzise geschliffenen und polierten Achszapfen der Ost-West-Achse ruhen auf ebenfalls präzise gefertigten Achslagern. Dabei wird die Kippachse durch ein Entlastungssystem (Hebelmechanismus samt Gewichten) vor Durchbiegung und Verschleiß bei zu großem Druck auf die Achslager geschützt. Zur genauen Ablesung am Höhenkreis dienen Mikroskope. Eine oder mehrere **Libellen** (**Alhidaden**) dienen zur Überprüfung der exakt waagrechten Position der Kippachse. Das Okular enthält im Gesichtsfeld mehrere senkrechte, parallele Fäden sowie einen Horizontalfaden. Auf letzterem lässt man den Stern infolge der Erddrehung wandern und registriert dabei die Passagen durch die senkrechten Fäden.

Das **unpersönliche Mikrometer** wurde 1889 von dem Instrumentenbauer **Johann Adolf Repsold** (1838–1919) erfunden. Mit ihm wird die persönliche Gleichung (siehe „Passageninstrument") eliminiert und die Genauigkeit der Transit-Registrierung um rund das Hundertfache gesteigert. Ein einziger Vertikalfaden wird mit einer Rändelschraube parallel in horizontaler Richtung durch das Gesichtsfeld bewegt. Der Vertikalfaden wird damit dem Stern nachgeführt. Der Beobachter achtet darauf, dass der Stern stets auf dem Faden bleibt. Die Schraube ist mit bis zu hundert elektrischen Kontakten verbunden, die Signale an einen **Chronografen** weiterleiten, der sie als Zeitmarken registriert. In neueren Versionen wird der Vertikalfaden mittels eines elektrischen Antriebs dem Stern nachgeführt.

Schließlich wurde die fotografische Registrierung eingeführt. Heute werden CCD-Elemente zur exakten Registrierung der Transite und der Höheneinstellung eingesetzt.

Meridiankreise dienen inzwischen weniger zur genauen Zeitmessung, sondern zur Ermittlung genauer äquatorialer Koordinaten für Sternkataloge und von beweglichen Gestirnen wie Planeten und deren Monde, Planetoiden sowie Kometen.

Die genaue Sternzeit wird durch die an die Atomzeitskala gekoppelten Uhren zur Verfügung gestellt. Es wird die Sternzeit des Transits eines Gestirns registriert. Die Sternzeit ist gleich der Rektaszension des beobachteten Gestirns ($\alpha = \vartheta$).

Die Deklination ergibt sich aus der Höhenmessung. Die im Meridian gemessene Höhe h des Gestirns entspricht dem Komplementärwinkel der geografischen Breite φ des Aufstellungsortes des Meridiankreises plus der Deklination δ des Gestirns:

$h = 90 - \varphi + \delta$. Da die Höhe gemessen wird und die geografische Breite des Aufstellungsortes des Meridiankreises bekannt ist, erhält man die Deklination zu: $\delta = h + \varphi - 90°$.

Auch lässt sich die geografische Breite φ des Aufstellungsortes des Meridiankreises ermitteln. Man misst die **Zenitdistanz** ein und desselben Sterns sowohl in **oberer** (z_{ob}) als auch in **unterer Kulmination** (z_{unt}). Die Breite φ ergibt sich dann zu:

$\varphi = ½ (z_{ob} + z_{unt})$

Die Genauigkeit der Messungen mit dem Meridiankreis liegt typischerweise bei ±0,1″. Einer der besten Meridiankreise steht auf **La Palma**. Dieser **„Carlsberg"** genannte Meridiankreis ist seit 1984 in Betrieb und erreicht eine Genauigkeit von ±0,01″ oder sogar besser.

5.3.2 ZENITTELESKOP

Zeniteleskope stehen unbeweglich senkrecht und sind auf den Zenit gerichtet. Sie haben somit keinen Freiheitsgrad. Mit ihnen können nur Gestirne beobachtet werden, die den Zenit oder dessen unmittelbare Umgebung passieren. In der geografischen

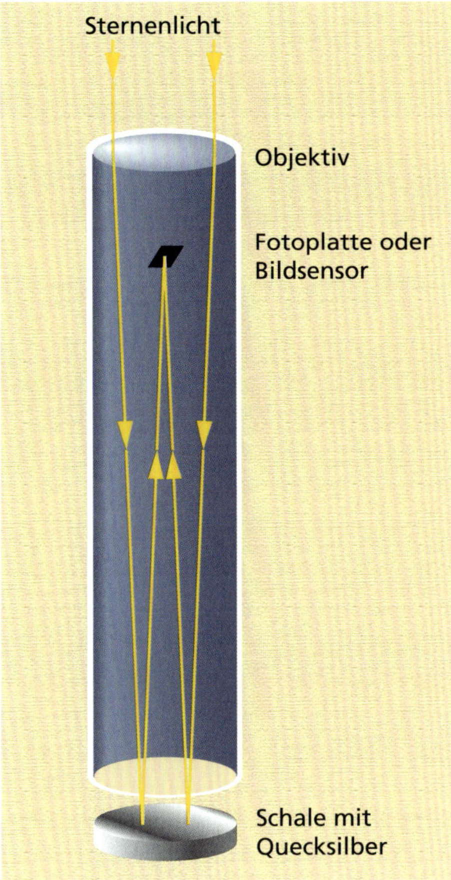

5.16 Zenitteleskop

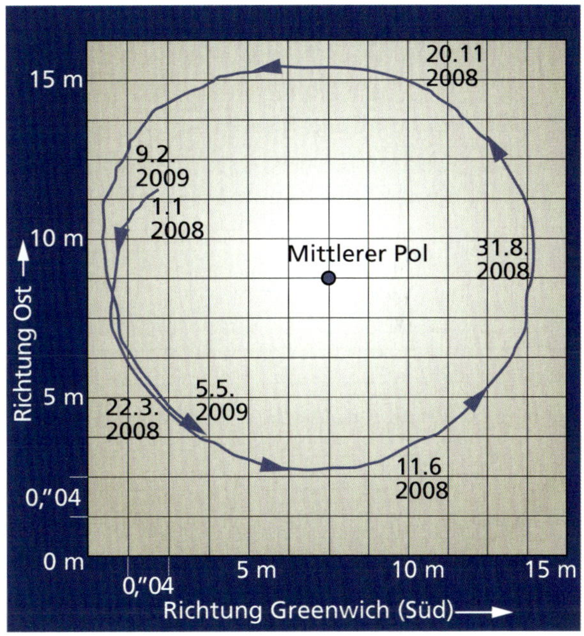

5.17 Der instantane Rotationspol der Erde wandert in rund 430 Tagen einmal um den mittleren Pol (Chandlersche Polschwankung).

Breite φ gehen alle Gestirne durch den Scheitelpunkt oder Zenit, deren Deklination δ gleich der geografischen Breite φ ist. Hat das Zenitteleskop ein Gesichtsfeld von 2°, so sind alle Gestirne beobachtbar, deren Deklination δ = φ ± 1° entspricht.

Das Zenitteleskop ermöglicht die genausten Zeit- und Koordinatenmessungen. Eine Weiterentwicklung ist das **Photographische Zenitteleskop** (PZT). Mit ihm werden Aufnahmen von Sternfeldern in unmittelbarer Nähe des Zenits gewonnen. Der Bildsensor bzw. die Fotoplatte wird zwei Mal um 180° (oder auch vier Mal um je 90°) gedreht. Dadurch wird die genaue **Zenitposition** (Achslage des PZT) ermittelt. Sternörter werden bis auf ±0,01″ genau ermittelt. Da heute die Atomzeitskala für ein hochpräzises Zeitmaß sorgt, dient die genaue Zeitmessung und exakte Bestimmung der Sternörter relativ zu einem astronomischen Referenzsystem nicht mehr zur astronomischen Zeitbestimmung, sondern zur Erfassung der **Orientierung der Erdachse** und der **Schwankungen der Erdrotation** (siehe Kapitel 4.4 auf Seite 164).

Die Erdachse ist nicht starr mit dem Erdkörper verbunden, sondern beschreibt eine annähernd kegelförmige Bewegung um die Drehimpulsachse der Erde. Dies macht sich durch eine Änderung der geografischen Breite bemerkbar.

Die Pole der Erde wandern annähernd kreisförmig in einem Quadrat von etwa zehn Mal zehn Meter. Diese Wanderung ist als **Chandlersche Polbewegung** bekannt. Der Bonner Astronom **Karl Friedrich Küstner** (1856–1936) hat bereits 1880 diese Polhöhenschwankung (**Breitendrift**) von 0,3″ mit einer mittleren Periode von 430 Tagen entdeckt.

In gleicher Größenordnung ist die Schwankung in geografischer Länge, was sich in einer Variation der gemessenen Zeit bemerkbar macht. Nach Küstner entdeckte der amerikanische Amateurastronom **Seth Carlo Chandler** (1846–1913) nach Auswertung der vorliegenden Beobachtungsdaten des Meridiankreises vom Observatorium Greenwich ebenfalls die Polwanderung. Sie entspricht der eigentlichen **physikalischen Präzession** eines kräftefreien Kreisels (nicht zu verwechseln mit der astronomischen Präzession der Erdachse infolge des gravitativen Einflusses von Mond und Sonne).

Bereits **Leonhard Euler** (1707–1783) hat die Theorie des kräftefreien Kreisels entwickelt, nach der die **instantane Rotationsachse** einer rotierenden, starren Kugel um die **raumfeste Drehimpulsachse** einen Kegelmantel beschreibt, den **Polhodie-Kegel.** Kurz: Die Rotationsachse rotiert selbst. Für die Erde berechnete Euler eine Periode der Polwanderung von 305 Tagen. Doch die Erde ist kein starrer Körper, sondern ein elastisches, verformbares **Geoid.** Die Chandlersche Polwanderung erfolgt mit einer wechselnden Periode von 412 bis 442 Tagen. Überlagert sind der Polwanderung jahreszeitliche Variationen der Erdrotationsdauer infolge von Massenverlagerungen auf der Erdoberfläche (Wolken, Eis und Schnee) sowie von tektonischen Vorgängen (Erdbeben, Vulkaneruptionen).

Die mit den Meridiankreisen und PZTs ermittelte Weltzeit wird als UT 0 bezeichnet. Die im Nachhinein entsprechend der gemessenen Polschwankung korrigierte Weltzeit ist die UT 1. Zusätzlich werden die Rotationsschwankungen berücksichtigt, was zur UT 2 führt. Die weltweit ermittelten Daten werden im **International Earth Rotation Service (IERS)** in Paris gesammelt, ausgewertet und publiziert (Bulletins A, B, C, D).

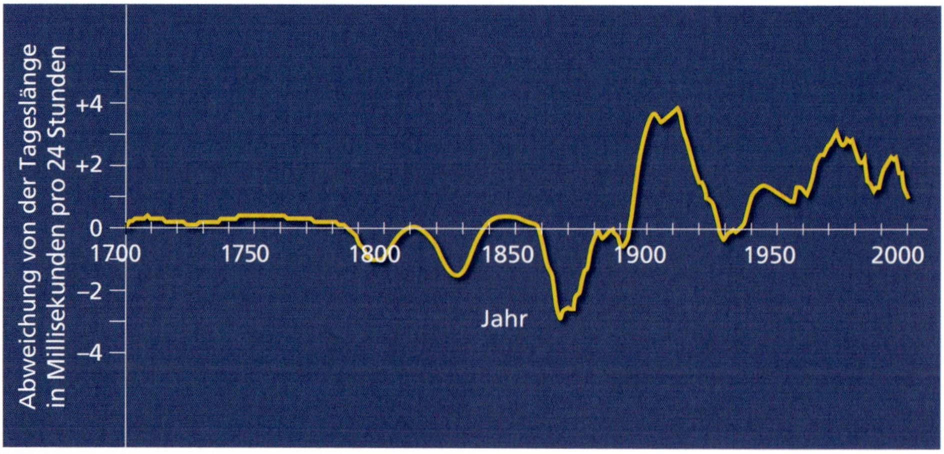

5.18 Variationen der Erdrotationsdauer in Millisekunden pro 24 Stunden

5.4 PENDEL- UND RÄDERUHREN

Die Sonnenuhr geht immer richtig, die Räderuhr nimmt man zu wichtig!

5.4.1 RÄDERUHREN

Ende des 13. Jahrhunderts tauchten in Europa die ersten Räderuhren auf. Sie waren äußerst ungenau. Die besten unter ihnen brachten es auf eine Ganggenauigkeit von einer Viertelstunde pro Tag. So wird auch obiger Sonnenuhrspruch verständlich.
Im einfachsten Fall setzte sich eine Räderuhr aus einem großen Zahnrad, dem Steigrad, einem schwingenden Balken mit Gewichten zur Regulierung der Schwingungsdauer, einer Spindelhemmung und Gewichten, die über eine Rolle das Steigrad antrieben, zusammen. Der schwingende Balken ist gewissermaßen die Unruh der Räderuhr. Er treibt die Spindelhemmung an, die bei jeder Halbschwingung einen Zahn des Steigrades freigibt, wodurch dieses ein Stück weiterrückt.
Der Begriff **„Räderuhren"** wurde benutzt, um sich von den im Mittelalter noch benutzten Sanduhren, Sonnenuhren, Wasseruhren, Feueruhren und Kerzenuhren abzugrenzen. Da die Räderuhren recht groß und klobig ausfielen, wurden sie in Kirchen, Klöstern und Rathäusern eingesetzt. Auch für astronomische Zwecke versuchte man sie einzusetzen. Doch ihre Ganggenauigkeit war zu gering für erfolgreiche Positionsbestimmung der Gestirne in Abhängigkeit von der Zeit. Schon 1306 erhielt der Dom **St. Gotthard in Mailand** eine der ersten Räderuhren.

Eine aufwändige Räderuhr wurde 1364 von **Giovanni de Dondi** entwickelt. Sie wurde unter dem Namen **„Astrarium"** -bekannt.
Um 1440 wurden Räderuhren statt mit einem Gewichtsantrieb mit Federantrieb gebaut. Dadurch wurden die Dimensionen

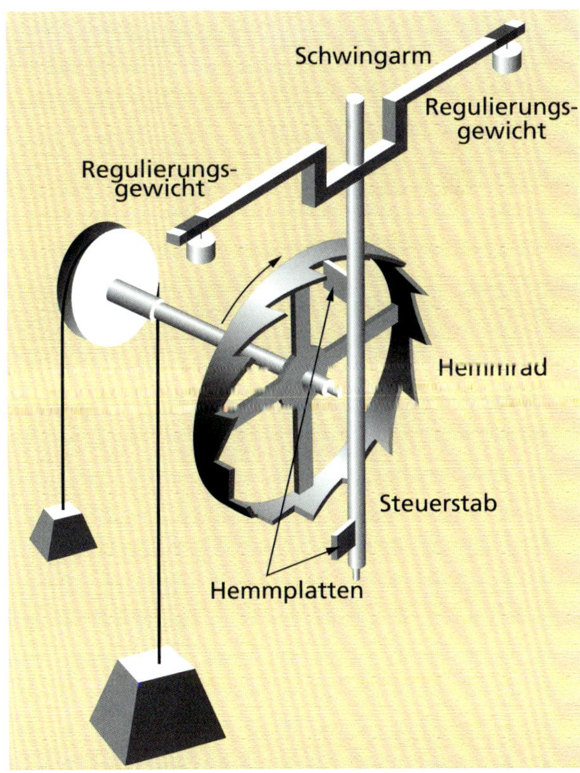

5.19 Schema eines Räderuhrwerks

kleiner und die Räderuhren konnten transportiert werden. Der Nürnberger Uhrmacher **Peter Henlein** (1479–1542) fertigte 1510 eine transportable Tischuhr an, die recht zufriedenstellend funktionierte. Doch noch im 17. Jahrhundert waren die Räderuhren so ungenau, dass sie für astronomische Zwecke unbrauchbar waren. Erst die Entwicklung der **Pendeluhren** führte zu hochpräzisen Chronometern mit Ganggenauigkeiten von unter einer Sekunde pro Tag.

5.4.2 PENDELUHREN

Als junger Mann beobachtete **Galileo Galilei** (1564–1642) in der Kathedrale von Pisa die Schwingungen des Lusters, der an einem Seil von der Decke hing. Dabei registrierte er 1588: Die Schwingungsdauer ist offensichtlich unabhängig von der Auslenkung (Elongation), aber abhängig von der Länge des Seils. Je länger ein Pendel, desto langsamer schwingt es. Aber erst kurz vor seinem Tod kam Galilei auf den Gedanken, ein schwingendes Pendel zum Bau einer Uhr zu benutzen.

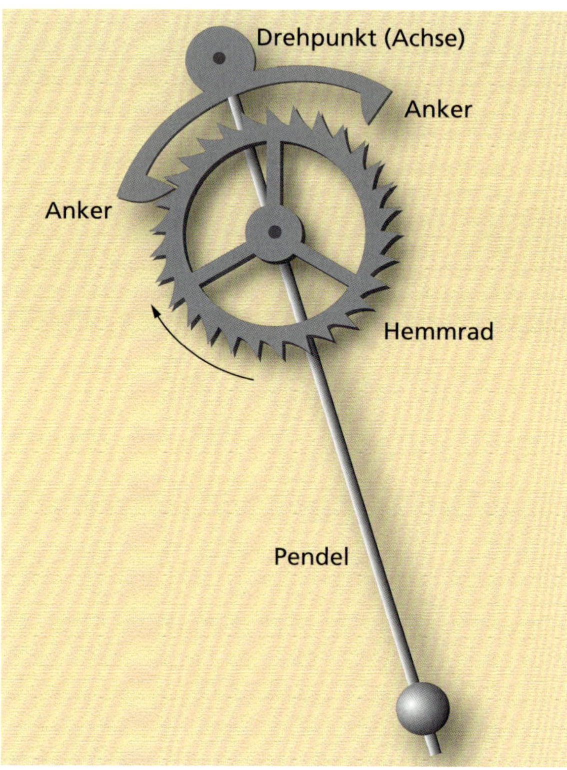

5.20 Prinzip einer Pendeluhr

Die **Schwingdauer t eines Pendels** oder **Perpendikels** ist abhängig von seiner Länge l und der Schwerebeschleunigung g:
$t = 2\pi \times (l/g)^{1/2}$. <5.1>
Bei einem Pendel von einem Meter Länge dauert eine Halbschwingung fast genau eine Sekunde. Man spricht vom **Sekundenpendel**. Auf dem Erdäquator ($g = 9{,}78\ m/s^2$) hat das Sekundenpendel eine Länge von $l = 0{,}991\,02$ m. In 45° geografischer Breite ($g = 9{,}81\ m/s^2$) ist die Sekundenpendellänge 0,993 96 m. Ein Pendel mit dieser Länge schwingt in t = 1,999 999 184 Sekunden einmal hin und her (im Vakuum).
Genau genommen gibt die Formel <5.1> nur einen Näherungswert, der aber für kleine Amplituden völlig ausreichend ist.
Für den **Elongationswinkel** ϑ (halbe Amplitude) errechnet sich die genaue Schwingungsdauer zu: $t = 2\pi \times (l/g)^{1/2} \times (1 + 1/4 \sin^2 \vartheta/2 + 9/64 \sin^4 \vartheta/2 + \ldots)$.
Bei einem Elongationswinkel von $\vartheta = 10°$ beträgt der Korrekturfaktor nur 1,001 899, bei $\vartheta = 45°$ ergibt sich ein Korrekturfaktor von 1,039 628, um den sich die Schwingungsdauer verlängert. Da Pendeluhren nur kleine Auslenkungen (Elongationen) aufweisen, kann der Korrekturfaktor in den meisten Fällen unberücksichtigt bleiben.
Die Theorie unterscheidet zwischen einem **mathematischen** und einem **physischen** (oft weniger zutreffend physikalisch genannt) **Pendel** oder **Perpendikel**. Beim mathematischen Pendel befindet sich die gesamte Masse des Pendels im Schwerpunkt, der Faden oder die Pendelstange sind masselos. Beim physischen bestimmt der Abstand vom Drehpunkt (Pendelachse) zum Schwerpunkt die Schwingungsdauer.

Unter **reduzierter Pendellänge** eines physischen Pendels versteht man die Länge eines mathematischen Pendels gleicher Schwingungsdauer. Werden beim physischen Pendel Drehpunkt (Aufhängepunkt) und Schwerpunkt vertauscht, so ändert sich die Schwingungsdauer nicht. Dies nutzt man beim **Reversionspendel** zur Bestimmung der Schwerebeschleunigung.
Die erste erfolgreich funktionierende Pendeluhr wurde von dem holländischen Astronomen und Physiker **Christian Huygens** (1629–1695) im Jahre 1656 konstruiert und hergestellt. Das Prinzip ist vergleichsweise einfach. Durch das Schwingen des Pendelstabes samt **Pendellinse** wird der Anker hin und her bewegt und gibt bei jeder Schwingung ein Zahnrad des Steigrades frei, das sich

5.21 Präzisionspendeluhr von Riefler, München, 1890, im Deutschen Uhrenmuseum Furtwangen

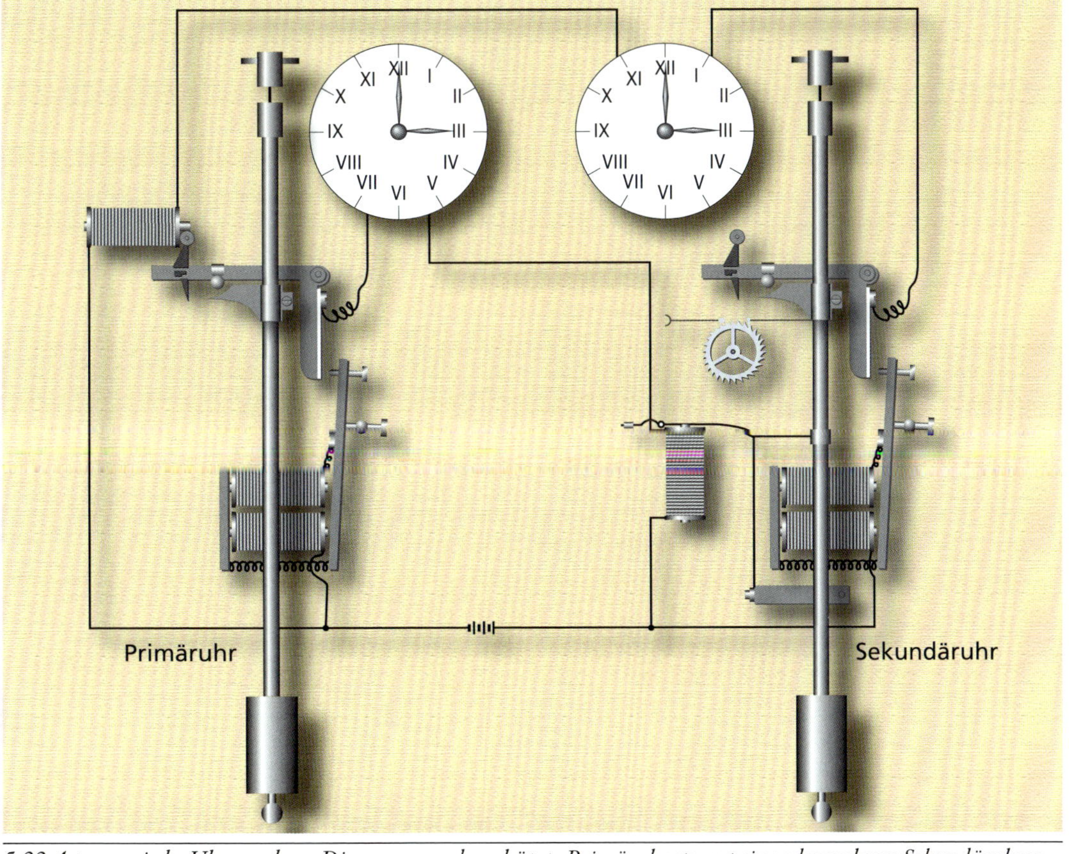

5.22 Astronomische Uhrenanlage: Die genaue und geschützte Primäruhr steuert eine oder mehrere Sekundäruhren.

dabei um einen Zahn weiterbewegt. Ein Getriebe überträgt die schrittweise Bewegung des Steigrades auf einen oder mehrere Zeiger vor einem Ziffernblatt. Die Zeiger wandern somit weiter. Da Reibung und Luftwiderstand die Pendelschwingung bremsen, muss ein Antrieb für die regelmäßige Weiterbewegung des Steigrades sorgen. Dies geschieht bei den klassischen Pendeluhren durch Gewichte, die sich allmählich absenken und über ein Getriebe auf das Steigrad einwirken. Von Zeit zu Zeit müssen die Gewichte wieder hochgezogen werden („die Uhr wird aufgezogen"). Die Ganggenauigkeit von Huygens' Pendeluhr erreichte immerhin eine maximale Abweichung von unter zehn Sekunden pro Tag.

Auch **Johannes Hevelius** (1611–1687) aus Danzig beschäftigte sich mit dem Bau von Pendeluhren. Seinem Mitarbeiter Wolfgang Günther war dabei nur mäßiger Erfolg beschieden. In einem Brief an Huygens gratulierte Hevelius im Jahre 1673 zu seinen Erfolgen beim Bau von Pendeluhren.

5.23 Schiffschronometer in kardanischer Lagerung

Die Pendeluhren wurden immer weiterentwickelt und erreichten schließlich höchste Präzision. Im Jahre 1676 stellte **Thomas Tompion** (1639–1713) zwei über vier Meter hohe Pendeluhren für das Royal Observatory in Greenwich bei London her. **Georg Graham**, ein Kollege von Tompion, verbesserte 1715 die Konstruktion einer Pendeluhr, die bei senkrechter Position des Pendels einen kurzen Impuls abgab. Außerdem wurden verschiedene Systeme entwickelt, um die Längenänderungen der Pendelstange durch Temperatureinflüsse auszugleichen. Unter anderem brachte man unterhalb der Pendellinse einen Stutzen an. Bei steigender Temperatur wurde die Pendelstange länger und die Uhr lief langsamer. Der Stutzen jedoch dehnte sich ebenfalls und schob die Pendellinse aufwärts, wodurch die Distanz zwischen Schwerpunkt und Pendelachse konstant blieb. Andere Konstruktionen erreichten ebenfalls eine Temperaturkompensation. In späteren Jahren wurde **Invar** (eine Legierung aus 64 % Eisen und 36 % Nickel) als Material für die Pendelstange verwendet. Invar hat einen sehr geringen Wärmeausdehnungskoeffizienten.

Um die Reibung der Pendelachse zu verringern, setzte man **Achatlager** ein. Für den Zeitdienst von Observatorien entwickelte man Uhrenanlagen (siehe Seite 197). Eine hochpräzise **Mutteruhr** ist möglichst erschütterungsfrei im Keller der Sternwarte aufgestellt. Die Uhr steht unter einem Glassturz, in dem nahezu ein Vakuum herrscht. Temperatur und Feuchte werden weitgehend konstant gehalten. Barometrische Luftdruckschwankungen werden durch das Vakuum kompensiert. Diese Mutteruhr steuert über elektrische Impulse die in den Kuppeln aufgestellten Uhren.

Zur Korrektur abweichender Pendeluhren hat man an der Pendelstange kleine Schalen angebracht, in die man Gewichte mit einer Pinzette auflegen oder entfernen kann. Die

aus astronomischen Beobachtungen bestimmte Zeit (siehe Kapitel 5.3 auf Seite 189) oder die per Zeitsender empfangene Zeit dient zur Kalibrierung. Eine empirisch ermittelte Tabelle gibt an, welche Gewichte wie lange auf die Waagschale zu legen sind, um den Uhrenstand auf null zurückzusetzen.
Gegen Ende des 19. Jahrhunderts erreichten Präzisionspendeluhren eine **Ganggenauigkeit** von einer Zehntelsekunde pro Tag. Zu den genauesten Pendeluhren zählt die 1921 von **Hamilton Shortt** (1881–1971) entwickelte **„Shortt-Uhr"** mit einer Ganggenauigkeit von 0,01 Sekunden pro Tag.
Mit solch hochpräzisen Uhren entdeckte man die Unregelmäßigkeiten der Erdrotation. Dies führte zu einer Aufgabe der alten Sekundendefinition, nach der eine Sekunde der 1/86 400. Teil eines mittleren Sonnentages ist. Stattdessen wurde die Sekunde atomphysikalisch neu definiert (siehe Kapitel 4.4 auf Seite 165).
Durch die Erfindung temperaturstabilisierter **Quarzuhren** im Jahre 1933 ging das Zeitalter der Pendeluhren zu Ende. In ihrer Ganggenauigkeit übertreffen gute Quarzuhren selbst die besten Pendeluhren um bis zu drei Zehnerpotenzen.
Zur genauen Zeitmessung auf Schiffen ist eine Pendeluhr ungeeignet. Für die **Navigation** (geografische Längenbestimmung) ist aber die genaue Kenntnis der exakten Zeit unerlässlich. Für präzise **Schiffschronometer** wurde das Pendel durch eine Spiralfeder als Unruh ersetzt. Um den durch den Seegang hervorgerufenen Schiffsschwankungen nicht allzu sehr ausgesetzt zu sein, sind Schiffschronometer mit einer **kardanischen Aufhängung** (in zwei Achsen frei beweglich) ausgestattet.
Berühmt geworden sind die Schiffschronometer des Engländers **John Harrison** (1693–1776). Die britische Marine hatte 1714 ein Preisgeld von 20 000 Pfund Sterling ausgesetzt zur Lösung des vertrackten Längenproblems (**The Longitude Act of Great Britain**). Das Preisgeld sollte erhalten, wer eine Methode oder exakt laufende Uhr entwickelt, mit deren Hilfe es möglich ist, Schiffspositionen genauer als ein halbes Grad zu bestimmen. Die von Harrison 1759 gefertigte Uhr zeigte nach einer Seereise in die Karibik und zurück nach London nach immerhin 81 Tagen nur eine Abweichung von fünf Sekunden, das entspricht einer Ganggenauigkeit von 0,061 728 Sekunden pro Tag. Harrison empfing den Großteil des Preisgeldes. Einen Betrag von 3000 Pfund erhielt die Witwe von Tobias Mayer (1723–1762) für dessen Mondtafeln, die ebenfalls eine recht zuverlässige Längenbestimmung ermöglichten.

5.4.3 SCHLAGZAHLEN

Das **Tick-Tack** einer Pendeluhr oder das Ticken eines Schiffschronometers bzw. einer Taschenuhr gibt die Anzahl der Halbschwingungen pro Zeiteinheit an und wird als Schlagzahl bezeichnet.

☞ SCHLAGZAHLEN

SCHLAGZAHL	PRO SEKUNDE	PRO MINUTE	FREQUENZ
PENDELUHR	1 – 3/s	60 – 180/min	0,5 – 1,5 Hz
SCHIFFSCHRONOMETER	4/s	240/min	2 Hz
TASCHEN-/ ARMBANDUHR	5 – 6/s	300 – 360/min	2,5 – 3 Hz
QUARZUHREN	-	-	10 – 100 kHz
ATOMUHREN	-	-	1000 – 25 000 MHz

5.5 MODERNE ZEITMESSVERFAHREN

5.5.1 QUARZUHREN

Quarzuhren nutzen als periodischen Vorgang (Taktgeber) einen schwingenden Quarzkristall. Sie haben die Präzisionspendeluhren in den späten 1930er-Jahren abgelöst, da ihre Genauigkeit um den Faktor 1000 höher ist als die besten Pendeluhren. Die Ganggenauigkeit einer Quarzuhr erreicht 10^{-5}. Sie weicht damit um weniger als eine Sekunde pro Tag von einer ideal laufenden Uhr ab. Hochpräzise Quarzuhren verfügen über eine Genauigkeit von 10^{-7}, also weniger als eine hundertstel Sekunde Abweichung pro Tag. Bei genau gehenden Quarzuhren wird der **Schwingquarzkristall** beheizt und seine Temperatur auf 0,02 °C konstant gehalten (**Oven Controlled Crystal Oscillator – OCXO**). Der Quarzkristall ist dabei in eine evakuierte Glasröhre eingeschmolzen, um Störungen durch Luftdruckschwankungen zu vermeiden.

5.24 Schwingquarz einer Quarzuhr, hergestellt von der Physikalisch-Technischen Reichsanstalt, Berlin, in den 1930er Jahren. Deutsches Uhrenmuseum Furtwangen. Die ersten Quarzuhren von Adolf Scheibe und Udo Adelsberger verfügten über baugleiche Schwingquarze, mit deren Hilfe die jahreszeitliche Schwankung der astronomischen Zeit gefunden wurde. Zum ersten Mal konnte mit einer Maschine ungeahnte Präzision erreicht werden.

Da im Englischen „quartz" mit „tz" geschrieben wird, hat sich auch im Deutschen die Schreibweise „Quartzuhren" weitgehend eingebürgert, wenn sie auch nicht korrekt ist.
Die Funktion eines Schwingquarzes beruht auf dem **piezoelektrischen Effekt**, der bereits 1880 von **Pierre Curie** entdeckt wurde: Bei Druck oder Dehnung eines Quarzkristalls in Richtung der polaren Achse wird dieser elektrisch aufgeladen. In einem elektrischen Wechselfeld (Schwingkreis) wird ein Quarzkristall in Schwingungen versetzt und liefert eine gleichmäßige Schwingung von 50 bis 100 kHz. **Uhrenquarze** haben meist eine Frequenz von 32 768 (= 2^{15}) Hz. Die Schwingungsperiode t in Hertz eines Quarzes ergibt sich zu: $t = 2\pi (C \times L)^{½}$. Dabei ist L die Induktivität der Induktionsspule (in Henry – $kg{\cdot}m^2/(A^2{\cdot}s^2)$) und C die Kapazität des Kondensators (in **Farad** – $A^2{\cdot}s^4/(kg{\cdot}m^2)$) – siehe Abb. 5.24.
Frequenzteiler reduzieren die Frequenz, damit die verlangsamte Schwingung einen Synchronmotor antreiben kann.

Die Zeitanzeige erfolgt entweder über Zeiger vor einem Zifferblatt, über rote Leuchtdioden (LED), oder über Flüssigkeitskristallanzeige (LCD – **Liquid Cristal Display**). Die Stabilität der Schwingungsfrequenz bedingt die Qualität einer Quarzuhr. Sorgfältig kontrollierte Quarzuhren summieren Fehler von nur wenigen tausendstel Sekunden pro Jahr. Quarzkristalle ändern mit der Zeit ihre Resonanzfrequenz – kurz: sie altern. Deshalb werden sie thermisch „vorgealtert“, um eine längere Konstanz der Schwingungsfrequenz zu erreichen.
Die erste Quarzuhr wurde 1927 von **Warren A. Harrison** und **Joseph W. Horton** in den **Bell Laboratories** entwickelt und gefertigt. Sie wurde am 13. Oktober 1927 auf der Tagung der **International Union of Scientific Radio Telegraphy** vorgestellt.
Adolf Scheibe und **Udo Adelsberger** entwickelten ab 1932 an der **Physikalisch-Technischen Reichsanstalt** verschiedene Konstruktionen von Quarzuhren. Mit ihnen wurden nicht nur die jahreszeitlich bedingten Schwankungen der Erdrotation, sondern auch kurzfristige Variationen der Tageslänge nachgewiesen.
Nach 1945 wurden die meisten Präzisionspendeluhren in Observatorien und Laboratorien durch Quarzuhren ersetzt. Ab 1970 wurden Quarzuhren dank der Fortschritte in der Mikroelektronik in großer Zahl hergestellt und relativ preisgünstig angeboten. Schließlich wurden auch Armbanduhren als Quarzuhren gefertigt. Die ersten Quarzarmbanduhr wurde 1967 bei einem Chronometerwettbewerb am Observatorium **Neuchâtel (Schweiz)** präsentiert. 1980 stellte die Firma Omega die dünnste Quarzarmbanduhr (Höhe 1,46 mm) der Welt her, die **„Dinosaure“**.
1988 gab es die erste Armbandquarzuhr mit automatischer Stromerzeugung (Automatic Generativ System). Sie wurde unter der Bezeichnung **„Kinetic“** auf den Markt gebracht.

5.5.2 ATOMUHREN

Atomuhren nutzen als Taktgeber die Frequenz der **Mikrowellenstrahlung**, die bei Übergängen verschiedener Grundzustände freier Atome auftritt bzw. emittiert wird (**Hyperfeinstruktur**). So kann bei einem neutralen Wasserstoffatom der parallele Spin von Elektron und Kern (Proton) spontan und akausal in einen antiparallelen Spin umklappen. Das Elektron hat dann einen dem Proton entgegengesetzten Spin. Dabei wird ein Strahlungsquant mit einer Frequenz von

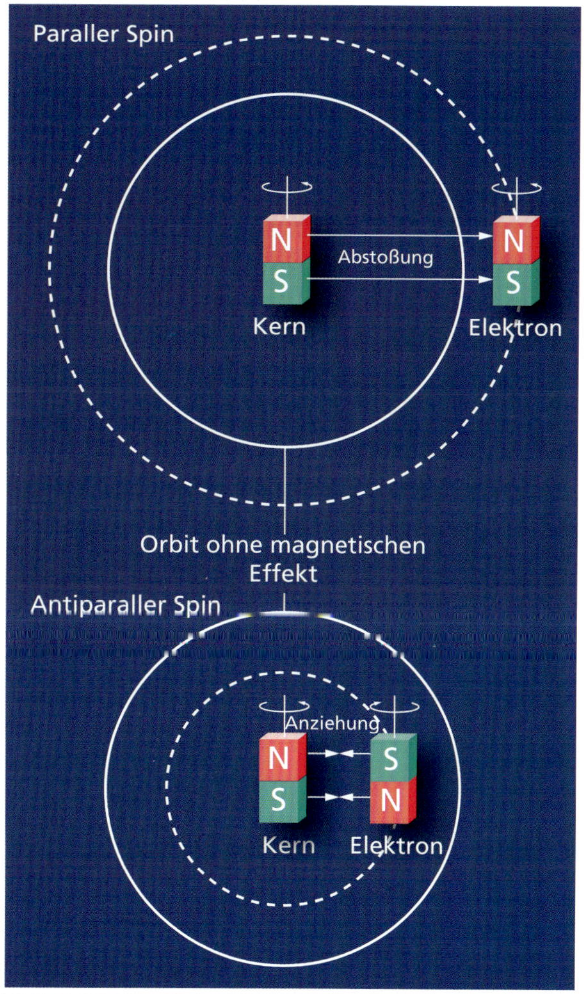

5.25 Die beiden Grundzustände eines Wasserstoffatoms: Paralleler und antiparalleler Spin von Elektron und Proton

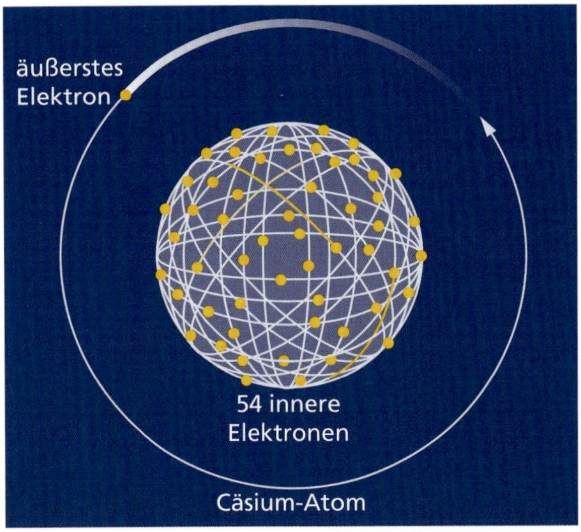

5.26 Das äußerste Elektron eines Caesium-Atoms hat zwei mögliche Spin-Zustände.

5.27 Atomuhr in der Physikalisch-Technischen Bundesanstalt in Braunschweig

ν = 1420 MHz (λ = 21,0 cm) ausgesandt. Die 21-cm-Strahlung des interstellaren Wasserstoffs ermöglichte zum Beispiel, den Aufbau des Milchstraßensystems zu erforschen. Ähnlich verhält es sich mit der Hyperfeinstruktur eines neutralen **Cäsium-133-Atoms**. Der Spin des äußersten Elektrons kann vom parallelen zum antiparallelen Spin gegenüber dem Gesamtspin des Cäsium-Atomkerns wechseln. Dabei wird ein Strahlungsquant der Frequenz ν = 9 192 631 770 Hz (λ = 3,261 25 cm) frei. Die äußerst konstanten Frequenzen atomarer Übergänge eignen sich zum Bau von Uhren, die allgemein als Atomuhren bezeichnet werden. Je nach verwendetem chemischem Element gibt es Wasserstoff-, Cäsium-, Rubidium-, Strontium-, Ytterbium-Uhren und andere.

Die erste Atomuhr wurde 1949 von **Harold Lyons** entwickelt. Als Frequenzquelle verwendete er Ammoniak-Moleküle. Sie zeigte allerdings nicht die erhoffte Genauigkeit. Nur drei Jahre danach wechselte man auf Cäsium-Atome als Frequenzgeber. Ein Dampfstrahl aus neutralen Cäsium-Atomen enthält ein Gemisch aus Atomen der beiden Hyperfeinstrukturzustände 1 und 2. Sie durchlaufen ein Magnetfeld, wobei die Atome mit dem Zustand 2 (gelb) aus dem Strahl ausgeschieden werden.

Die Atome im Zustand 1 (grün) gelangen in den sogenannten **Resonator**. In ihm erzeugt ein temperaturkonstanter, schwingender Quarz ein elektromagnetisches Wechselfeld, dessen Frequenz möglichst genau der Frequenz entspricht, die die Strahlung der Cäsium-Atome beim Übergang vom Zustand 1 auf Zustand 2 aufweist. Trifft somit die Frequenz des Quarzoszillators genau die Frequenz der Strahlung, die beim Übergang von Zustand 1 in den Zustand 2 emittiert wird, so kommt es zur Resonanz. Daher stammt die Bezeichnung Resonator. Die im Resonator gefangenen Atome gehen vom Zustand 1 zum Teil in den Zustand 2 über. Je genauer die Frequenz des Quarzoszillators die Frequenz der Hyperfeinstrukturstrahlung trifft, desto mehr Atome springen von Zustand 1 in den Zustand 2 über.

Ein zweiter Magnet am Ende des Resonators filtert alle Atome aus, die sich noch im Zustand 1 befinden. Ein Zähler registriert die Menge der Atome im Zustand 2. Je genauer die Frequenz des Quarzoszillators der Übergangsfrequenz der Cäsium-Atome von Zu-

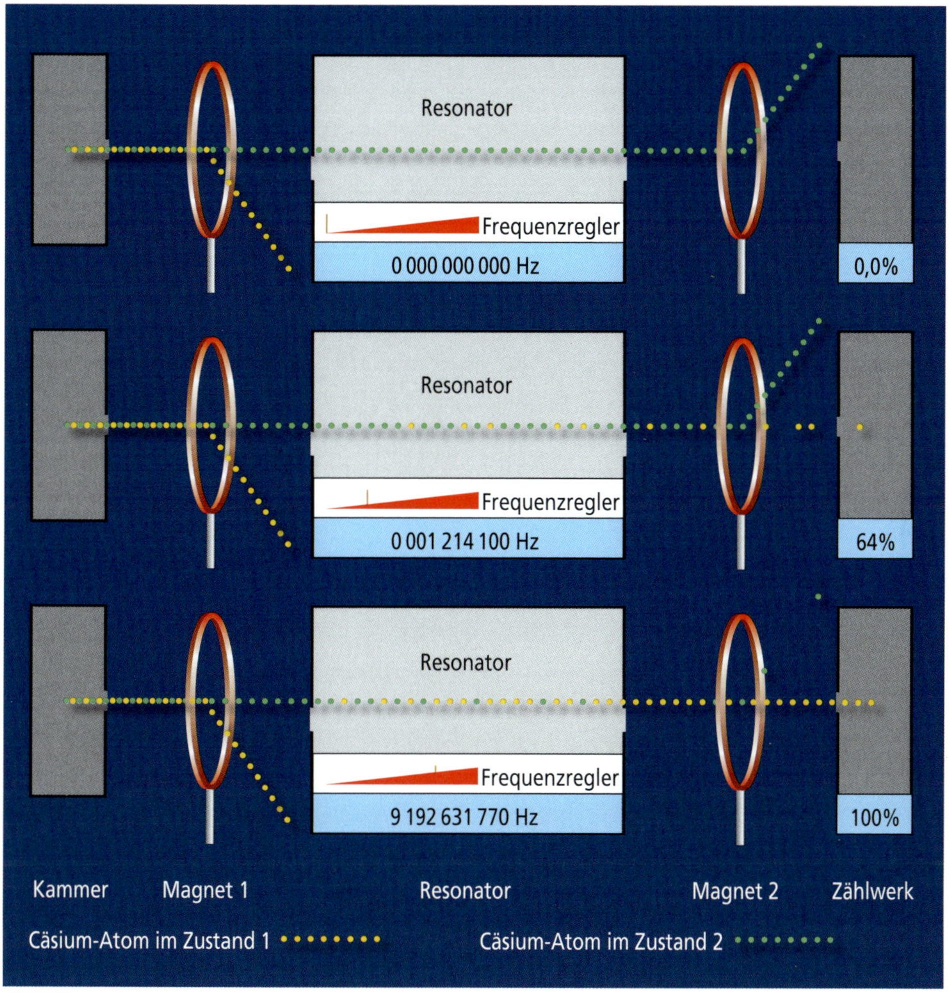

5.28 Funktionsschema einer Caesium-Atomuhr

stand 1 in den Zustand 2 entspricht, desto stärker der Strahl mit den Atomen im Zustand 2. Ein Regelkreis sorgt dafür, dass der **Quarzoszillator** seine Frequenz anpasst je nach Stärke des Strahls mit den Atomen im Zustand 2. Die auf diese Weise angepasste Schwingungsfrequenz des Quarzoszillators dient zur Steuerung einer Quarzuhr.
Zusammengefasst kann man sagen: Eine Atomuhr ist eine Quarzuhr, die durch den Resonator an die Schwingungsfrequenz der Hyperfeinstrukturstrahlung weitestgehend angeglichen und konstant gehalten wird. Bei Cäsium-Atomen ist dies die Frequenz von 9 192 631 770 Hz (siehe auch Abb. 5.28).
Diese Frequenz wird auch zur Definition der Sekunde in der Atomzeitskala TAI benutzt (siehe auch Abschnitt 4.4 auf Seite 165). Die ersten Cäsium-Uhren erreichten eine Genauigkeit von 10^{-12}. Dies entspricht einer Abweichung von einer Sekunde in 32 000 Jahren von einer ideal gehenden Uhr.
Im Laufe der Zeit wurde die Genauigkeit der Cäsium-Uhren erheblich verbessert. Der durch die thermische Bewegung der Cäsium-Atome bewirkte **Doppler-Effekt** erzeugt

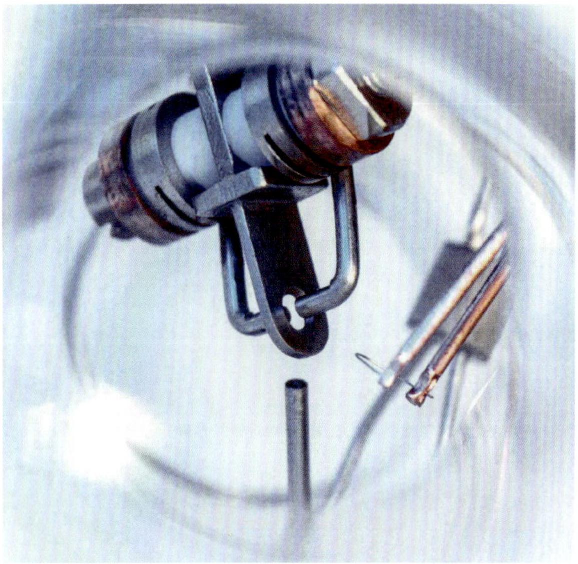

5.29 Optische Atomuhr auf Ytterbium-Ionen-Basis: Elektrodensystem der bei der PTB entworfenen Ionenfalle.

eine gewisse Unschärfe in der Schwingungsfrequenz der Hyperfeinstrukturstrahlung. Durch starke Kühlung des Cäsiumgases wird die thermische Bewegung erheblich abgebremst. Die Cäsium-Atome bewegen sich dann nur noch mit einer Geschwindigkeit von wenigen Zentimetern pro Sekunde. Mit Laserstrahlen werden die Cäsium-Atome in die Höhe transportiert. Anschließend sinken sie wieder herunter. Am Gipfelpunkt zeigen sie kurzfristig fast keine Bewegung. Sie bewegen sich insgesamt in einer Art Springbrunnen, weshalb man von **Cäsium-Fontänen** (**Cesium fountains**) spricht. Durch dieses Verfahren wird die Frequenz der Hyperfeinstruktur viel schärfer eingehalten und die Genauigkeit steigert sich um das Tausendfache gegenüber den ersten Cäsium-Uhrens.

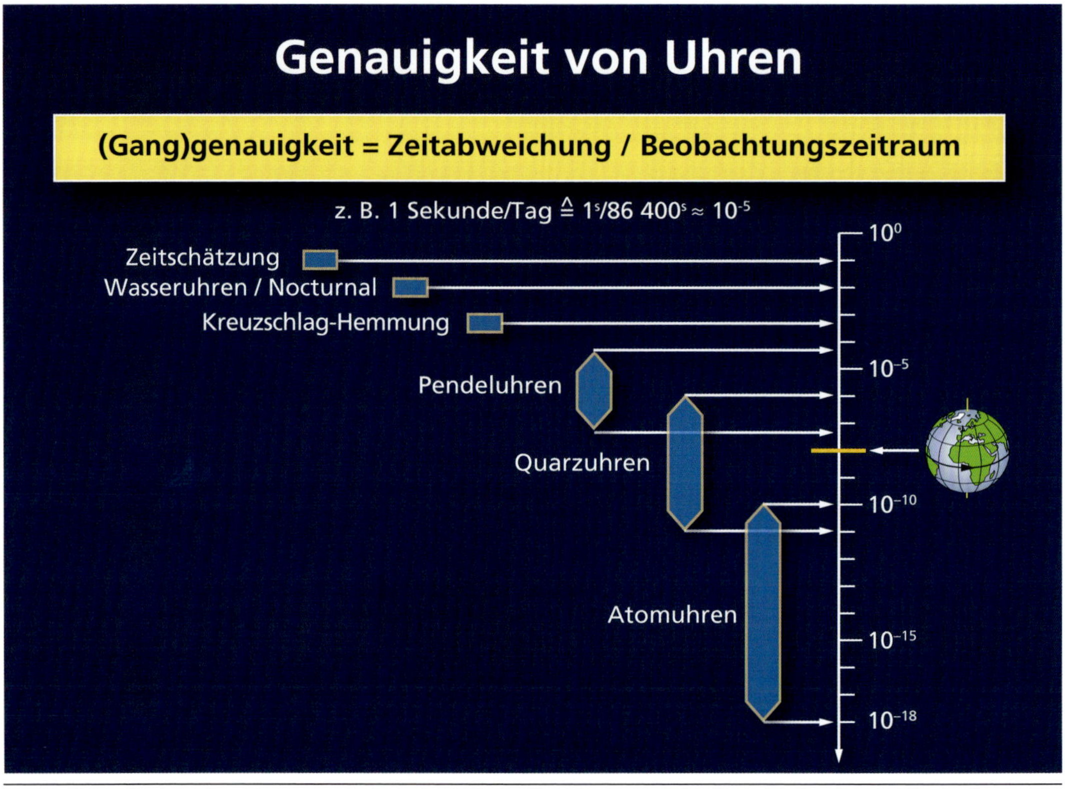

5.30 Ganggenauigkeit von Uhren

Cäsium-Fontänen-Uhren erreichten zur Jahrtausendwende eine Genauigkeit von 10^{-15}. Dies entspricht einer Abweichung von nur einer Sekunde in rund 30 Millionen Jahren von einer fiktiven idealen Uhr.
Eine weitere Steigerung der Genauigkeit von Atomuhren konnte erreicht werden, indem man die Frequenz der Referenzstrahlung erheblich erhöhte. Statt der Mikrowellenstrahlung des Cäsiums wird die wesentlich höhere Frequenz von sichtbarem Licht ausgenutzt. Dabei setzt man **spinpolarisierte Strontium-87-Atome** ein, die fast auf den absoluten Nullpunkt der Kelvin-Skala gekühlt werden. Strontium-Atomuhren erreichen eine Genauigkeit, die die von Cäsium-Fontänen um das Hundertfache übertreffen. Die Resonanzfrequenz liegt bei Strontium-Atomuhren bei 429 THz (genauer: 429 228 004 229 874 Hz).
Eine nochmalige Steigerung der Genauigkeit erreichen **Ytterbium-Uhren**. Dabei werden $^{70}Yb_{171}$-Ionen in winzige, optische **Atomgitter** (0,03 × 0,03 mm) gesperrt und ebenfalls fast auf null Kelvin gekühlt. Die Yb^{+}-Ionen werden mittels verschiedener Laser angeregt. Die Elektronen fallen anschließend wieder auf niedrige Niveaus zurück und senden Strahlung mit der erwünschten Resonanzfrequenz aus. Die Genauigkeit von Ytterbium-Atomuhren erreicht 10^{-18}. Hätte es bereits zur Entstehung des Universums vor knapp 14 Milliarden Jahren eine solche Atomuhr gegeben, so würde sie heute erst einen Fehler von einer halben Sekunde aufweisen.
Mit so hochpräzisen Atomuhren lassen sich eine Reihe von physikalischen Effekten nachprüfen. Nach der **Allgemeinen Relativitätstheorie** gehen Uhren im Schwerefeld langsamer (siehe Abschnitt 6.2 auf Seite 212). Bereits die geringe Abnahme der Schwerebeschleunigung bei einer Höhendifferenz von nur einigen Zentimetern lässt sich mit Ytterbium-Atomuhren nachweisen. Ebenfalls lässt sich der genaue Wert der

5.31 Zeitzeichensender DCF77 in Mainflingen bei Frankfurt/Main

Sommerfeldschen Feinstrukturkonstanten (α) überprüfen.
Da Strontium- und Ytterbium-Atomuhren mit sichtbarem Licht arbeiten, werden sie auch als **„optische Atomuhren"** bezeichnet. Über 200 Atomuhren sind weltweit im Einsatz, um die Atomzeitskala (TAI) darzustellen. Bei Abweichung der UT 1 um 0,9 Sekunden von der UTC wird eine Schaltsekunde in die UTC eingefügt oder gegebenenfalls auch ausgelassen, was bisher allerdings nie notwendig war (siehe Kapitel 4.4 auf Seite 167).

5.6 DARSTELLUNG UND VERBREITUNG DER WELTZEIT (UTC)

Die Koordinierte Weltzeit (**Universal Time Coordinated – UTC**) entspricht in erster Näherung der mittleren Sonnenzeit am Nullmeridian der Erde, der durch die alte Sternwarte von Greenwich bei London geht. Sie wurde daher lange Zeit auch als GMT (**Greenwich Mean Time**) bezeichnet – vor allem im internationalen Flug- und Schiffsverkehr.
Von der UTC abgeleitet sind die Zonenzeiten, deren Differenz zur UTC meist aber nicht immer ganze Stunden sind. So ist die **Mitteleuropäische Zeit** gleich Weltzeit plus eine Stunde: MEZ = UTC + 1^h.
Gilt die Sommerzeit in Mitteleuropa, so lautet die Beziehung: MESZ = UTC + 2^h.
Die Zeitzone, die unmittelbar östlich an die Datumsgrenze anschließt, wird als UTC – 12^h bezeichnet, die westlich gelegene als UTC + 12^h.
In der Luftfahrt, insbesondere im militärischen Bereich, sprach man lange von **Zulu-Zeit**, wenn die UTC gemeint war. Das „Z“ steht für **Zero** (= Null) und „Zulu“ bezeichnet das Z in der internationalen Buchstabiertabelle **ICAO (International Civil Aviation Organization)**.
Die Zeiteinheit für die UTC ist die SI-Sekunde (siehe Kapitel 4.4 auf Seite 165). Die Koordinierung der Weltzeit erfolgt vom **Consultative Committee for Time and Frequency (CCTF)** des **Bureau International Poids et Mesures** (**BIPM** – Internationales Büro für Gewichte und Maße) in Sèvres bei Paris.

Die UTC wird in den miteinander gekoppelten primären Atomuhren verschiedener Zeit-Institute dargestellt und per Funk weltweit verbreitet. In Deutschland wird die mit den in der **Physikalisch-Technischen Bundesanstalt** vorhandenen Atomuhren aufbereitete UTC über den Langwellensender **DCF77** in **Mainflingen** nahe Frankfurt/Main auf der Frequenz 77,5 kHz (Leistung 50 kW) im Umkreis von rund 1800 km verbreitet. Damit werden zahlreiche Funkuhren synchronisiert. D steht für Deutschland, C für Langwellensender und F für Frankfurt. Die Zahl 77 weist auf die Trägerfrequenz hin.
Die im Sekundentakt gesendeten Zeitzeichen liefern die MEZ beziehungsweise die MESZ. Neben der Uhrzeit wird auch das Datum mit übertragen. Vom Kalenderjahr werden nur die letzten beiden Stellen übertragen, für das Jahr 2022 also 22. Auch der Wochentag wird geliefert, wobei der Montag der Tag 1 (binär 00I) ist und der Sonntag der Tag 7 (binär III) ist.
Weitere Zeitzeichensender sind in Großbritannien (60 kHz), France Inter in Frankreich (162 kHz), RWM in Russland (4,996 MHz, 0,996 MHz, 14,996 MHz) sowie die Sendergruppe WWV, WWVB und WWVH in den USA (60 kHz, 2,5 kHz, 5 kHz, 10 kHz, 15 kHz und 20 kHz).

☞ WICHTIGE ZEIT-INSTITUTE UND WEBSITES

BIPM	Bureau International des Poids et Mesures Time Section, Pavillon de Breteuil F-92312 Sèvers, Frankreich www.bipm.fr
IERS	International Earth Rotation Service (IERS) 61 Avenue de l'Observatoire F-75014 Paris, Frankreich hpiers.obspm.fr
IAU	International Astronomical Union 98 bis, Bd. Arago F-75014 Paris, Frankreich www.iau.org
ITU	International Telecommunication Union Place des Nations CH-1211 Genf, Schweiz www.itu.int
CRL	National Institute of Information and Communications Technology 4-2-1, Nakuikita – machi Koganei-shi, Tokio 184, Japan www.nict.go.jp/en
IMVP	Institute of Metrology for Time and Space Mendelejevo, 141570 Bezirk Moskau, Russland
INMS	Institute for National Measurement Standards Montreal Road, Building M-36 Ottawa, Kanada K1A 0R6 www.nrc.ca
NIST	National Institute of Standards and Technology 100 Bureau Drive Gaithersburg, MD 20899 www.nist.gov
NPL	National Physical Laboratory Teddington, MIDDLESEX TW11 0LW, Großbritannien www.npl.co.uk
PTB	Physikalisch-Technische Bundesanstalt Bundesallee 100 38116 Braunschweig, Deutschland www.ptb.de
USNO	United States Naval Observatory Earth Orientation Department 3450 Massachusetts Ave, NW Washington, DC 20392-5420, USA www.cnmoc.usff.navy.mil/usno
RGO	Royal Greenwich Observatory www.rmg.co.uk/ royal-observatory
GPS	Global Positioning System, USA www.gps.gov
GLONASS	Global Navigation Satellite System, Russland www.glonass-iac.ru/en/ about_glonass
	Time around the World www.timeanddate.com
	www.worldtimeserver.com
	www.timezoneconverter.com

6. DIE ZEIT IN DER PHYSIK

6.1 ZEIT IN DER KLASSISCHEN MECHANIK

Nach Vorstellung **Isaac Newtons** (1643–1727) gibt es für alle Raumpunkte im Universum einen kontinuierlichen Zeitablauf, der unabhängig von Bewegungszuständen, Massen und Kraftfeldern ist. Die Gleichzeitigkeit von Ereignissen gilt universell. Neben dem **absolutem Raum** definiert Newton die **absolute Zeit**: „Die absolute, wahre und mathematische Zeit fließt an sich und vermöge ihrer Natur und ohne Beziehung auf irgendeinen Gegenstand."

Um die Position und Bewegungen von Massenpunkten bzw. Gegenständen festzulegen, benötigt man ein Koordinatensystem. Im dreidimensionalen Raum sind drei Zahlenangaben erforderlich, um die Position von Massenpunkten relativ zum Ursprung (Origo) des Koordinatensystems festzulegen. Ein solches Koordinatensystem wird in der Physik als Bezugssystem bezeichnet.

Verändern Massenpunkte ihre Position, so ändern sich deren Koordinaten.

Dabei kommt die Zeit ins Spiel. Es gilt Weg (s) = Geschwindigkeit (v) mal Zeit (t). Daraus folgt: t = s/v oder v = s/t (Geschwindigkeit = Weg pro Zeit)

Massenpunkte, die sich unbeschleunigt, aber mit konstanter Geschwindigkeit (nach Betrag und Richtung) bewegen, bilden ein **Inertialsystem** gemäß der klassischen Mechanik: Jeder Massenpunkt oder Körper verharrt in seinem Bewegungszustand, solange keine Kraft auf ihn wirkt (**1. Newtonsches Axiom, Trägheitsgesetz**). Die Zeit, in der die Bewegungsabläufe gemessen werden, nennt man **Inertialzeit**. Die Wahl eines **Nullpunktes** der Zeitzählung (**Epoche**) ist dabei beliebig. Bezugssysteme, die sich mit konstanter Geschwindigkeit gegeneinander bewegen, sind **Inertialsysteme**. Es gibt unendlich viele Inertialsysteme. In allen gilt das Trägheitsgesetz.

Bewegt sich das Initialsystem S mit den kartesischen (rechtwinkeln) Koordinaten (x, y, z) mit konstanter Geschwindigkeit v zum Inertialsystem S′ (x′, y′, z′) wobei sie sich relativ in Richtung der x-Achse bewegen, so gelten folgende Beziehungen:

$$x = x' + v \cdot t'$$
$$y = y'$$
$$z = z'$$
$$t = t'$$

$$x' = x - v \cdot t$$
$$y' = y$$
$$z' = z$$
$$t' = t$$

6.1 Der legendäre Apfelbaum neben Newtons Geburtshaus im englischen Woolsthorpe-by-Colsterworth. Hier soll er den Fall eines Apfels beobachtet haben, der ihn auf das Gravitationsgesetz gebracht habe.

Dieses Gleichungssystem wird als **Galilei-Transformation** bezeichnet. Zeitdifferenzen (gemessen mit Uhren) bleiben in beiden Bezugssystemen konstant: $\Delta t = \Delta t'$.
Daraus folgt: In allen Inertialsystemen läuft die gleiche, **universelle Zeit** ab. Gleichzeitigkeit gilt somit in allen Bezugssystemen unabhängig von ihrem Bewegungszustand.
Ändert sich die Geschwindigkeit mit der Zeit, so liegt eine Beschleunigung vor: $b = dv/dt$. Da Geschwindigkeit Weg durch Zeit also $v = s/t$ ist, ergibt sich für die Beschleunigung: $b = d^2s/dt^2$. Daraus folgt: Nach der Zeit t ergibt sich für die zurückgelegte Weglänge bei konstanter Beschleunigung $s = b/2 \times t^2$.
Die mittlere Schwerebeschleunigung auf der Erdoberfläche beträgt $g = 981\ cm/s^2$. Somit fällt ein Körper auf der Erde in der ersten Sekunde fast 5 Meter, nach der zweiten Sekunde sind dies schon fast 20 Meter.
Erfährt eine Masse m eine Beschleunigung b, so ist die Ursache stets eine Kraft: $K = m \times b = m \times d^2s/dt^2$. Kraft ist somit Masse mal Beschleunigung. Dies ist das **2. Newtonsche Axiom**.
Alle Beschleunigungen erfolgen auf Grund von Wechselwirkungen. Kräfte treten stets paarweise auf. Es gibt somit keine Einzelkräfte, sondern nur **Wechselwirkungskräfte**, nämlich Kraft K_1 und Gegenkraft K_2. Sie wirken längs einer Geraden, der sogenannten Wirkungslinie. Beide Kräfte sind gleich groß, wirken aber entgegengesetzt: $K_1 = -K_2$. Bei Newton gilt: **Actio gleich Reactio**. Dies wird als **3. Newtonsches Axiom bezeichnet**.

6.2 Der Legende nach soll Galileo Galilei (1564–1642) am Schiefen Turm von Pisa Experimente durchgeführt haben, die zu seiner Entdeckung der Fallgesetze führten.

6.2 RELATIVITÄT DER ZEIT

6.2.1 LORENTZTRANSFORMATION UND EFFEKTE DER SPEZIELLEN RELATIVITÄTSTHEORIE

Bei genauen Zeitmessungen sind auch relativistische Effekte zu berücksichtigen. Dies trifft insbesondere auf die **Navigation von Raumflugkörpern** und auf die genaue Positionsbestimmung per Satellitennavigation zu.
Die **Lichtgeschwindigkeit** im Vakuum ist in allen Bezugssystemen stets gleich groß: c = 300 000 km/s = const.
Die **Konstanz der Lichtgeschwindigkeit** in allen Bezugssystemen wurde durch das **Michelson-Morley-Experiment** (1887) nachgewiesen.
Invariante Größe:
$x^2 + y^2 + z^2 - c^2 t^2 = x'^2 + y'^2 + z'^2 - c^2t'^2$

Lorentz-Transformation: $S \rightarrow v \rightarrow S'$

$$x' = \left(x + vt\right) \times \sqrt{1 - (v/c)^2}$$

$$\Delta t' = \frac{\Delta t}{\sqrt{1 - (v/c)^2}}$$

Folge:
Bewegte Maßstäbe erscheinen verkürzt (**Lorentz-Kontraktion**).
Bewegte Uhren gehen langsamer (**Zeitdilatation**).
Nach der **Speziellen Relativitätstheorie** (SRT) gehen Uhren in einem bewegten Bezugssystem um den Faktor $\beta = [1 - (v/c)^2]^{½}$ langsamer. Eine auf der Erde gemessene Zeitspanne Δt verkürzt sich somit in einem Raumschiff, das sich mit der Geschwindigkeit v bewegt, auf die Zeitspanne $\Delta t' = \beta \times \Delta t$, was auch die Uhr im Raumschiff anzeigt. Eilt das Raumschiff mit halber Lichtgeschwindigkeit durch das Weltall, so schrumpft eine irdische Zeitspanne von Δt = 1 Jahr auf Δt′ = 0,866 Jahre, also auf 10 Monate, 11 Tage, 18 Stunden und 28 Minuten.
Für ein **Photon**, das sich immer mit Lichtgeschwindigkeit c bewegt, wird Δt′ = 0, das Photon altert nicht, egal, ob auf der Erde ein Jahr oder zwei Milliarden Jahre vergehen.
Aus der relativistischen Zeitdilatation folgt das **Zwillingsparadoxon**:
Reise zum Sirius: Entfernung = 9 Lichtjahre – hin und zurück.

6.3 Hendrik Antoon Lorentz (1853–1928)

6.4 Am Ereignishorizont eines Schwarzen Loches bleibt eine Uhr stehen.

So folgt bei v = 0,9 c, dass Δt = 18 Jahre schrumpfen auf Δt′ = 7,8846 Jahre (7 Jahre, 10 Monate, 9 Tage). Während also auf der Erde 18 Jahre bis zur Rückkehr des Raumschiffes vergehen, altert die Raumfahrtbesatzung nur um sieben Jahre und zehn Monate.
Reise zur Wega: Entfernung = 25 Lichtjahre – hin und zurück.
So folgt bei v = 0,99 c, dass Δt = 50 Jahre schrumpfen auf Δt′ = 7,0533 Jahre (7 Jahre 19 Tage 11 Stunden). Während auf der Erde 50 Jahre bis zur Rückkehr des Raumschiffes vergehen, altert die Raumfahrtbesatzung nur um sieben Jahre und 19 Tage.

6.2.2 RELATIVISTISCHES ADDITIONS-THEOREM

$v_R = (v_1 + v_2) / (1 + v_1 \times v_2/c^2)$

1. Beispiel:
v_1 = 8 km/s, v_2 = 11 km/s, $v_1 + v_2 = v_R$
Klassisch: v_R = 19 km/s
Relativistisch: v_R = 18,999 999 98 km/s

2. Beispiel:
v_1 = 0,5 c, v_2 = 0,8 c
Klassisch: v_R = 1,3 c
Relativistisch: v_R = 0,92 857 c = 278 571 km/s

3. Beispiel:
v_1 = c, v_2 = c
Klassisch: v_R = 2 c
Relativistisch: v_R = c = 300 000 km/s

6.2.3 GRAVITATIVE ZEITDILATATION

Nach der **Allgemeinen Relativitätstheorie** (ART) gehen Uhren im **Gravitationsfeld** bei einer Schwerebeschleunigung $g = G{\cdot}M/r^2$ um den Faktor $\gamma = [1 - 2{\cdot}G{\cdot}M / (r{\cdot}c^2)]^{½}$ langsamer. Dabei ist r der Radius und M die Masse des gravitativ wirkenden Himmelskörpers, c die **Lichtgeschwindigkeit** (im Vakuum 299 793 km/s) sowie G die universelle Gravitationskonstante ($G = 6{,}672{\cdot}10^{-8}\ cm^3\ g^{-1}\ s^{-2}$). Eine Uhr auf der Erdoberfläche bleibt somit infolge der irdischen Schwerebeschleunigung um 22 Millisekunden pro Jahr gegenüber einer schwerelos im All schwebenden Uhr zurück.
Am **Ereignishorizont** eines nicht-rotierenden **Schwarzen Loches** mit dem **Schwarzschildradius** $R_S = 2{\cdot}G{\cdot}M / c^2$ bleibt eine Uhr ganz stehen, es vergeht keine Zeit mehr, stets gilt Δt′ = 0.

6.3 RAUMZEIT UND QUANTENMECHANIK

Da der Lauf der Gestirne keineswegs so gleichmäßig erfolgt wie lange angenommen, hat man die exakte Bestimmung der Einheit der Zeit vom Makro- in den Mikrokosmos verlagert. Nicht mehr die Erdrotation wird zur Definition der Sekunde herangezogen, sondern die Schwingungen von Atomkernen. An der, wie man annimmt, absolut gleichförmig fortschreitenden Atomzeitskala kontrolliert man nun die Bewegung der Gestirne (siehe Kapitel 4.4 auf Seite 167).

In der Welt der Atome und Elementarteilchen treten winzig kleine Zeitabschnitte auf. Ein freies Neutron zerfällt im Mittel nach einer Viertelstunde. Dies ist ein gut überschaubarer Zeitraum. Sehr viele Elementarteilchen, wie Pionen, Lambda-, Sigma- und Omega-Teilchen leben aber viel kürzer, sie zerfallen bereits nach einer Zehnmilliardstel (10^{-10}) Sekunde. Dennoch zählen die Physiker sie noch zu den langlebigen Partikeln. Denn ein ganzes Ensemble weiterer, recht exotischer Teilchen zerfällt bereits nach 10^{-20} s, also einem Zehnmilliardstel einer Zehnmilliardstel Sekunde. Solch extrem kurze Zeitspannen entziehen sich ebenso unsere Vorstellungskraft wie die riesigen Zeiträume im Makrokosmos. Sie sind jedoch nicht die kürzesten, die man kennt.

Die sogenannte Elementarzeit ist noch tausend Mal kürzer, nämlich 10^{-23} (ein Hunderttrilliardstel) Sekunden. Die Elementarzeit gibt an, wie lange das Licht zur Durchquerung eines Elektrons benötigt: 9,39 × 10^{-24} Sekunden. Für das lange als strukturlos und unteilbar gehaltene Elektron ergibt sich der **„klassische Elektronenradius"** zu 2,818 × 10^{-13} cm. Inzwischen weiß man, dass die Elementarteilchen keineswegs so elementar sind, wie ihr Name vermuten lässt. Die kleinsten Konstituenten (Bestandteile) der Materie sind noch um viele Zehnerpotenzen kleiner als der Durchmesser eines Elektrons. Sie sind auch keine „Teilchen" im herkömmlichen Sinne, sondern gelten als topologische Strukturen (**Superstrings**) einer **vieldimensionalen Raumzeit**. Und in diesen extremen Tiefen des Mikrokosmos zeigen sich völlig neue Eigenschaften der Zeit.

Die großen physikalischen Theorien des 20. Jahrhunderts, die Spezielle und die Allgemeine Relativitätstheorie sowie die **Quantenmechanik**, haben uns ganz neue Einblicke in den Charakter der Zeit gewährt. Eine universelle, gleichförmig ablaufende Zeit, wie sie die Newtonsche Mechanik voraussetzt, gibt es nicht. Der Zeitlauf ist abhängig vom Beobachter, von seinem Bewegungszustand und von Kraftfeldern, die auf ihn wirken. Bei hohen Geschwindigkeiten erscheint die Zeit gedehnt (Zeitdilatation), beschleunigte Uhren und Uhren in Gravitationsfeldern gehen langsamer relativ zu unbeschleunigten Uhren. Was für einen Beobachter Gegenwart ist, ist für einen anderen bereits Vergangenheit, für wieder einen anderen aber noch Zukunft (siehe Kapitel 6.2 auf Seite 211). Dies ist eine anschaulich nicht nachvollziehbare aber reale Eigenschaft der Zeit. Daher die Bezeichnung Zwillings*paradoxon*.

6.3.1 QUANTENSPRÜNGE DER ZEIT

Die Quantenmechanik wieder führt zu der Erkenntnis, dass die Zeit nicht kontinuierlich vergeht, sondern in einzelnen Sprüngen. Üblicherweise hat man den Eindruck, die Zeit fließt gleichförmig dahin. Man spricht vom Strom der Zeit, **Heraklit von Ephesos** sagt Πάντα ρεῖ – alles fließt. Man kann sich das „Springen" der Zeit nur schwer vorstellen, zu stark ist unser Gefühl eines stetigen Zeitablaufs. Hier geht es uns wie im Film: Werden 24 oder mehr Bilder pro Sekunde geboten, so sieht man keine einzelnen Bilder mehr, keine ruckweisen Veränderungen, sondern man gewinnt den Eindruck einer gleichförmigen Bewegung. Ähnlich verhält es sich mit der Zeit. Sie fließt in Wirklichkeit nicht kontinuierlich dahin, sondern sie verstreicht in winzig kleinen Sprüngen. Die Zeit vergeht also ruckweise, vergleichbar dem steten Vorrücken des Minutenzeigers einer Bahnhofsuhr. Dabei sind die einzelnen Zeitportionen, die **Zeitquanten**, unvorstellbar klein. Ist schon die Elementarzeit der Physiker extrem kurz (10^{-23} Sekunden), so sind die einzelnen Zeitquanten noch zwanzig Zehnerpotenzen (also ein Zehnmilliardstel eines Zehnmilliardstel) kleiner, nämlich 10^{-43} Sekunden.

Man nennt ein solches Zeitquant, die kürzest mögliche Zeitspanne überhaupt, **Plancksche Fundamentalzeit**, nach **Max Planck** (1858–1947, Nobelpreis für Physik 1918), der sie selbst berechnet hat. Drei fundamentale **Naturkonstanten** sind mit der Planckzeit verwoben: Die universelle **Gravitationskonstante** G, die Lichtgeschwindigkeit c und die **Planck-Konstante** h der **Heisenbergschen Unschärferelation**. Die Formel für die Planckzeit lautet: $t_{Pl} = (G\,\hbar\,/c^5)^{½}$, wobei $\hbar = h/2\pi$ ist. Danach ergibt sich für die Planckzeit eine Länge von $0{,}5393 \times 10^{-43}$ Sekunden.

Die Sprunghaftigkeit ist nicht nur auf das Zeitgeschehen beschränkt, sondern hat allgemeinen Charakter. Auch Raum und Energie treten in winzig kleinen Portionen auf, so die Erkenntnis der Quantenmechanik. Dies bezieht sich daher auf alle Vorgänge im Kosmos, die **Quantisierung** ist ein universelles Prinzip.

Die Planckzeit hat fundamentale Bedeutung für die Physik. Sie stellt den ersten Schritt zu einer modernen Theorie der **Quantengravitation**, der Vereinigung der Allgemeinen Relativitätstheorie mit der Quantenmechanik dar. Sie spielt in der Kosmologie des sehr jungen Universums eine wichtige Rolle. So ist es beispielsweise sinnlos zu fragen, was geschah zwischen dem Zeitpunkt null des Urknalls und dem Ende der **Planckära** nach 10^{-43} Sekunden. Nichts! Denn die Planckzeit stellt eine untere Schranke für das Weltgeschehen dar. Innerhalb von 10^{-43} Sekunden passiert nichts, jeder Vorgang dauert mindestens 10^{-43} Sekunden, den kleinsten Teil der Zeit. Ein **Zeitpunkt null** ist überhaupt nicht exakt angebbar, denn kein Zeitpunkt kann genauer als auf 10^{-43} Sekunden fixiert werden.

Die Planckzeit entspricht der Lichtlaufzeit der Planckschen Fundamentallänge. Setzt man die **Compton-Wellenlänge** einer Masse, die ihre Ortsunschärfe angibt, gleich ihrer „Gravitationslänge", die vermerkt, bei welcher Größe die Masse in ein unbeobachtbares Schwarzes Loch verschwindet, so erhält man eine Länge von 10^{-33} cm. Diese Plancklänge ist unabhängig von einer real vorhandenen Masse – nur die drei Naturkonstanten G, h und c bestimmen sie: $l_{Pl} = (G\,\hbar\,/c^3)^{½}$. Die Plancklänge definiert somit die **Quantisierung des Raumes** selbst. Kein Ort kann genauer als auf 10^{-33} cm angegeben werden, keine Strecke genauer in ihrer Länge gemessen werden.

Noch sind längst nicht alle Konsequenzen der Quantisierung von Raum und Zeit erforscht. Aber man vermutet, dass die Tatsache der Existenz kleinster Zeitportionen eine wichtige Rolle spielt bei der Beobachtung ferner Objekte im Kosmos.

6.3.2 MEHRERE ZEITDIMENSIONEN?

Die Quantisierung der Zeit führt unter anderem zu folgender Konsequenz: Zeit ist in der Standardbeschreibung des Universums ein eindimensionaler Parameter. Im Makrokosmos ist die Zeit gerichtet, man spricht vom Zeitpfeil: Vergangenheit, Gegenwart und Zukunft folgen aufeinander. Zeit ordnet die Folge von Ereignissen, die im Makrokosmos unumkehrbar ist, jedoch nicht in der Welt der Elementarteilchen. Alles scheint sich im Makrokosmos auf einer einzigen Zeitlinie zu bewegen. Moderne physikalische Zeittheorien gehen jedoch davon aus, dass die Zeit im Makrokosmos eine dreidimensionale Größe ist.
In der **Quantenzeit-Kosmologie** sind die Elementarteilchen in einem dreidimensionalen **Zeitvolumen** eingebettet. Wenn wir Zeit messen, was immer nur durch Geschwindigkeitsvergleiche geschieht, also der **Weg-Zeit-Quotienten**, dann bezieht man sich immer auf nur eine einzige Zeitlinie, auf der sich auch der messende Beobachter bewegt.
Grundsätzlich läuft jedes Teilchen auf seiner eigenen Zeitlinie. Wenn Teilchen jedoch miteinander wechselwirken, zum Beispiel durch gravitative oder elektromagnetische Kräfte, dann koinzidieren ihre Zeitlinien. Wie **William G. Tifft** vom Steward Observatory in Tucson (Arizona, USA) festgestellt hat, sagt die Quantenzeit-Kosmologie Effekte voraus, die beobachtbar sein müssten. So soll es Photonen geben, die auf Zeitlinien laufen, die nicht mit unserer zusammenfallen. Daraus folgt, dass die **kosmologischen Rotverschiebungen** sich nicht allein aus dem klassischen Doppler-Effekt erklären lassen.
Schon lange ist bekannt, dass manch benachbarte Galaxien oder Quasare große Differenzen in der Rotverschiebung zeigen, was eigentlich der klassischen Kosmologie nach auf große Distanzunterschiede hindeutet. Nach Tifft nehmen jedoch die Rotverschiebungen der Galaxien nicht alle Werte kontinuierlich an, sondern nur bestimmte, diskrete Größen, die Rotverschiebung ist gewissermaßen gequantelt. Seine Untersuchungen zeigen, dass die Rotverschiebungen gehäuft bei Werten auftreten, die Vielfache oder ganzzahlige Teile von 72 km/s sind, z. B. 72/2 = 36 km/s.
Aus der klassischen **Hubble-Humason-Relation** der Expansion des Weltalls folgen solche diskret auftretenden Größen keineswegs. Sie werden nur verständlich als Konsequenz aus der **Quantenzeit-Theorie**. Um diese Theorie zu testen, muss man sich allerdings der Mühe unterziehen, alle Radialgeschwindigkeiten der Galaxien auf das Zentrum unserer Milchstraße zu normieren. Noch sind die Rotverschiebungen zu ungenau, um diese periodische Variation sicher nachzuweisen, aber Anzeichen dafür wurden von einigen Forschern gefunden.
Ob wir das **„Wesen der Zeit"** je begreifen werden, bleibt ungewiss. Aber unser Verständnis des Phänomens Zeit wird durch das Wissen bereichert, dass Zeit in kleinsten, nicht weiter teilbaren Portionen, den Zeitquanten, und höchstwahrscheinlich in mindestens drei Dimensionen in Erscheinung tritt. Für unser tägliches Leben bleibt dies ohne Bedeutung, wohl aber für die Beschreibung der Welt im Großen wie im Kleinsten.
Noch weniger zu begreifen ist die Vorstellung von einem zeitlosen Zustand, dem unser Universum zustrebt, in dem nichts mehr geschieht. Was bleibt ist die Ewigkeit ohne Zeitablauf.

7. CHRONOBIOLOGIE

7.1 DIE ZEIT IN DER BIOLOGIE

Alle biologischen Systeme von Einzellern über Pflanzen, Tiere bis zum Mensch unterliegen in ihrer Entwicklung und ihren Aktivitäten **zeitlichen Rhythmen**. Die Perioden biologischer Rhythmen wie **Zellteilung**, **Reaktionsfähigkeit**, **Wahrnehmung**, **Pulsfrequenz**, **Blutdruck**, **mentale** und **physische Leistungsfähigkeit** liegen in dem weiten Bereich von Millisekunden bis zu etlichen Jahren. **Wachstum**, **Stoffwechsel** und **Fortpflanzung** zählen ebenso zu den biologischen Vorgängen, die einem **Zeittakt** folgen.

Die biologischen Rhythmen werden sowohl von endogenen Faktoren als auch von exogenen Einflüssen gesteuert. Zu den hauptsächlichen äußeren Taktgebern zählen die astronomischen Vorgänge der Erdrotation und der Erdrevolution. Ersterer bedingt die Hell-Dunkel-Phasen. In Verbindung mit der Schrägstellung der Erdachse auf der Umlaufebene (Ekliptikebene) kommt es beim Lauf der Erde um die Sonne zu den jahreszeitlichen **Klimavariationen**. Neben dem täglichen **Schlaf-Wach-Rhythmus** oder bei etlichen Tieren jahreszeitlichen Ruhephasen (**„Winterschlaf"**) gibt es zahlreiche weitere physiologische und psychologische Parameter, die von diesen extremen Rhythmen gesteuert oder beeinflusst werden: Blüten öffnen und schließen sich, Zugvögel gehen auf lange Reisen und kehren zurück, im Frühjahr sprießen die Blätter, im Herbst verlieren Bäume ihre Blätter, die Nachtschaltung der Augen mancher Fische erhöht ihre Helligkeitsempfindlichkeit um das Zwanzigfache, um nur einige Beispiele zu nennen.

Auch die wechselnden Mondphasen bewirken bei einigen Lebewesen wie bei **Stangenbohnen**, der **Einstundenmücke Clunio marinus**, dem Ährenfisch **Grunion**, dem Zierfisch **Guppy** und dem Meeresborstenwurm **Palolo** ebenfalls biologische Rhythmen, die in Phase mit den Syzygien gehen. Dabei wirken sowohl Gezeiten als auch wechselnde Lichteinflüsse auf die Reaktionen ein. Die Perioden entsprechen dabei einem oder einem halben synodischen Monat. Es scheint, dass auch wechselnde Mond-Deklinationen manche biologischen Vorgänge rhythmisch beeinflussen. Die Periodenlänge entspricht dabei einem siderischen Monat.

Biologische Systeme sind zeitgetaktet. Man teilt ihre Rhythmen nach der Periodenlänge ein:

— **Zirkadiane Rhythmen:** Entsprechen der Länge eines mittleren Sonnentages (24 Stunden). Bekanntestes Beispiel ist der Schlaf- und Wachzyklus. Auch Pflanzen zeigen einen zirkadianen Rhythmus (Aktivitäten von Blüten und Blättern).

— **Ultradiane Rhythmen:** Dauern kürzer als einen Sonnentag. Die Ereignisse treten mehrmals in 24 Stunden auf wie beispielsweise Fresszyklen bei diversen Tieren. Auch der Mensch sättigt sich pro Tag mehrmals.

— **Zirkatidale Rhythmen:** Die Periodenlänge entspricht den Gezeiten (Tiden), nämlich einem halben zirkadianen Mondrhythmus („Mondtag") von 12h25m. Als Mondtag bezeichnet man die mittlere Zeitspanne zwischen zwei aufeinander folgenden Kulminationen des Mondes (24h50m). Spezies an Meeresstränden (Krebse, Grunions) unterliegen Gezeitenrhythmen (z. B. Ablaichen).

— **Infradiane Rhythmen:** Die Periodenlänge liegt über der eines Sonnentages (**Pflanzenwachstum, Nestbau von Vö-**

geln, Vermehrung vieler Tierarten wie Mäuse, Ratten, Katzen).

— **Zirkaannuale Rhythmen:** Die Periodenlänge entspricht einem tropischen Jahr. In erster Näherung sind dies 365,2422 mittlere Sonnentage. Einem solchen Rhythmus unterliegen Zugvögel. Auch der Winterschlaf bei höheren Säugetieren, das Wachsen von Blättern sowie das Entlauben von Bäumen sind Beispiele für jahreszeitliche Rhythmen.

Bereits einzellige Lebewesen verfügen über einen Taktgeber, eine **innere Uhr**. Verschiedene Algen zeigen einen zirkadianen Rhythmus. Kurz vor Sonnenaufgang erscheinen sie an Wasseroberflächen und bilden einen dichten Algenteppich. Mit Sonnenaufgang setzt **Photosynthese** ein. Unter bestimmten günstigen Voraussetzungen tritt Algenblüte ein. Zu Sonnenuntergang – meist schon eine Stunde vorher – sinkt der Algenteppich in die Tiefe. Während der Nacht kommt es zu einem Glimmen: Das **Luciferase-System** produziert biochemisch Licht. Damit werden **Copepoden** (Fressfeinde) abgewehrt. Auch **Prokaryoten** (**Cyanobakterien**) zeigen einen zirkadianen Rhythmus.

Pflanzen unterliegen ebenfalls zirkadianen Rhythmen. Allerdings wurde bisher keine zentrale Steuerung gefunden, die als innere Uhr fungiert. Die Steuerung physiologischer Vorgänge wie der Photosynthese erfolgt über lichtempfindliche Rezeptoren. Auch die Erneuerung des Photosynthese-Apparates wird durch direkte Lichteinwirkung gesteuert. Andererseits zeigen Laborversuche, dass bestimmte Vorgänge wie Erheben und Hängenlassen von Blättern von Bohnenpflanzen auch dann einem zirkadianen Rhythmus folgen, wenn die Pflanze mehrere Tage in vollkommener Dunkelheit gehalten wird.

Die Taufliege **Drosophila melanogaster** zeigt eine deutliche zirkadiane Periode. Das Schlüpfen der Fliegen aus den Puppen erfolgt alle 24 Stunden zu einer bestimmten Zeit. Fliegen, welche zu diesen Schlüpfzeiten noch nicht ihre Puppen verlassen haben, tun dies am gleichen Tag nicht mehr, sondern erst am folgenden.

7.1 Algenblüte durch Cyanobakterien, hier im englischen Frampton on Severn

Bei Tieren spielt das **Zentralnervensystem** die Rolle als Taktgeber für zeitliche Rhythmen. Insbesondere werden die Rhythmen durch Licht hervorgerufen, weshalb die taktgebenden Nervenbündel sich nahe dem Sehzentrum finden. Bei Insekten sind dies die optischen Loben. Weichtiere haben ihre Taktgeber an der Basis der **Retina**. Bei Wirbeltieren ist der über der Sehnervenkreuzung (**Chiasma opticum**) liegende **Nucleus suprachiasmaticus** (SCN) Taktgeber sowie die **Epiphyse** (Pinealorgan der Zirbeldrüse), die das Schlafhormon **Melatonin** erzeugt. Dabei steuert der SCN die Epiphyse. Dies sind vermutlich nicht alle Schrittmacher. Obwohl tief im Gehirn untergebracht, zeigt sich die Epiphyse bei **Fischen**, **Amphibien**, **Reptilien** und zahlreichen Vögeln lichtempfindlich. Auch die zirkadiane Schwankung der **Körpertemperatur** wird von der Epiphyse bewirkt.

Die Einstundenmücke **Clunio marinus** nutzt das Mondlicht als Taktgeber für ihren Fortpflanzungsrhythmus.

Die **Guppys**, eine Zierfischart, zeigen eine starke Abhängigkeit der Farbempfindlichkeit ihrer Netzhaut von der Mondphase. Bei Vollmond sind die Guppy-Augen für gelbes Licht zehnmal empfindlicher als bei Neumond. Auch das menschliche Auge zeigt einen ähnlichen, allerdings deutlich schwächeren Effekt.

Der Ährenfisch **Grunion** ist der einzige Fisch, der an Land laicht und zwar zu extremen Gezeiten (Springflut), die bei Neu- und Vollmond auftreten.

Manche an Stränden lebende Krabben suchen nur bei Ebbe nach Nahrung. Im Wasser lebende Krebse wieder schwimmen nur bei Flut umher.

7.2 Die Schwarzbäuchige Taufliege Drosophila melanogaster

7.3 Guppyfische in einem Aquarium

7.4 Der Ährenfisch Grunion

Der **Palolowurm** (**Eunice viridis**) zeigt einen den Syzygien entsprechenden Rhythmus (synodischer Monat von 29,53 Tagen). Die Palolos zählen zu den Meeresborstenwürmern. Sie leben auf Korallenriffen im Südpazifik. Die Vermehrung der Palolos erfolgt regelmäßig sieben bis acht Tage nach Vollmond im Oktober oder November. Dann brechen die Hinterenden der rund vierzig Zentimeter langen Palolos ab und steigen zur Meeresoberfläche auf. Die restlichen Teile bleiben in den Korallen am Seeboden, wobei die fehlenden Hinterteile nachwachsen. Die Wasseroberfläche gleicht einem Teppich aus grünlich-brauner Brühe. Wenn die Hinterenden dann aufplatzen und Spermien und Eier freisetzen, bedeckt sich das Meer mit einem weißlich-gelblichen Schaum. Die Fischer von Samoa schöpfen diese Suppe gerne ab, denn sie schätzen sie als besondere Delikatesse. Jedes Jahr pünktlich beim letzten Mondviertel im Oktober oder November steigen die Hinterenden nach Mitternacht, wenn der abnehmende Halbmond aufgeht, zur Meeresoberfläche auf.

Wie bei höheren Säugetieren spielt auch beim Menschen das Licht die entscheidende Rolle bei der Steuerung der zirkadianen Rhythmen. Dabei wirken sich zivilisatorische Einflüsse negativ aus. Einerseits halten sich viele Menschen tagsüber in geschlossenen Räumen auf, deren Helligkeit wesentlich geringer ist als in der freien Natur. Zu wenig Sonnenlicht führt zu einem Vitamin D-Mangel. Andererseits wirkt sich die künstliche nächtliche Beleuchtung negativ auf das Schlafverhalten aus. Die Melatoninproduktion wird vermindert beziehungsweise gehemmt.

Zudem werden bei Langstreckenflügen über mehrere Zeitzonen die zirkadianen Rhythmen desynchronisiert. Die innere Uhr stimmt nicht mehr mit der natürlichen Tagesrhythmik überein. Das **Tageslicht** und seine **Polarisation** befinden sich nicht mehr im Einklang mit der von der inneren Uhr gesteuerten Rhythmik (siehe auch Tafel „Zirkadianer Rhythmus beim Menschen“ auf Seite 221).

Je nach **Chronotypus** verschieben sich die Funktionalabläufe um ein bis drei Stunden. Beim Chronotypus „Lerchen“ geht die innere Uhr vor, bei den „Eulen“ nach. Chronotyp I („Lerche“) zählen zu den Frühaufstehern und gehen vergleichsweise abends bald schlafen. Chronotyp II („Eulen“) gehen spät zu Bett und schlafen morgens lange. Die Forschung geht davon aus, dass die Chronotypen genetisch konditioniert sind und durch zivilisatorische Vorgaben (früher Schul- und Arbeitsbeginn) kaum verändert werden können. Ein Umerziehen ist somit nicht möglich. Lebt man gegen seinen Chronotypus, so führt dies zu Leistungsminderungen, im Extremfall zu Krankheiten.

Reine Chronotypen I und II sind selten. Die meisten Menschen tendieren mehr oder minder stark zu einem der beiden Typen. Im Laufe des Lebens ändert sich der Chronotypus, bei älteren Menschen in der Regel in Richtung „Lerchen“ (Typ I). In der Pubertät herrschen die „Eulen“ (Typ II) vor, während bei Kleinkindern wiederum häufig „Lerchen“ zu finden sind.

☞ ZIRKADIANER RHYTHMUS BEIM MENSCHEN (DIE INNERE UHR)

UHRZEIT	VORGANG
4:00	Minimale Körperaktivität, geringste Leistungsfähigkeit
5:00	Melatoninspiegel im Blut sinkt ab. Ausschüttung von aktivierenden Hormonen setzt ein.
6:00	Körpertemperatur nimmt zu. Blutdruck erhöht. Pulsfrequenz steigt.
7:00	Kälte- und Schmerzempfindlichkeit am höchsten.
8:00	Sexualhormone werden ausgeschüttet. Der Testosteronspiegel bei Männern und der Östrogenspiegel bei Frauen erreicht Höchstwerte.
9:00	Körperliche und mentale Leistungsfähigkeit erreicht Maximum. Gefahr eines Schlaganfalls am höchsten.
10:00	Hohe Konzentrationsfähigkeit. Belastung für Herztätigkeit und Kreislauf am geringsten. Hormon Kortisol wird produziert.
11:00	Allmähliches Nachlassen der Leistungsfähigkeit. Logisches Denkvermögen noch voll einsatzbereit.
12:00	Erhöhte Produktion von Magensäure, Verdauungsmüdigkeit
13:00	Leistungstief, Schläfrigkeit. Der Adrenalinspiegel sinkt, die Aufmerksamkeit lässt nach.
14:00	Geruchs- und Geschmacksinn am sensibelsten, Schmerzempfindlichkeit geht zurück. Ruhepause oder Spaziergang in frischer Luft angesagt. Anästhetikum wirkt am besten.
15:00	Langzeitgedächtnis besonders aufnahmefähig; kognitive Phase.
16:00	Maximale Reaktionsfähigkeit, Körpertemperatur, Pulsfrequenz und Blutdruck am höchsten. Koordination von Augeneindrücken und Muskelbewegung funktioniert besonders gut.
17:00	Seelische Stimmungsschwankungen treten am ehesten auf.
18:00	Regeneration der körperlichen Leistungsfähigkeit. Allergische Reaktionen am stärksten. Körperliche Bewegungen sind besonders ausdauernd.
19:00	Feinmotorik besonders ausgeprägt, manuelle Tätigkeiten führen zu besten Ergebnissen. Das Enzym Alkoholdehydrogenase wird aktiviert und fördert den Alkoholabbau.
20:00	Immunsystem schwächelt, Anfälligkeit für Infektionen steigt. Haut ist empfindlich, Poren öffnen sich, Körpertemperatur steigt auf Höchstwert.
21:00	Geschmacks- und Geruchsinn aktiviert, Begehren nach Nahrungsaufnahme. Organe fahren ihre Aktivitäten zurück.
22:00	Müdigkeit nimmt zu, Leistungsfähigkeit geht zurück. Melatonin (Schlafhormon) wird produziert.
23:00	Abnahme körperlicher und mentaler Aktivität. Melatoninproduktion steigt.
24:00	Konzentrationsfähigkeit sehr gering, Reaktionszeit nimmt zu.
1:00	Der gesamte Organismus verharrt in minimaler Aktivität. Körpertemperatur sinkt, Wachstumshormone werden ausgeschüttet.
2:00 bis 4:00	Ausgeprägte Ruhephase. Körpertemperatur, Pulsfrequenz und Blutdruck zeigen niedrige Werte.

7.2 DIE ZEIT IN DER PSYCHOLOGIE

Es gibt keine direkte Sinneswahrnehmung der Zeit beziehungsweise des Zeitablaufes. Die **Zeitwahrnehmung** erfolgt mit Hilfe des Gedächtnisses. Vergangene Ereignisse sind gespeichert und werden in ihrer Abfolge eingeordnet. Mit den in der Gegenwart auftretenden Sinneseindrücken werden die Gedächtnisinhalte verknüpft, wodurch sich das Zeiterleben einstellt. Im Bewusstsein wird das gerade Geschehene mit der Vergangenheit kombiniert, wobei der Eindruck eines **Zeitkontinuums** entsteht. Die **Gegenwart** – das erlebte **Jetzt** – trennt die **Vergangenheit** von der Zukunft. Die Zeit scheint zu vergehen, zu fließen, dahinzueilen, zu fliehen. „Tempus fugit“ sagten schon die alten Römer. „Time flies“ meinen die Amerikaner – die Zeit fliegt. „Eins, zwei, drei im Sauseschritt eilt die Zeit, wir eilen mit“, dichtete **Wilhelm Busch**.

Im Wachzustand erlebt man die Gegenwart als **psychische Präsenzzeit**: Eben Vergangenes ist noch bewusst ohne das Gedächtnis zu benötigen. Spricht man das Wort „Sonnensystemforschung“ aus, so benötigt dies eine gewisse Zeitspanne. Wenn man bei der letzten Silbe angelangt ist, so ist der erste Teil „Sonnensystem …“ noch voll im Bewusstsein. Man hat dabei nicht den Eindruck, der erste Wortteil sei schon Vergangenheit. Erst wenn das eben Vergangene bereits ins **Unbewusste** versunken ist, muss man das Gedächtnis bemühen, es wieder ins Bewusstsein zu holen. Dieser Vorgang wird als **Erinnern** bezeichnet. Dabei treten mehr oder minder häufig Fehler auf (**Erinnerungslücken**).

Die bewusst erlebte Gegenwart erstreckt sich über eine kleine Zeitspanne, das Zeitkontinuum. In ihm findet sich der Inhalt des Bewusstseinsaktes, beispielsweise einen eben gesprochenen Satz. Das Einzelerlebnis wird nicht punktuell wahrgenommen. Beobachtet man ein fliegendes Flugzeug, so erlebt man den Flug zusammenhängend und nicht als Kette einzelner Bilder.

Die Präsenzzeit bleibt kurz – zwischen sechs bis etwa zwölf Sekunden. Danach werden die Erlebnisse beziehungsweise Sinneswahrnehmungen im Gedächtnis abgespeichert. Die Speicherung im Gedächtnis ist ein neurobiologisch komplexer Vorgang. Wissensinhalte aus dem Gedächtnis ins Bewusstsein zu rufen, gelingt nur sehr unterschiedlich. An manches, Jahrzehnte zurückliegendes Ereignis kann man sich schnell und lebhaft erinnern. Was man am Vortag zu Abend gegessen hat, fällt einem plötzlich nicht mehr ein oder erst nach längerem Nachdenken. Die kürzeste Zeitspanne, die noch als singuläres Ereignis getrennt wahrgenommen wird, bezeichnet man als **Moment** oder **Zeitmoment.** Definitionsgemäß beinhaltet der Begriff „Moment“ die kürzeste, gerade noch wahrnehmbare Dauer eines Reizes. Das menschliche Moment beträgt 1/18 Sekunde. Reize, die in kürzer als 1/18 Sekunde aufeinanderfolgen, werden nicht mehr getrennt wahrgenommen, sondern verschmelzen zu einem einzigen Vorgang. Werden wie im Film oder Video mehr als 18 Bilder pro Sekunde präsentiert, so gewinnt man den Eindruck eines kontinuierlichen Ablaufes eines Geschehens und erlebt keine Einzelbilder.

Das Zeitmoment ist auch für andere Sinneswahrnehmungen relevant. Mehr als 18 Luftschwingungen werden als tiefer Ton erlebt und nicht als einzelne Geräusche registriert. Das Zeitmoment ist beim Menschen für verschiedene Sinne gleich groß (Sehen, Hören, Fühlen – taktile Reize bei Berührungen). Hätte der Mensch ein erheblich kürzeres Moment, so könnte er eine Pistolenkugel fliegen sehen. Wäre es erheblich länger, so sähe man die Sonne über den Himmel rasen. Man könnte Pflanzen beim Wachsen zusehen.

Das Zeitmoment hängt auch von der jeweiligen Verfassung ab – helle Aufmerksamkeit oder schläfrige Wahrnehmung. Sowohl **Sedativa** (Bromkalium, Morphium) als auch **Exzitativa** (Koffein, Alkohol) führen zur Verlängerung des Moments (bis zu einer halben Sekunde). Dies ist beispielsweise bei Handlungen, die hohe Aufmerksamkeit erfordern, zu beachten (Straßenverkehr!). Bei Mangel an dem Botenstoff **Dopamin** wird der Zeittakt verlängert, alles läuft im Zeitraffer ab. Bei **Depressionen** wieder erscheint die Zeit gedehnt.

Die Wahrnehmung eines Zeitablaufes ist ein mentales Konstrukt. Sie zeigt sich für verschiedene Lebewesen recht unterschiedlich. Das Zeitmoment der **Schnecke** liegt bei ¼ Sekunde. In der Welt der Schnecke läuft alles rascher ab. Das Zeitmoment des **Kampffisches** liegt bei 1/30 Sekunde. Für ihn läuft alles halb so schnell ab, dass er schnell bewegte Fische attackieren kann. Hätte ein Boxer ein solch kurzes Zeitmoment, der Weltmeistertitel wäre ihm sicher. Die Fäuste seines Gegners kämen für ihn scheinbar nur langsam entgegen. Er hätte ausreichend Zeit auszuweichen und zurückzuschlagen.

Bei **Reptilien** wieder ist das Zeitmoment eine Funktion der Körpertemperatur. Ist die Bluttemperatur eines Krokodils niedrig, so läuft für die Echse alles schneller ab. Bei höherer Temperatur ist das Weltgeschehen verlangsamt: Dem Krokodil gelingt es, blitzschnell seine Beute zu schnappen.

Die biologische Uhr sitzt im Zentralnervensystem. Werden Teile des **Hippocampus** (**Hypothalamus**) beschädigt (Schlaganfall, virale Hirnentzündung), geht das autobiografische Gedächtnis verloren (**anterograde Amnesie**). Die Zeit bleibt praktisch stehen. Auch Alzheimererkrankungen führen zu einem gestörten Zeiterleben.

7.5 Das Zeitmoment der Schnecke liegt bei ¼ Sekunde.

7.6 Das Zeitmoment des Kampffisches liegt bei 1/30 Sekunde.

Das subjektive Zeiterleben ist auch abhängig von der Menge der Ereignisse innerhalb einer begrenzten Zeitspanne. Ereignisreiche Zeitspannen werden als kurz erlebt aber in der Erinnerung als lang. Ereignisarme Zeitspannen erscheinen oft quälend lang, in der Erinnerung schrumpfen sie jedoch zu kurzen Zeiträumen. Erlebnisreiche, schöne Stunden vergehen wie im Flug. Wenn wenig passiert, langweilt man sich, die Zeit kriecht dahin. **Johann Wolfgang von Goethe** meinte einst: „Nichts ist schwerer zu ertragen als eine Reihe langer Tage."
Wartet man auf eine Straßenbahn, so schleichen die Minuten dahin. Muss man aber eine Fahrkarte aus dem Automaten herauslassen, so vergeht die Wartezeit schnell, manchmal zu schnell. Man kramt in der Geldbörse nach Kleingeld, sucht das Fahrtziel an der Automatentafel, tippt es ein, muss noch die Münzen einzeln einwerfen, auf den Ausdruck der Fahrkarte warten, das Wechselgeld entgegennehmen und einstecken – und schon ist die Straßenbahn da.
Viele klagen über das hohe Tempo beim Arbeitsablauf. Die Zeitknappheit wird bedauert. „Habe keine Zeit" ist ein geflügeltes Wort. Die Beachtung der Zeit wird als positive Eigenschaft angesehen. **Pünktlichkeit** wird geschätzt. Unpünktlich zu sein wird negativ bewertet und kann zu Entlassungen führen. Unpünktliche Verkehrsmittel verärgern Reisende.
Übertriebene Pünktlichkeit kann zu psychischen Störungen führen. **Neurasthenie** kann eine Folge zu hoch empfundenen Lebenstempos sein. Zeitdruck entsteht auch durch mangelnde Konzentration auf eine Sache. Telefonieren, gleichzeitig E-Mails checken und Fernsehen ruft Stress hervor.
Im Alter scheint die Zeit schneller zu vergehen. Die Zeit zwischen Weihnachten und Ostern erscheint immer kürzer. Die Jahre fliegen nur so dahin. Dies liegt an der Menge der Erinnerungen im bereits abgelaufenen Leben. Für einen Zwanzigjährigen sind zehn Jahre, die er zurückblickt, sein halbes Leben. Ein Siebzigjähriger hat in den letzten zehn Jahren nur ein Siebtel seines Lebens zurückgelegt. Viele Ereignisse und Erlebnisse in den letzten zehn Jahren sind Wiederholungen aus Jahrzehnten davor. Die einzelnen Erinnerungen an gleiche oder ähnliche Vorgänge werden vermengt. Viele Ereignisse wirken in späteren Jahren weniger prägend. Man erlebt immer seltener etwas völlig Neues. Daher sind in der Erinnerung die letzten Jahre wie im Flug vergangen. Manche haben daher den Eindruck, in den ersten zwanzig Lebensjahren sei ebenso viel passiert wie in der übrigen Lebenszeit.

8. ANHANG

8.1 CHRONOLOGISCHE BEGRIFFE UND AKRONYME

Epoche: *Zeitpunkt* des Beginns einer **Ära**

1. Jan. 1 n. Chr.	Beginn der christlichen Ära
1. Juli 776 v Chr.	Beginn der Olympiaden-Ära
21. April 753 v. Chr.	Beginn der römischen Ära a.u.c. (ab urbe condita)
29. August 284 n. Chr.	Beginn der Ära Diokletians
15./16. Juli 622 n. Chr.	Beginn der Islamischen Ära
J 1999.0	Beginn des Jahres 1999 im Julianischen Datum (JD)
B 1999.0	Beginn des Besselschen Jahres 1999 (annus fictus – dies reductus)

Ära: *Zeitspanne* der Geschichte, für die ein Verfahren zur Zeitrechnung (Jahreszählung und Datumsbestimmung, kurz: ein Kalender) definiert ist.

Kalender: System zur Zeiteinteilung und Datumsbestimmung nach periodischen, astronomischen Vorgängen (Sonnentag, synodischer Monat, tropisches Jahr); calare heißt ausrufen (Kalenden des März ...). Beispiel: Totale Sonnenfinsternis am Donnerstag, 29. Juli 2752 a.u.c. ≙ Mittwoch,11. August 1999 gregorianisch.

BEZEICHNUNGEN (ABKÜRZUNGEN):

a	annus	(Jahr)	
d	dies	(Tag)	
h	hora	(Stunde)	
m	minuta prima	(Minute)	(von *minuere* = vermindern)
s	minuta secunda	(Sekunde)	
ms	Millisekunde (10^{-3} s)		
µs	Mikrosekunde (10^{-6} s)		
AD – Anno Domini		Im Jahre des Herrn (nach Christi Geburt)	
BC – Before Christ		Vor Christi Geburt	
BCE – Before Common Era		Vor Christi Geburt	
CE – Common Era		Beginn der Zeitrechnung nach Christi Geburt, Epoche des Julianischen und des Gregorianischen Kalenders	

8.1.1 ASTRONOMISCHE UND HISTORISCHE JAHRESZÄHLUNG

In der astronomischen Jahreszählung wird das Jahr 1 vor Chr. mit der Ordnungszahl 0 belegt, 2 v. Chr. mit –1 usw. Danach erfolgte die Geburt Jesu Christi im Jahre –6 astronomischer Zählweise und im Jahre 7 vor Chr. historischer Zählweise.

Danach endete das 20. Jahrhundert und das 2. Jahrtausend am 31. Dezember 2000 um 24^h UTC. Das 21. Jahrhundert und damit das 3. Jahrtausend beginnt am 1. Januar 2001 um 0^h UTC.

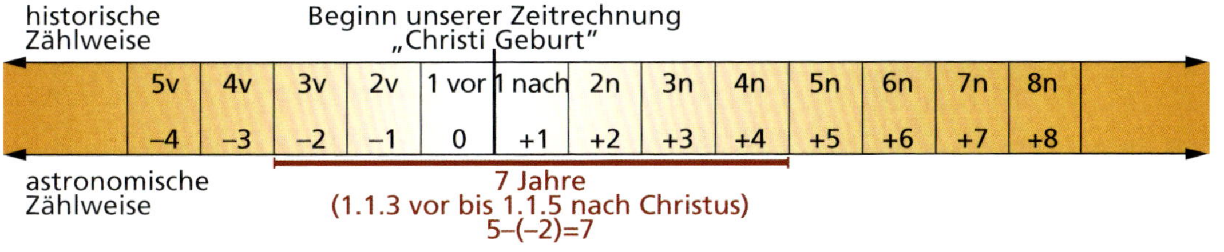

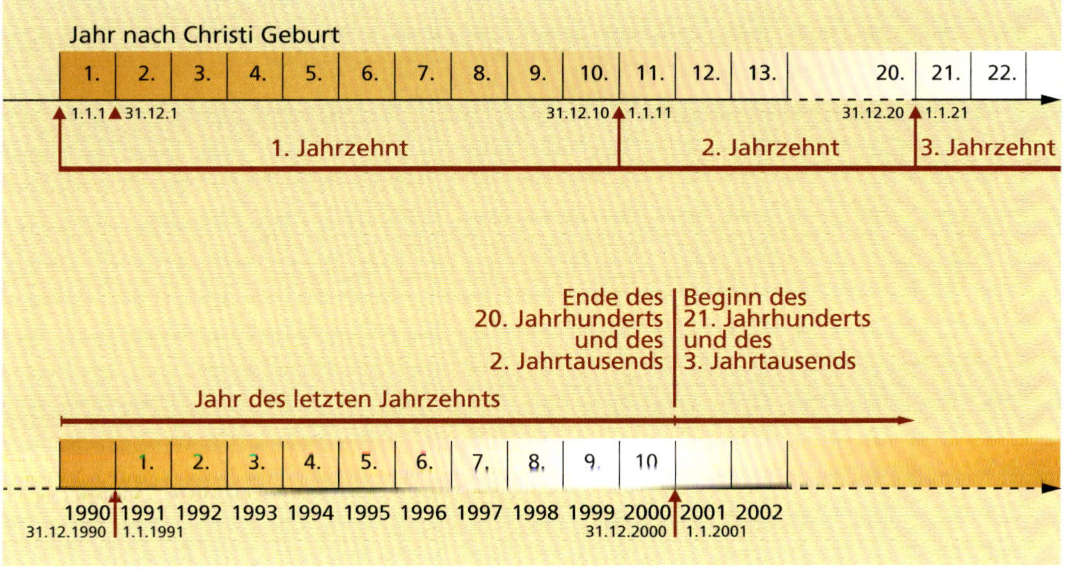

8.1.2 JAHRESTYPEN

SONNENJAHR	Jahreslänge nach tropischen Umläufen der Sonne bestimmt (ägyptischer, Julianischer, Gregorianischer Kalender), so dass durch Schaltregeln die Jahre eine Anzahl ganzer Sonnentage aufweisen. Im Sonnenkalender gibt es Gemeinjahre und Schaltjahre: Gemeinjahr (365 Sonnentage), Schaltjahr (366 Sonnentage)
MONDJAHR	*Freier* Mondkalender: Jahreslänge wird nach ganzen Vielfachen (12 oder 13) eines synodischen Monats festgelegt, so dass die Jahre eine Anzahl ganzer Sonnentage aufweisen (islamischer Kalender, ursprünglich: Babylon, China).
LUNISOLARJAHR	*Gebundener* Mondkalender: Mondjahre werden durch Schaltregeln zur Koinzidenz mit Sonnenjahren gebracht – Metonscher Zyklus (Babylonier [Chaldäer], Chinesen, Juden, Griechen).

AKRONYME

BCRS	Barycentric Celestial Reference System (baryzentrisches astronomisches Bezugssystem – bezieht sich auf den Schwerpunkt des Sonnensystems)
BIH	Bureau Internationale de l'Heure (Internationales Zeitbüro)
BIPM	Bureau International des Poids et Mesures (Internationales Büro für Gewichte und Maße)
BST	British Summer Time
CCDS	Comité Consultatif pour la Définition de la Seconde
CCTF	Consultative Committee for Time and Frequency
CRS	Celestial Reference System (astronomisches Bezugssystem)
DST	Daylight Saving Time (Sommerzeit)
ΔT	TT – UT1
DUT1	UT1 – UTC (predicted)
ΔUT1	UT1 – UTC
ET	Ephemeris Time (Ephemeridenzeit)
GMST	Greenwich Mean Sidereal Time (Sternzeit am Nullmeridian)
GMT	Greenwich Mean Time (mittlere Sonnenzeit am Nullmeridian, heute veraltet; statt dessen UTC)
GPS	Global Positioning System
GRS	Geocentric Reference System (geozentrisches Bezugssystem)
HCRS	HIPPARCOS Catalog Reference System
HMNAO	Her Majesty's Nautical Almanac Office
IAU	International Astronomical Union (Dachorganisation der Berufsastronomen)
ICRS	International Celestial Reference System (internationales astronomisches Bezugssystem)

IERS	International Earth Rotation and Reference System Service (Internationaler Erdrotationsüberwachungsdienst)
ILS	International Latidude Service (Internationaler Breitendienst)
IPMS	International Polar Motion Service (Internationaler Polwanderungsdienst)
JD	Julianisches Datum (fortlaufende Tageszählung, Epoche: 1. Januar −4712, 12^h UT)
JDN	Julianische Tagesnummer
LAT	Local Apparent Solar Time (scheinbare Ortssonnenzeit)
LMT	Local Mean Time (mittlere Ortssonnenzeit)
LOD	Length of Day (Tageslänge)
LSD	Local Sidereal Time (lokale Sternzeit am Beobachtungsort)
MEZ	Mitteleuropäische Zeit (MEZ = UTC + 1^h)
MESZ	Mitteleuropäische Sommerzeit (MESZ = UTC + 2^h)
MJD	Modifiziertes Julianisches Datum (Epoche: 17. November 1858, 0^h UT)
PTB	Physikalisch-Technische Bundesanstalt in Braunschweig; für die Verbreitung der UTC zuständig
RGO	Royal Greenwich Observatory (bei London; durch das Observatorium geht der Nullmeridian der Erde)
SI	Système International (Internationales Einheitensystem)
ST	Sidereal Time (Sternzeit)
TAI	Temps Atomique International – International Atomic Time (Internationale Atomzeitskala)
TCB	Barycentric Coordinate Time
TCG	Geocentric Coordinate Time
TDB	Barycentric Dynamical Time
TDT	Terrestrial Dynamical Time
TT	Terrestrial Time
USNAO	US Nautical Almanac Office (Washington, D. C.)
UT	Universal Time (Weltzeit)
UT0	Universal Time 0 – Weltzeit, nicht korrigiert für die Polwanderung
UT1	Universal Time 1 – direkt beobachtete Weltzeit, abgeleitet aus dem Rotationswinkel der Erde, korrigiert auf Polwanderung
UT2	Universal Time 2 – auf jahreszeitliche Schwankungen der Erdrotation verbesserte UT1 (extrapoliert)
UTC	Universal Time Coordinated (weltweit verbreitete, mittels Atomuhren aufbereitete Weltzeit)
WZ	Weltzeit (mittlere Sonnenzeit am Nullmeridian der Erde)

8.2 HISTORISCHE SONNEN- UND MONDFINSTERNISSE

15. JUNI –762	**Totale Sonnenfinsternis** ($5^{m}00^{s}$) unter dem Eponymen Pursagale (assyrische Chronologie)
9. JUNI –753	**Partielle Mondfinsternis** (0,9416), also fast total. Für die Gründung Roms hat Marcus Terentius Varro (–115 bis –15) das Datum 21. April 753 vor Chr. (–752) errechnet.
6. APRIL –647	**Totale Sonnenfinsternis** ($5^{m}02^{s}$): Von ihr spricht in einem seiner Gedichte der Dichter Archilochos, dessen Lebenszeit sich durch dieses Ereignis datieren lässt.
28. MAI –584	**Totale Sonnenfinsternis** ($6^{m}04^{s}$): Wird von Thales vorausgesagt für den Tag der Schlacht am Halys zwischen dem Lyderkönig Alyattes und dem Mederkönig Kyaxares. Die geschockten Kämpfer schließen Frieden.
19. MAI –556	**Totale Sonnenfinsternis** ($2^{m}22^{s}$): Belagerung von Larissa/Nimrud am Tigris durch Kyros I. während dieser Sonnenfinsternis. Panik!
3. AUGUST –430	**Ringförmige Sonnenfinsternis** ($1^{m}04^{s}$): Man sah sie in Attika, berichtet Thukydides (2, 28) nach der Vertreibung der Aigineten durch die Athener und vor der Vergabe des athenischen Bürgerrechts an Nymphodoros von Abdera.
9. OKTOBER –424	**Totale Mondfinsternis** (1,4049): Auf sie bezieht sich Aristophanes, die nach dem Scholiasten im Monat Boedromion unter dem Archon Stratokles stattfand; sie war die Antwort der Wolken auf die Betrauung des Kleon mit dem Kommando gegen die Spartiaten auf Sphakteria.
21. MÄRZ –423	**Ringförmige Sonnenfinsternis** ($4^{m}39^{s}$): Für den Sommeranfang dieses Jahres, berichtet Thukydides (4, 52) von dieser ringförmigen Sonnenfinsternis und von einem Erdbeben, das in den ersten zehn Tagen dieses Monats Elaphebolion in Attika stattfand. Im Anschluss daran schilderte er, wie die Mytilener Rhoiteion, den Küstenort in der Troas, eroberten.
27. AUGUST –412	**Totale Mondfinsternis** (1,0804): Die religiöse Deutung dieser verhinderte die rechtzeitige Ausfahrt der Flotte des Attischen Seebunds aus dem Hafen von Syrakus. Am 26. Karneios (Syrakus) feierten die Syrakusaner die Gefangennahme des Nikias.
15. APRIL –405	**Totale Mondfinsternis** (1,2679): Xenophon datiert diese Mondfinsternis in das Jahr des Archon Kallias in Athen, des Ephoren Pityas in Sparta, in dem Lysandros vom peloponnesischen Flottenbefehl abberufen und Kallikratidas zu seinem Nachfolger bestellt wurde.
3. SEPTEMBER –403	**Ringförmige Sonnenfinsternis** ($0^{m}54^{s}$): Sie versetzte den Makedonenkönig Archelaos in Angst und Schrecken. Am Tage dieser Finsternis besiegte Lykophron, der Tyrann in Pherai, Larissa und die mit ihnen verbündeten Thessaler.
21. JUNI –399	**Totale Sonnenfinsternis** ($3^{m}53^{s}$): Ob Ennius diese Finsternis gemeint hat, die er „ungefähr" in das 350. Jahr nach der Gründung Roms datierte, oder die totale Sonnenfinsternis vom 12. Juni –390 ($4^{m}35^{s}$) wird diskutiert.
14. AUGUST –393	**Ringförmige Sonnenfinsternis** ($6^{m}25^{s}$): Als Agesilaos mit dem peloponnesischen Heer in Boiotien einrückte, erschraken die Soldaten.
23. DEZEMBER –382	**Partielle Mondfinsternis** (0,2064): Diese ist von Hipparch auf die Nacht vom 26./27. Toth notiert.
18. JUNI –381	**Partielle Mondfinsternis** (0,4839): Diese ist von Hipparch unter dem Archon Phanostratos im Monat Skirophorion auf die Nacht vom 24./25. Phamenoth notiert.
13. DEZEMBER –381	**Totale Mondfinsternis** (1,7703): Diese ist von Hipparch unter dem Archon Euandros im Monat Poseideon I auf die Nacht vom 16./17. Toth notiert.
13. JULI –363	**Totale Sonnenfinsternis** ($4^{m}30^{s}$): Vor dem Auszug des Pelopidas mit dem thebanischen Heer gegen Alexandros, dem Tyrannen von Pherai, trat diese Sonnenfinsternis ein.

Bei den totalen Sonnenfinsternissen ist die Totalitätsdauer angegeben, bei den partiellen Sonnenfinsternissen die Größe in Einheiten des scheinbaren Sonnendurchmessers, bei Mondfinsternissen die Größe in Einheiten des scheinbaren Monddurchmessers.

Die Jahresangaben sind nach astronomischer Zählweise für Jahre vor Chr. angegeben (–762 ≙ 763 vor Chr. oder –6 ≙ 7 vor Chr.).

12. MAI –360	**Ringförmige Sonnenfinsternis** (3^m52^s): Sie hat Helikon von Kyzikos am Hofe Dionysios II. während Platons zweitem Sizilienaufenthalt vorausgesagt, die noch während Platons Anwesenheit in Syrakus eintrat.
9. AUGUST –356	**Partielle Mondfinsternis** (0,1938): Sie trat ein, bevor Dion von Zakynthos aus gegen Dionysios II. aufbrach.
27. NOVEMBER –343	**Hybride Sonnenfinsternis** (0^m57^s), die auf die Einweihung des Tempels der Iuno Moneta folgte, die L. Furius Camillus als Diktator –344 angelobt hatte.
20. SEPTEMBER –330	**Totale Mondfinsternis** (1,2105): Diese trat laut Plutarch elf Tage vor der Schlacht bei Gaugamela im Monat Boedromion ein.
15. AUGUST –309	**Totale Sonnenfinsternis** (5^m00^s): Diese ereignete sich als Agathokles von Syrakus gegen Karthago ausfuhr.
20. MÄRZ –218	**Totale Mondfinsternis** (1,1002): Als Attalos I. sich auf dem Feldzug gegen Achaios und die Griechenstädte befand, erhoben sich die Aigosagen am Megistos, ermuntert durch diese Finsternis, gegen ihn.
11. FEBRUAR –216	**Totale Sonnenfinsternis** (3^m48^s): Unter verschiedenen unheilverkündenden Vorzeichen erwähnte der Konsul Servilius Geminus auf der ersten Senatssitzung nach seinem Amtsantritt am 15. März auch noch diese totale Sonnenfinsternis, die aus Sizilien gemeldet worden war.
19. OKTOBER –201	**Totale Sonnenfinsternis** (4^m37^s): Nach dem Diktat der Friedensbedingungen durch die Römer kam es in Karthago zu Unruhen, die in Rom Besorgnis hervorriefen. Dazu kamen noch Nachrichten von unheilverheißenden Vorzeichen, darunter diese in Cumae gesichtete Sonnenfinsternis.
14. MÄRZ –189	**Totale Sonnenfinsternis** (2^m15^s): Diese ereignete sich, als der Konsul L. Cornelius Scipio Asiaticus zum Krieg gegen Antiochos III. aus Rom aufbrach.
10. JANUAR 0	**Totale Mondfinsternis** (1,7825): Kurz vor der auf Geheiß des Herodes veranlassten Hinrichtung des Oberpriesters Matthaios trat diese Mondfinsternis ein.
28. APRIL 32	**Partielle Sonnenfinsternis** (0,6596): Kaiser Otho geboren (Suet.Otho 1).
30. APRIL 59	**Totale Sonnenfinsternis** (1^m50^s): Sonnenfinsternis in Campania, bei Plinius Secundus (Notizen des Corbulo: NH 2,180) erwähnt.
10. JUNI 104	**Hybride Sonnenfinsternis** (0^m33^s): Die Kimbern hatten sich mit den Teutonen südlich der Alpen vereinigt, als diese ringförmig-totale Sonnenfinsternis eintrat (Konsulat des C. Marius und des C. Flavius Fimbria).
14. JANUAR 484	**Totale Sonnenfinsternis** (0^m33^s): Proclus beschreibt diese Finsternis, deren Kernschatten über Athen strich. Damit ließ sich die Differenz von Ephemeridenzeit und Weltzeit ($\Delta T = ET - UT$) zu jener Zeit ermitteln.
1. MÄRZ 1504	**Totale Mondfinsternis** (1,0596) über Jamaika (29. Februar nach Ortszeit): Christoph Kolumbus droht Eingeborenen, Gott würde sie bestrafen, wenn sie nicht die Verpflegung für die Schiffsbesatzung liefern. Als der Mond sich verfinsterte, lieferten sie das Gewünschte.

8.3 DER OSTERTERMIN UND SEINE BESTIMMUNG

In vielen Kulturen und bei etlichen Völkern begann ein neues Kalenderjahr im Frühjahr, wenn die Natur zu neuem Leben erwacht. Der heute als April bezeichnete Monat war somit der erste Monat eines Jahres. Bei den Babyloniern hieß er Nisanu (hebräisch: Nisan). Bei den alten Römern war bereits der März der erste Monat im Kalender, gewidmet dem Kriegsgott Mars, nach dem der Monat seinen Namen erhielt.

Die Menschen feiern gerne und so wurde auch der Jahresbeginn mehr oder minder festlich begangen. Man verabschiedete das alte Jahr und begrüßte das neue. In den heißen Ländern ließ sich nicht gut am Tag feiern. So verlegte man die Festivitäten und Rituale in die Nachtstunden. Ohne elektrische Beleuchtung war man auf den milden Schein des Vollmondes angewiesen. Man legte das Neujahrsfest daher auf den Termin des ersten Vollmondes im Frühling.

So beginnt das jüdische **Passah-**(auch **Pessach-**)Fest immer am 14. Nisan abends mit Sonnenuntergang (Beginn der Festivitäten). Im jüdischen Lunisolarkalender fällt der erste Vollmond nach dem Frühlingsäquinox stets auf den 14. Nisan (dem **Erew Pessach** oder Rüsttag). In den Jahren mit einem Schaltmonat fällt der Frühlingsvollmond im jüdischen Kalender auf den 14. Adar II.

Eng mit dem jüdischen Passah-Fest ist Ostern verbunden, das höchste christliche Fest. Die Auferstehung Jesu Christi erfolgte einen Tag nach dem **Sabbat**, an dem das Passah-Fest stattfand. Die Christen legten ihr Osterfest somit auf den dem Passah-Fest folgenden Sonntag fest.

Jesus Christus wurde am Vorabend des Passah-Festes, dem Rüsttag gekreuzigt. Seine Auferstehung fand laut biblischer Überlieferung (**1. Korinther 15, 4**) am dritten Tag statt, dies war der Sonntag nach dem Sabbat, an dem das Passah-Fest stattfand (der 16. Nisan). Wie im römischen Kalender üblich, wird auch der Ausgangstag mitgezählt. Man sagt auch heute noch, man trifft sich „in acht Tagen", wenn man den Termin eine Woche später am gleichen Wochentag meint (also dem siebten Folgetag). Christus wurde an einem Freitag gekreuzigt, seine Auferstehung erfolgte am nächsten Sonntag.

Die Bezeichnung „Ostern" geht sehr wahrscheinlich auf die germanische **Ostara** (auch Eostra) zurück, die als Herrscherin des Frühlings galt. Name und Bedeutung sind vergleichbar mit der griechischen Göttin **Eos** und der römischen Göttin **Aurora**. Beide stehen für die Morgenröte, Ostara für den Frühling. Die drei deuten somit Beginn und Aufbruch der hellen Zeit an.

Sowohl im Julianischen als auch im Gregorianischen Kalender fällt der erste Vollmond im Frühling nicht immer auf dasselbe Datum. Man musste also den Kalendertag des ersten Vollmondes im Frühjahr bestimmen, um das Osterfest zu ermitteln. Dazu bediente man sich des **Metonschen Zyklus**, benannt nach dem Athener **Meton** (460–432 vor Chr., Daten unsicher), der ihn von den Babyloniern übernommen hatte. Nach 19 Jahren fallen die Neu- und Vollmondtermine wieder auf das gleiche Datum. Denn 19 tropische Jahre zu je 365,242 190 Tagen entsprechen 6939,601 61 Tagen, 235 synodische Monate zu 29,530 589 Tagen ergeben 6939,688 415 Tage. Die Differenz beträgt somit lediglich zwei Stunden und knapp fünf Minuten. Die Vollmondtermine wiederholen sich somit in einer 19-jährigen Periode, die man **Mondzirkel** nennt.

Man hat die jeweilige Nummer des Mondzirkels, die für ein bestimmtes Jahr gilt, mit goldener Tinte in die Kalender eingetragen, weshalb man von **Goldener Zahl** (**numerus aureus**) spricht. Die Goldene Zahl berechnet sich: GZ = Jahr mod 19 + 1 (Jahreszahl, geteilt durch 19, Rest vermehrt um eins). Die Goldene Zahl wird üblicherweise in römischen Ziffern geschrieben. Nach dem Mondzirkel ergibt sich das Datum des zyklischen Vollmondes. Das Datum des zyklischen Vollmondes kann vom wahren Vollmondtermin um plus/minus einen Tag abweichen (siehe Tabelle „Goldene Zahl“ auf Seite 109).

8.3.1 GOLDENE ZAHL UND DAZUGEHÖRIGE VOLLMONDTERMINE

Der Mondzirkel (= Goldene Zahl) bestimmt das Datum des zyklischen Vollmondes. Das zyklische Vollmonddatum kann vom wahren Vollmondtermin um plus/minus einen Tag abweichen. Die Goldene Zahl (GZ) errechnet sich zu: GZ = Jahr mod 19 + 1. Für das Jahr 2023 lautet sie somit: GZ = X. Üblicherweise wird die Goldene Zahl in römischen Ziffern geschrieben. Nach dem Mondzirkel ergibt sich das Datum des zyklischen Vollmondes laut (siehe Tabelle rechts).

Da der **Ostersonntag** in jedem Jahr auf ein anderes Datum fällt, nennt man Ostern ein bewegliches Fest. Am Ostertermin hängen auch weitere bewegliche kirchliche Festtage: **Aschermittwoch** am 46. Tag vor Ostern, **Christi Himmelfahrt** am 39. Tag nach Ostersonntag (daher immer an einem Donnerstag), **Pfingstsonntag** ist der 50. Tag und **Fronleichnam** der 60. Tag nach Ostern und damit stets ein Donnerstag. Dies ergibt für das Jahr 2023 folgendes Schema:

MOND-ZIRKEL	VOLLMONDTERMIN JULIANISCH	VOLLMONDTERMIN GREGORIANISCH
I	5. April	14. April
II	25. März	3. April
III	13. April	23. März
IV	2. April	11. April
V	22. März	31. März
VI	10. April	19. April
VII	30. März	8. April
VIII	18. April	28. März
IX	7. April	16. April
X	27. März	5. April
XI	15. April	25. März
XII	4. April	13. April
XIII	24. März	2. April
XIV	12. April	21. März
XV	1. April	10. April
XVI	21. März	30. März
XVII	9. April	18. April
XVIII	29. März	7. April
XIX	17. April	27. März

TAGES-NUMMER	DATUM	FEIERTAG	
53	22. Februar	Aschermittwoch	46. Tag vor Ostern
99	9. April	Ostersonntag	
138	18. Mai	Himmelfahrt	39. Tag nach Ostern
148	28. Mai	Pfingstsonntag	50. Tag nach Ostern
159	8. Juni	Fronleichnam	60. Tag nach Ostern

Im zweiten nachchristlichen Jahrhundert kam es zu erheblichen Problemen bei der Bestimmung des Osterdatums. Die einen christlichen Gemeinden benutzten den **alexandrinischen Kalender**, andere richteten sich nach dem **ägyptischen Kalender**. So wurde Ostern in den einzelnen Gemeinden zu verschiedenen Terminen gefeiert. Der von Caesar eingeführte Julianische Kalender war bei den ersten Christen wegen der römischen Christenverfolgung verpönt. Die einheitliche Festlegung des Ostertermins war eine der Bestrebungen des **Ersten Konzils von Nicaea** (Nikaia, heute **Iznik**), einer Stadt in Kleinasien südlich von Byzanz (das spätere **Konstantinopel**, heute Istanbul), das vom 20. Mai bis 25. Juli 325 stattfand. Einberufen wurde das Konzil vom römischen Kaiser **Konstantin I.**, der bereits im Jahre 313 das Christentum als Staatsreligion anerkannte und damit auch die Verfolgung der Christen im römischen Reich beendete. Über 300 Bischöfe versammelten sich in Nicaea (mit Gefolge waren es über 2000 Teilnehmer), um zahlreiche theologische Fragen zu diskutieren und entsprechende Beschlüsse zu fassen. Einer der Beschlüsse betraf die Festlegung des Osterfestes:

1. Ostern muss in der gesamten Christenheit stets am gleichen Tag gefeiert werden (was bis heute nicht erreicht wurde).
2. Ostern ist am Sonntag nach dem jüdischen Passah-Fest zu feiern und damit nach dem ersten Vollmond im Frühling.
3. Die Berechnung des Osterdatums wird dem Bischof von Alexandria übertragen.

Die alexandrinischen Gelehrten, hervorragende Astronomen und Mathematiker, entwickelten auf Grundlage des Metonschen Zyklus (Mondzirkel) ein Verfahren (Algorithmus), den **Computus paschalis ecclesiasticus**, kurz „Computus“ genannt, um für jedes Jahr das Osterdatum zu ermitteln. Dennoch dauerte es bis zum Jahre 525, dass die westliche Christenheit Ostern an einem gemeinsamen Datum feiert. Dies ist dem skytischen Mönch **Dionysius Exiguus** zu verdanken, der 525 einen verbesserten Computus erstellte, nach dem das Osterdatum zu errechnen ist.

Exiguus war es auch, der vorschlug, die Jahre nach der Menschwerdung Christi zu zählen (**Anno Domini** – im Jahre des Herrn) und nicht mehr die **Ära Diokletians** zu verwenden. Denn der römische Kaiser **Diokletian** war der wohl schlimmste Christenverfolger im alten Rom. Seither zählt man die Jahre ab der **„Geburt Jesu Christi“**. Allerdings unterlief Exiguus dabei ein Fehler bei der Ermittlung des Geburtsjahres Christi. Sie fand nach heutiger Erkenntnis im Jahre 7 (= –6 astronomischer Zählweise) vor der christlichen Epoche statt.

Inzwischen ist allgemein bekannt, dass Ostern am Sonntag nach dem ersten Vollmond im Frühling zu feiern ist. Doch so einfach ist die Angelegenheit nicht. Im Jahre 2019 begann der Frühling am 20. März um 22^h58^m MEZ. Der erste Vollmond im Frühling trat am 21. März um 2^h43^m MEZ ein. Demnach wäre am Sonntag, 24. März 2019 Ostern zu feiern gewesen. Ein Blick in den Kalender zeigt jedoch: Ostersonntag war am 21. April 2019! Es kam somit zu einer **Osterparadoxie**. Auch im Jahre 1962 kam es zu einer Osterparadoxie. Das Frühlingsäquinoktium fand am 21. März 1962 um 3^h30^m MEZ statt, Vollmond trat am 21. März um 8^h56^m MEZ ein. Dennoch war nicht der 25. März, sondern erst der 22. April 1962 der Ostersonntag.

Die Ursache für die gelegentlich auftretenden Osterparadoxien liegt in dem Umstand, dass der Computus erstens davon ausgeht, Frühlingsbeginn ist stets am 21. März und zweitens für den Vollmondtermin lediglich der Tag, nicht aber die genaue Uhrzeit ermittelt wird. Man spricht daher von einem **zyklischen Vollmond**, der nicht identisch ist mit dem **wahren (astronomischen) Vollmond**. Im 21. Jahrhundert fällt das Frühlingsäquinoktium fast immer auf den 20. oder 19. März (siehe Tafel „Frühlingsbeginn im 20. und 21. Jahrhundert auf Seite 98 im Kapitel 3.7).

Im Computus gilt ferner die Regel: Fällt der (zyklische) Frühlingsvollmond auf einen Sonntag, so wird das Osterfest erst am darauffolgenden Sonntag begangen. Damit fällt der früheste Ostertermin auf den 22. März. Dies ist der Fall, wenn der zyklische Vollmond auf den 21. März fällt und der 22. März ein Sonntag ist. Dies ist sehr selten der Fall und kam im 20. Jahr-

hundert überhaupt nicht vor und wird auch im 21. Jahrhundert nicht eintreten. Ostersonntag am 22. März war im Jahre 1818 und wird sich im Jahre 2285 nochmals wiederholen. Im 20. und 21. Jahrhundert fielen die frühesten Ostertermine auf den 23. März 1913 und den 23. März 2008.
Der späteste Ostertermin kann auf den 25. April fallen, was 1943 der Fall war und sich 2038 wiederholen wird. Der späteste Ostertermin 25. April tritt ein, wenn der zyklische Vollmond am 20. März eintritt. Der nach dem Computus berechnete Frühlingsvollmond tritt dann am 18. April ein. Ist dies ein Sonntag, so findet das Osterfest am 25. April statt.
Der 22. März und der 25. April bilden die **Ostergrenze**. Diese umfasst eine Zeitspanne von 35 Tagen, auf die das Osterdatum fallen kann. Zwei weitere Probleme bereiten den Osterrechnern Kopfzerbrechen. Einmal ist das Julianische Jahr mit 365,25 Tagen um $11^m 14^s$ länger als das tropische Jahr zu 365,24 219 Tagen. Nach jeweils 128 Jahren findet der Frühlingsbeginn einen Tag früher statt. Bis 1582 verschob sich somit der Frühlingsbeginn auf den 10. März, was **Papst Gregor XIII.** veranlasste, die nach ihm benannte Kalenderreform durchzuführen.
Das zweite Problem: 19 tropische Jahre sind eben nicht exakt gleich 235 synodische Monate. Wie vorhin ausgeführt, bleibt der Vollmond nach einem vollen Mondzirkel um zwei Stunden und fünf Minuten zurück, der Vollmond tritt also um diese Zeitspanne *später* ein. Nach 218 Jahren hinkt der wahre Vollmondtermin dann einen ganzen Tag hinter dem zyklischen hinterher. Bis zur gregorianischen Kalenderreform im Jahre 1582 hätte nach dem Metonschen Zyklus der Vollmond dann eine Verspätung von fast sechs Tagen. Statt dem mit dem Computus errechneten Vollmond sähe man den zunehmenden Halbmond am Himmel – kein gutes Omen für ein Osterfest …

Allerdings war 1582 der mittels des Computus errechnete Vollmondtermin um vier Tage *zu spät*. Bereits vier Tage *vorher* leuchtete der wahre Vollmond am Himmel. Denn das julianische Sonnenjahr ist eben länger als das tropische Jahr.
Damit ergibt sich: Nach dem Meton-Zyklus von 19 Jahren ist der Mond um $1^h 26^m 24^s$ voraus. Bis zum Jahr 1582 hatte somit der Mond einen Vorsprung von fast genau vier Tagen erreicht. Der wahre Vollmond trat somit vier Tage *vor* dem zyklisch berechneten ein.
Es mussten somit bei der gregorianischen Kalenderreform nicht nur zehn Tage gestrichen werden (auf den 4. folgte unmittelbar der 15. Oktober 1582), sondern auch der Computus musste überarbeitet werden. Dies besorgte der deutsche Astronom, Mathematiker und Jesuit **Christopher Clavius** (Christoph Klau; 1538–1612). Ihm zu Ehren wurde der größte Krater auf der erdzugewandten Seite des Mondes benannt. Der **Ringwall Clavius** mit einem Durchmesser von 225 Kilometer befindet sich auf der Südhälfte des Mondes (58,4° Süd, 14,5° West). Vier größere Sekundärkrater liegen auf seiner Sohle.
Der neue Computus funktionierte recht zuverlässig. Allerdings wich der zyklische Vollmond nach dem das Osterfest bestimmt wird, nach wie vor um ein bis zwei Tage vom wahren Vollmond ab.
Im gregorianischen Computus wird statt des Mondzirkels auch die **Epakte** zur Berechnung des Frühlingsvollmondes verwendet. Sie gibt die Mondphase jeweils zu Jahresbeginn an. Die Epakte vermerkt das Mondalter zum Jahreswechsel. Sie gibt die Zahl der Tage an, die am 31. Dezember eines Jahres seit dem letzten Neumondtermin vergangen sind. Sie läuft von 1 bis 29. Für Neumond am 31. Dezember steht oft ein *statt einer Null.
Der berühmte Göttinger Mathematiker **Carl Friedrich Gauß** (1777–1855) hat

einen Algorithmus angegeben, nach dem man den Computus einfach kalkulieren kann – die sogenannte **Gaußsche Osterformel**. Unten ist dieser Algorithmus leicht abgewandelt angegeben.
Um auch im gregorianischen Kalender die **Ostergrenze** (22. März bis 25. April) einzuhalten, mussten im gregorianischen Computus zwei Ausnahmeregeln eingeführt werden:
1. Fällt der zyklische Vollmond auf den 19. April und ist dieser ein Sonntag, so müsste am 26. (19 + 7) April Ostern gefeiert werden. Um die Ostergrenze einzuhalten, wird der Vollmondtermin einen Tag früher angesetzt, also auf den 18. statt 19. April festgelegt.
2. Wenn nach dem Computus der Vollmondtermin 18. April lautet und dieser ist ein Sonntag, so wird der Vollmondtermin auf den 17. April vorverlegt. In diesem Fall ist am Sonntag, 18. April das Osterfest zu feiern.
Da die **orthodoxen Kirchen** nach wie vor nach dem Julianischen Kalender das Osterdatum bestimmen, differieren die Osterdaten mit denen des Gregorianischen Kalenders. Die Julianischen Daten hinken inzwischen 13 Tage den Gregorianischen hinterher. Ergibt sich zwischen dem nach dem ursprünglich julianisch ermittelten Osterdatum und dem 1582 von Clavius reformierten Computus eine Differenz von 13 Tagen, so fallen beide Ostertermine auf denselben Sonntag. Dies war beispielsweise 2017 der Fall, wo der gemeinsame Ostersonntag auf den 16. April im Gregorianischen Kalender (= 3. April im Julianischen Kalender) fiel. Auch am 20. April 2025 und am 16. April 2028 ist das Osterfest für alle christlichen Kirchen am selben Sonntag.
Vergeblich waren bisher alle Versuche, das Osterdatum vom Mondlauf abzukoppeln und einen gleichbleibenden Termin im Jahr festzulegen. Vorgeschlagen wurde, Ostern jeweils am zweiten Sonntag im April zu feiern. Bisher hat sich dieser vernünftige Vorschlag aber (noch?) nicht durchgesetzt.

8.3.2 BERECHNUNG DES OSTERDATUMS

Algorithmus des Computus zur Bestimmung des Ostersonntags im Gregorianischen Kalender ab dem Jahr 1583

ERMITTLUNG DER FAKTOREN	QUOTIENT	
	GANZZAHLIGER ANTEIL	REST
Jahreszahl/19	–	a
Jahreszahl/100	B	c
B/4	D	e
(B + 8) / 25	F	–
(B – F + 1) / 3	G	–
(19a + B – D – G + 15) / 30	–	h
c/4	J	k
(32 + 2e + 2J – h – k) / 7	–	l
(a + 11h + 22l) / 451	M	–
(h + l – 7M + 114) / 31	N	p

Ostersonntag: Tag = p + 1. Monat: N = 3 = März, N = 4 = April

RECHENBEISPIEL FUR DAS JAHR 2023

ERMITTLUNG DER FAKTOREN	QUOTIENT	
	GANZZAHLIGER ANTEIL	REST
2023/19	–	a = 9
2023/100	B = 20	c = 23
B/4	D = 5	e = 0
(B + 8) / 25	F = 1	–
(B – F + 1) / 3	G = 6	
(19 a + B – D – G + 15) / 30	–	h = 15
c/4	J = 5	k = 3
(32 + 2e + 2J – h – k) / 7	–	l = 3
(a + 11 h + 22l) / 451	M = 0	–
(h + l – 7M + 114) / 31	N = 4	p = 8

Ostersonntag: Tag: p + 1 = 9. Monat: N = 4 = April. Der Ostersonntag fällt im Jahr **2023** auf den **9. April**.

OSTERSONNTAGE 1900 – 2100

JAHR	MÄRZ	APRIL	JAHR	MÄRZ	APRIL	JAHR	MÄRZ	APRIL
1900		15	**1920**		4.	**1940**	24.	
1901		7.	**1921**	27.		**1941**		13.
1902	30.		**1922**		16.	**1942**		5.
1903		12.	**1923**		1.	**1943**		25.
1904		3.	**1924**		20.	**1944**		9.
1905		23.	**1925**		12.	**1945**		1.
1906		15.	**1926**		4.	**1946**		21.
1907	31.		**1927**		17.	**1947**		6.
1908		19.	**1928**		8.	**1948**	28.	
1909		11.	**1929**	31.		**1949**		17.
1910	27.		**1930**		20.	**1950**		9.
1911		16.	**1931**		5.	**1951**	25.	
1912		7.	**1932**	27.		**1952**		13.
1913	23.		**1933**		16.	**1953**		5.
1914		12.	**1934**		1.	**1954**		18.
1915		4.	**1935**		21.	**1955**		10.
1916		23.	**1936**		12.	**1956**		1.
1917		8.	**1937**	28.		**1957**		21.
1918	31.		**1938**		17.	**1958**		6.
1919		20.	**1939**		9.	**1959**	29.	

JAHR	MÄRZ	APRIL	JAHR	MÄRZ	APRIL	JAHR	MÄRZ	APRIL
1960		17.	2000		23.	2040		1.
1961		2.	2001		15.	2041		21.
1962		22.	2002	31.		2042		6.
1963		14.	2003		20.	2043	29.	
1964		29.	2004		11.	2044		17.
1965		18.	2005	27.		2045		9.
1966		10.	2006		16.	2046	25.	
1967	26.		2007		8.	2047		14.
1968		14.	2008	23.		2048		5.
1969		6.	2009		12.	2049		18.
1970	29.		2010		4.	2050		10.
1971		11.	2011		24.	2051		2.
1972		2.	2012		8.	2052		21.
1973		22.	2013	31.		2053		6.
1974		14.	2014		20.	2054	29.	
1975	30.		2015		5.	2055		18.
1976		18.	2016	27.		2056		2.
1977		10.	2017		16.	2057		22.
1978	26.		2018		1.	2058		14.
1979		15.	2019		21.	2059	30.	
1980		6.	2020		12.	2060		18.
1981		19.	2021		4.	2061		10.
1982		11.	2022		17.	2062	26.	
1983		3.	2023		9.	2063		15.
1984		22.	2024	31.		2064		6.
1985		7.	2025		20.	2065	29.	
1986	30.		2026		5.	2066		11.
1987		19.	2027	28.		2067		3.
1988		3.	2028		16.	2068		22.
1989	26.		2029		1.	2069		14.
1990		15.	2030		21.	2070	30.	
1991	31.		2031		13.	2071		19.
1992		19.	2032	28.		2072		10.
1993		11.	2033		17.	2073	26.	
1994		3.	2034		9.	2074		15.
1995		16.	2035	25.		2075		7.
1996		7.	2036		13.	2076		19.
1997	30.		2037		5.	2077		11.
1998		12.	2038		25.	2078		3.
1999		4.	2039		10.	2079		23.

JAHR	MÄRZ	APRIL	JAHR	MÄRZ	APRIL	JAHR	MÄRZ	APRIL
2080		7.	2090		16.	2100	28.	
2081	30.		2091		8.			
2082		19.	2092	30.				
2083		4.	2093		12.			
2084	26.		2094		4.			
2085		15.	2095		24.			
2086	31.		2096		15.			
2087		20.	2097	31.				
2088		11.	2098		20.			
2089		3.	2099		12.			

8.4 FREITAG, DER 13. UND DER SONNENZIRKEL

Wann findet jeweils das ominöse Datum Freitag, der 13. statt? Oder anders gefragt: Wann fallen die Wochentage Montag bis Sonntag auf die gleichen Monatstage 1 bis 30 beziehungsweise 28, 29 und 31?
Da die Woche sieben Tage zählt und alle vier Jahre ein Schaltjahr angesagt ist, ergibt sich ein Zyklus von 7 × 4 = 28 Jahren. Nach 28 Jahren wiederholen sich alle Wochentage/Monatstage-Kombinationen. Dieser Rhythmus wird Sonnenzirkel genannt. Jedes Jahr bekommt eine Nummer im Sonnenzirkel. Kennt man die Nummer des Sonnenzirkels in einem Jahr, so weiß man, in welchen Monaten der Freitag auf einen 13. fällt (siehe Tabelle auf Seite 240).
In einem Gemeinjahr zu 365 Tagen fallen im Februar und März die Wochentage auf die gleichen Monatstage. Denn 28 Tage (Februar) sind ein ganzzahliges Vielfaches von 7 (4 × 7 = 28). Beispiele: Auf Freitag, 13. Februar folgte Freitag, 13. März 2015. Dies wird auch 2026 so sein: Auf Freitag, 13. Februar folgt Freitag, 13. März. In diesen Jahren kommt es im November zu einem dritten Freitag, den 13. Dies gilt nicht in einem Schaltjahr.
Liegen zwischen den Monaten 91 Tage (7 × 13 = 91), dann wiederholen sich Wochen- und Monatstage nach drei Monaten. Dies ist im April und September der Fall. Im Juli fallen die Wochentage auf die gleichen Monatstage wie im April, und im Dezember wiederholt sich die Kombination wie im September. Beispiele: Auf Freitag, 13. April folgte Freitag, 13. Juli 2018. Dies wird sich 2029 wiederholen. Auf Freitag, 13. April folgt der Freitag, 13. Juli 2029.
In einem Schaltjahr wiederholt sich die Kombination Wochentage/Monatstage vom Januar im April. Beispiel: Auf Freitag, 3. Januar folgt Freitag, 3. April 2020 (Schaltjahr!). Die Wochentage im Dezember *vor* einem Schaltjahr fallen auf die gleichen Wochentage im März des Folgejahres. Beispiel: Auf Freitag, 13. Dezember 2019 folgt Freitag, 13. März 2020 (Schaltjahr!).
Im Schaltjahr 2012 gab es sogar die doppelte Kombination: Sowohl im Januar als auch im April und dann im Juli fiel der Freitag auf den 13. Diese Kombination wird sich 2040, 2068 und 2096 wiederholen, nicht aber 2124! Denn 2100 ist kein Schaltjahr.
Die Zahl der Tage in einem Gemeinjahr ist kein ganzzahliges Vielfaches von 7: 365 Tage = 52 × 7 + 1 Tage. Deshalb springt der Wochentag im Folgejahr um einen Tag. Der 1. Januar 2019 war ein Dienstag, der 1. Januar 2020 ist ein Mittwoch. Nach einem Schaltjahr springt der Wochentag um zwei Tage. Der 1. Januar 2021 ist deshalb ein Freitag.

SONNENZIRKEL (SZ) UND WOCHENTAGE VON 2000 BIS 2032

JAHR	SZ	NEUJAHR, 1. JAN	SILVESTER, 31. DEZ	FREITAG, 13.
2000	21	Sa	So	Okt
2001	22	Mo	Mo	Apr Jul
2002	23	Di	Di	Sep Dez
2003	24	Mi	Mi	Jun
2004	25	Do	Fr	Feb Aug
2005	26	Sa	Sa	Mai
2006	27	So	So	Jan Okt
2007	28	Mo	Mo	Apr Jul
2008	1	Di	Mi	Jun
2009	2	Do	Do	Feb Mrz Nov
2010	3	Fr	Fr	Aug
2011	4	Sa	Sa	Mai
2012	5	So	Mo	Jan Apr Jul
2013	6	Di	Di	Sep Dez
2014	7	Mi	Mi	Jun
2015	8	Do	Do	Feb Mrz Nov
2016	9	Fr	Sa	Mai
2017	10	So	So	Jan Okt
2018	11	Mo	Mo	Apr Jul
2019	12	Di	Di	Sep Dez
2020	13	Mi	Do	Mrz Nov
2021	14	Fr	Fr	Aug
2022	15	Sa	Sa	Mai
2023	16	So	So	Jan Okt
2024	17	Mo	Di	Sep Dez
2025	18	Mi	Mi	Jun
2026	19	Do	Do	Feb Mrz Nov
2027	20	Fr	Fr	Aug
2028	21	Sa	So	Okt
2029	22	Mo	Mo	Apr Jul
2030	23	Di	Di	Sep Dez
2031	24	Mi	Mi	Jun
2032	25	Do	Fr	Feb Aug

Schaltjahre sind fett

8.5 SONNENFINSTERNIS ZUR KREUZIGUNG JESU CHRISTI?

Eine der häufig gestellten Fragen lautet: Fand zur **Kreuzigung Jesu Christi** eine Sonnenfinsternis statt? Die Frage ergibt sich aus folgenden Bibeltexten:

Lukas 23, 44–45:

> *Es war etwa um die sechste Stunde, als eine Finsternis über das ganze Land hereinbrach. Sie dauerte bis zur neunten Stunde. Die Sonne verdunkelte sich. Der Vorhang im Tempel riss mitten entzwei.*

Matthäus 27, 45 und 51:

> *Von der sechsten bis zur neunten Stunde herrschte eine Finsternis im ganzen Land… Da riss der Vorhang im Tempel von oben bis unten entzwei. Die Erde bebte und die Felsen spalteten sich.“*

Keine Sonnenfinsternis im astronomischen Sinn lässt sich daraus entnehmen, denn:

1. Die maximale Dauer der totalen Phase einer Sonnenfinsternis beträgt sieben Minuten und nicht drei Stunden!
2. Die Kreuzigung fand an einem Freitag im Frühlingsmonat Nisan (wahrscheinlich 15. Nisan 30 nach Chr.) vor dem Passah-Fest statt. Daher war Vollmond und eine Sonnenfinsternis konnte somit gar nicht stattfinden.

Vielmehr ist anzunehmen, dass ein heftiger Staubsturm und dichte Bewölkung die Sonne verdunkelte eventuell verbunden mit einem Erdbeben. Der Sturm riss auch den Tempelvorhang entzwei.

8.6 GEBURTSTAG AM 29. FEBRUAR

Ursache langer Diskussionen ist gelegentlich die Frage: Wenn jemand in einem Schaltjahr mit 366 Tagen am 29. Februar geboren wurde, wann soll der- oder diejenige in Gemeinjahren zu 365 Tagen Geburtstag feiern – am 28. Februar oder am 1. März? Denn in einem Gemeinjahr gibt es bekanntlich keinen 29. Februar. Die Lösung ist einfacher, als mancher denken mag! Der 60. Tag eines Schaltjahres ist der 29. Februar. In einem Gemeinjahr ist der 60. Tag des Jahres der 1. März, der 28. Februar hingegen ist der 59.Tag des Jahres. Wer also am 29. Februar in einem Schaltjahr geboren wurde, ist somit am 60. Tag des Jahres geboren. In einem Gemeinjahr fällt daher der Geburtstag ebenfalls auf den 60. Tag des Jahres und dies ist der 1. März! Wer bereits am 28. Februar feiert, feiert seinen Geburtstag einen Tag zu früh. Und das soll angeblich kein Glück bringen.

8.7 PRÄZESSION VON 1950.0 AUF 2000.0

Präzession in Rektaszension

Rekt.	**6^h**	**7^h**	**8^h**	**9^h**	**10^h**	**11^h**	**12^h**	**13^h**	**14^h**	**15^h**	**16^h**	**17^h**	**18^h**
Dekl.	**6^h**	**5^h**	**4^h**	**3^h**	**2^h**	**1^h**	**0^h**	**23^h**	**22^h**	**21^h**	**20^h**	**19^h**	**18^h**
+80°	8,9^m	8,7^m	8,0^m	7,0^m	5,7^m	4,2^m	2,6^m	0,9^m	−0,6^m	−1,9^m	−2,9^m	−3,5^m	−3,7^m
+70°	5,6^m	5,5^m	5,2^m	4,7^m	4,1^m	3,4^m	2,6^m	1,8^m	1,0^m	0,4^m	−0,1^m	−0,4^m	−0,5^m
+60°	4,5^m	4,4^m	4,2^m	3,9^m	3,5^m	3,1^m	2,6^m	2,1^m	1,6^m	1,2^m	0,9^m	0,7^m	0,6^m
+50°	3,9^m	3,8^m	3,7^m	3,5^m	3,2^m	2,9^m	2,6^m	2,2^m	1,9^m	1,6^m	1,4^m	1,3^m	1,2^m
+40°	3,5^m	3,5^m	3,4^m	3,2^m	3,0^m	2,8^m	2,6^m	2,3^m	2,1^m	1,9^m	1,8^m	1,7^m	1,6^m
+30°	3,2^m	3,2^m	3,1^m	3,0^m	2,9^m	2,7^m	2,6^m	2,4^m	2,2^m	2,1^m	2,0^m	1,9^m	1,9^m
+20°	3,0^m	3,0^m	2,9^m	2,8^m	2,8^m	2,7^m	2,6^m	2,5^m	2,4^m	2,3^m	2,2^m	2,2^m	2,2^m
+10°	2,8^m	2,8^m	2,7^m	2,7^m	2,7^m	2,6^m	2,6^m	2,5^m	2,5^m	2,4^m	2,4^m	2,4^m	2,4^m
0°	2,6^m	2,6^m	2,6^m	2,6^m	2,6^m	2,6^m	2,6^m	2,6^m	2,6^m	2,6^m	2,6^m	2,6^m	2,6^m
−10°	2,4^m	2,4^m	2,4^m	2,4^m	2,5^m	2,5^m	2,6^m	2,6^m	2,7^m	2,7^m	2,7^m	2,8^m	2,8^m
−20°	2,2^m	2,2^m	2,2^m	2,3^m	2,4^m	2,5^m	2,6^m	2,7^m	2,8^m	2,8^m	2,9^m	3,0^m	3,0^m
−30°	1,9^m	1,9^m	2,0^m	2,1^m	2,2^m	2,4^m	2,6^m	2,7^m	2,9^m	3,0^m	3,1^m	3,2^m	3,2^m

Präzession in Deklination (nur abhängig von der Rektaszension)

	0^h	1^h	2^h	3^h	4^h	5^h	6^h	7^h	8^h	9^h	10^h	11^h	12^h
	24^h	23^h	22^h	21^h	20^h	19^h	18^h	17^h	16^h	15^h	14^h	13^h	12^h
	17′	16′	14′	12′	8′	4′	0′	−4′	−8′	−12′	−14′	−16′	−17′
	0,28°	0,27°	0,24°	0,20°	0,14°	0,07°	0°	−0,07°	−0,14°	−0,20°	−0,24°	−0,27°	−0,28°

Beispiel für Regulus: Die Koordinaten im Äquinoktium 1950.0 lauten 10^{h}05,7^m und +12,21°. Aus obiger Tabelle lesen wir unter 10^h (Zeile +10°) ab: +2,7^m und −0,24°. Also lauten die Koordinaten: 2000.0: 10^{h}08,4^m und +11,97°.

8.8 STERNZEITKORREKTIONSTAFEL – VERWANDLUNG VON SONNENZEIT IN STERNZEIT

Uhrzeit	Δ_{korr}	Uhrzeit	Δ_{korr}	Uhrzeit	Δ_{korr}
0^h10^m	$0^m01{,}6^s$	7^h10^m	$1^m10{,}6^s$	14^h10^m	$2^m19{,}6^s$
20	0 03,3	20	1 12,3	20	2 21,3
30	0 04,9	30	1 13,9	30	2 22,9
40	0 06,6	40	1 15,6	40	2 24,6
50	0 08,2	50	1 17,2	50	2 26,2
1 00	0 09,9	8 00	1 18,9	15 00	2 27,8
1^h10^m	$0^m11{,}5^s$	8^h10^m	$1^m20{,}5^s$	15^h10^m	$2^m29{,}5^s$
20	0 13,1	20	1 22,1	20	2 31,1
30	0 14,8	30	1 23,8	30	2 32,8
40	0 16,4	40	1 25,4	40	2 34,4
50	0 18,1	50	1 27,1	50	2 36,1
2 00	0 19,7	9 00	1 28,7	16 00	2 37,7
2^h10^m	$0^m21{,}4^s$	9^h10^m	$1^m30{,}4^s$	16^h10^m	$2^m39{,}3^s$
20	0 23,0	20	1 32,0	20	2 41,0
30	0 24,6	30	1 33,6	30	2 42,6
40	0 26,3	40	1 35,3	40	2 44,3
50	0 27,9	50	1 36,9	50	2 45,9
3 00	0 29,6	10 00	1 38,6	17 00	2 47,6
3^h10^m	$0^m31{,}2^s$	10^h10^m	$1^m40{,}2^s$	17^h10^m	$2^m49{,}2^s$
20	0 32,9	20	1 41,9	20	2 50,8
30	0 34,5	30	1 43,5	30	2 52,5
40	0 36,1	40	1 45,1	40	2 54,1
50	0 37,8	50	1 46,8	50	2 55,8
4 00	0 39,4	11 00	1 48,4	18 00	2 57,4
4^h10^m	$0^m41{,}1^s$	11^h10^m	$1^m50{,}1^s$	18^h10^m	$2^m59{,}1^s$
20	0 42,7	20	1 51,7	20	3 00,7
30	0 44,4	30	1 53,3	30	3 02,3
40	0 46,0	40	1 55,0	40	3 04,0
50	0 47,7	50	1 56,6	50	3 05,6
5 00	0 49,3	12 00	1 58,3	19 00	3 07,3
5^h10^m	$0^m50{,}9^s$	12^h10^m	$1^m59{,}9^s$	19^h10^m	$3^m08{,}9^s$
20	0 52,6	20	2 01,6	20	3 10,6
30	0 54,2	30	2 03,2	30	3 12,2
40	0 55,9	40	2 04,8	40	3 13,8
50	0 57,5	50	2 06,5	50	3 15,5
6 00	0 59,1	13 00	2 08,1	20 00	3 17,1
6^h10^m	$1^m00{,}8^s$	13^h10^m	$2^m09{,}8^s$	20^h10^m	$3^m18{,}8^s$
20	1 02,4	20	2 11,4	20	3 20,4
30	1 04,1	30	2 13,1	30	3 22,1
40	1 05,7	40	2 14,7	40	3 23,7
50	1 07,4	50	2 16,3	50	3 25,3
7 00	1 09,0	14 00	2 18,0	21 00	3 27,0
21^h10^m	$3^m28{,}6^s$	22^h10^m	$3^m38{,}5^s$	23^h10^m	$3^m48{,}3^s$
20	3 30,3	20	3 40,1	20	3 50,0
30	3 31,9	30	3 41,8	30	3 51,6
40	3 33,6	40	3 43,4	40	3 53,3
50	3 35,2	50	3 45,1	50	3 54,9
22 00	3 36,8	23 00	3 46,7	24 00	3 56,6

8.9 LITERATUR ZUR CHRONOLOGIE

Aveni, A. F.: *Empires of Time,* Basic Books, 1989

Boulet, D. L.: *Methods of Orbit Determination,* Willmann-Bell, 1991

Broda, W.: *Astronomischer Berechnungs-Cocktail,* Oculum Verlag, 2007

Dershowitz, N., Reingold, E. M.: *Calendrical Calculations,* Cambridge University Press, 2001

Dershowitz, N., Reingold, E. M.: *Calendrical Tabulations 1900–2000,* Cambridge University Press, 2002

Genz, H.: *Wie die Zeit in die Welt kam,* Carl Hanser Verlag

Gold, T.: *The Nature of Time,* Cornell University Press, 1967

Grotefend, H.: *Taschenbuch der Zeitrechnung,* Hahnsche Buchhandlung, 10. Auflage, 1960

Holford-Strevens, L.: *The History of Time,* Oxford University Press, 2005

Jones, J.: *Splitting the Second – The Story of Atomic Time,* IOP Publishing, 2000

Meeus, J.: *Astronomische Algorithmen,* Johann Ambrosius Barth Verlag, 1992

Montenbruck, O.: *Grundlagen der Ephemeridenrechnung,* Hüthig Verlag, 6. Auflage, 2001

Parise, F.: *The Book of Calendars,* Gorgias Press, 2002, ISBN 0-98196-467-8

Richards, E. G.: *Mapping Time – The Calendar and its History,* Oxford University Press, 1998

Sawelski, F. S.: *Die Zeit und ihre Messung,* Verlag Harri Deutsch, 1977

Seidelmann, K. P., Urban, S. E.: *Explanatory Supplement to the Astronomical Almanac,* University Science Books, 3rd Ed., 2013

Kataloge Sonnenuhren

Philipp, H., Roth, D., Bachmann, W.: *Sonnenuhren Deutschland und Schweiz,* Deutsche Gesellschaft für Chronometrie, 1994

Schwarzinger, Karl: *Katalog der ortsfesten Sonnenuhren in Österreich,* Österreichischer Astronomischer Verein, 2007

Sonnen- und Mondfinsternisse

Boll, Franz, *Finsternisse*: RE 6,2 (1909) 2329–2364

Espenak, F.: *Thousand Year Canon of Lunar Eclipses 1501 to 2500,* Astropixels Publishing, 2014

Espenak, F.: *Thousand Year Canon of Solar Eclipses 1501 to 2500,* Astropixels Publishing, 2017

Espenak, F., Meeus, J.: *Five Millenium Catalog of Lunar Eclipses –1999 to +3000 (2000 BCE to 3000 CE),* NASA, TP-2009-214172

Espenak, F., Meeus, J.: *Five Millenium Catalog of Lunar Eclipses –1999 to +3000 (2000 BCE to 3000 CE),* NASA, TP-2009-214173

Espenak, F., Meeus: *Five Millenium Canon of Solar Eclipses –1999 to +3000 (2000 BCE to 3000 CE),* NASA, TP-2006-214174

Espenak, F., Meeus, J.: *Five Millenium Catalog of Solar Eclipses –1999 to +3000 (2000 BCE to 3000 CE),* NASA, TP-2009-214174

Martin, T.H., *Revue Archéologique 9,* 1864, 170

A.E. Samuel, *Greek and Roman Chronology* (HdA 1,7), München 1972

Mucke, H., Meeus, J.: *Canon of Lunar Eclipses –2003 to +2526,* Astronomisches Büro Wien, 1983

Mucke, H., Meeus, J.: *Canon of Solar Eclipses –2003 to +2526,* Astronomisches Büro Wien, 1983

Ptolemaios, Almagest *Apollodoros aus Athen, Chronika* (FGrHist 244)

Van Der Waerden, B.L., *Finsternisse: Der Kleine Pauly 2,* 1967, 552-554

Van Der Waerden, *B.L., MH 15,* 1958, 106–109

Jahrbücher

Астрономический ежегодник на XXYY год, Russische Akademie der Wissenschaften

The Astronomical Almanac for the Year US Naval Observatory / Royal Greenwich Observatory

Edgar, J. S.: *Observer's Handbook,* The Royal Astronomical Society of Canada

Harvey, S.: *Handbook for XXYY,* British Astronomical Association

Keller, H.-U.: *Kosmos Himmelsjahr,* Kosmos Verlag

Mignard, F.: *Connaissance des temps – Éphémérides astronomiques,* Bureau des Longitudes – Observatoire d e Paris

Roth, H.: *Der Sternenhimmel,* Kosmos Verlag

REGISTER

Fett gedruckte Seitenzahlen weisen auf Kapitel oder Tabellen hin

DANKSAGUNG

Vorliegendes *Kompendium der Chronologie* geht auf Vorschlag meines Mentors, Prof. Dr. Eckart Olshausen, Professor für Alte Geschichte an der Universität Stuttgart zurück, die Skripten zu meiner Vorlesung „Einführung in die astronomische Chronologie" als Buch herauszugeben. Er hat die Entstehung dieses Werkes stets mit Interesse und guten Ratschlägen begleitet. Dafür gebührt ihm mein aufrichtiger Dank.
Der Kosmos-Verlag in Stuttgart war sofort bereit, dieses Kompendium zu verlegen. Die mit der Herstellung befassten Mitarbeiterinnen und Mitarbeiter des Verlages haben in vielfältiger Weise zum Gelingen dieses Buchprojektes beigetragen. Besonders zu erwähnen ist die angenehme und kollegiale Zusammenarbeit sowie die stete Unterstützung in allen Phasen der Produktion, wofür besonders zu danken ist.
Die Mitarbeiter des Lektorats, Herr Michael Geymeier und Herr Sven Melchert, haben mit großer Geduld die zahlreichen Wünsche des Autors umgesetzt sowie viele Bilder und Illustrationen beschafft. Zu danken habe ich ferner Herrn Michael Vogel. Er hat mit großer Sachkenntnis das Manuskript lektoriert und zahlreiche Verbesserungen vorgeschlagen sowie etliche Fehler ausgemerzt. Alle verbliebenen Fehler und Ungereimtheiten gehen voll zu Lasten des Autors.
Nicht zuletzt gebührt mein Dank Herrn Gerhard Weiland, der wieder mit großer Sorgfalt die Reinzeichnungen der Grafiken präzise angefertigt hat.
Dankbar bin ich auch für zahlreiche Hinweise aus dem Kreis der Kollegen. Auch den Hörerinnen und Hörern meiner Vorlesungen zum Lehrinhalt Chronologie, die durch Fragen und Diskussionsbeiträge erkennen ließen, welche Themen auf besonderes Interesse stoßen und wo Wissenslücken zu schließen sind, ist ebenfalls zu danken.

Stuttgart, im August 2022
Hans-Ulrich Keller

BILDNACHWEIS

o = oben, u = unten, M = Mitte, l = links, r = rechts
GW = Grafiken von Gerhard Weiland/KOSMOS

2: Shutterstock/Roman Kybus; **10:** Shutterstock/Netfalls Remy Musser; **11:** Österreichische Nationalbibliothek, Porträtsammlung; **12 l:** Democritus. Line engraving. Wellcome Collection. Public Domain Mark; **12 r:** Sir Isaac Newton. Stipple engraving by J. Scott after Sir G. Kneller, 1702. Wellcome Collection. Public Domain Mark; **13 l:** Georg Christoph Lichtenberg. Stipple engraving by F.W. Bollinger after J. L. Strecker.. Credit: Wellcome Collection. Public Domain Mark; **13 r:** Pierre Simon, Marquis de Laplace. Stipple engraving by J. Posselwhite after J. C. Naigeon.. Credit: Wellcome Collection. Public Domain Mark; **14 l:** Opere ... ora per la prima volta raccolte e pubblicate da Adolfo Wagner / [Giordano Bruno].. Credit: Wellcome Collection. Public Domain Mark; **14 r:** Österreichische Nationalbibliothek, Porträtsammlung; **16:** GW; **17:** Christiaan Huygens [Hugenius]. Line engraving by F. Ottens.. Credit: Wellcome Collection. Public Domain Mark; **18:** ETH-Bibliothek Zürich, Bildarchiv / Fotograf: Unbekannt / Portr_05937 / Public Domain Mark; **19 l:** ETH-Bibliothek Zürich, Bildarchiv / Fotograf: Unbekannt / Com_H0736 / Public Domain Mark; **19 r:** Nachrichten über Leben und Schriften des Herrn Geheimraths Dr. Karl Ernst Baer/Wellcome Collection; **20–21:** Shutterstock/Awe Inspiring Images; **23:** GW; **24 l:** National Bureau of Standards Archives, courtesy AIP Emilio Segrè Visual Archives; **24 r:** Staatliche Museen zu Berlin, Kunstbibliothek; **25 o:** Angelika Grothues; **25 u:** Angelika Grothues; **26:** Henri Poincaré von Manuel – Catholic University of Leuven, Belgium – Public Domain.; **27–29 alle:** GW; **30:** Shutterstock/Philipp Hayer; **31–51 alle:** GW; **52, 53:** Martin Gertz/Sternwarte Welzheim; **54:** GW; **56:** Martin Gertz/Sternwarte Welzheim; **57:** Sven Melchert; **59:** Bildnis des Tobias Mayer von Konrad Westermayr – Universitätsbibliothek Leipzig, Germany – Public Domain; **61 u:** James Bradley. Mezzotint by J. Faber after Thomas Hudson. Wellcome Collection. Public Domain Mark; **61 o, 62:** GW; **64:** Jacob Coning/Wikimedia Commons/FredrikT; **65 o:** GW; **65 ul:** Roger W. Haworth/ Wikipedia; **65 ur:** GW; **66:** Shutterstock/Ivan Soto Cobos; **67, 68:** GW; **69:** Martin Gertz/ Sternwarte Welzheim; **70–73 alle:** GW; **75 l:** Shutterstock/Dima Moroz; **75 r:** GW; **76:** Shutterstock/German Vizulis; **82:** Shutterstock/Oleg Znamenskiy; **83:** Shutterstock/Stas Moroz; **85:** Shutterstock/kavalenkava; **86:** Österreichische Nationalbibliothek, Porträtsammlung; **87:** Shutterstock/Khirman Vladimir; **93:** Wellcome Collection/James Gardiner; **95:** Shutterstock/Kizel Cotiw-an; **96:** Kalendarium gregorianum perpetuum/Ministerio de Cultura y Deporte; **97 o:** Christopher Clavius/Wellcome Collection; **97u:** NASA/GSFC/ Arizona State University/Lunar Reconnaissance Orbiter; **117, 118:** GW; **124:** Shutterstock/ Benson Truong; **125–129 alle:** GW; **137:** Wikimedia Commons/Jacopo188; **142:** H. Singleton/Wellcome Collection; **143:** Heritage Images/Fine Art Images/akg-images; **144:** Shutterstock/Noppasin Wongchum; **146–152 alle:** GW; **153 o:** N. Dietz/Wellcome Library; **153 u:** GW; **154 u:** GW; **154 o:** GW; **155:** GW; **157:** Shutterstock/D1min/GW; **159 o:** GW; **159 u:** GW; **164–168 alle:** GW; **170:** Wikimedia Commons; **173:** Gerard Edelinck/Rijksmuseum; **178:** Shutterstock/Bildagentur Zoonar GmbH; **179, 180:** GW; **181 o:** Shutterstock/Pakhnyushchy; **181 u:** GW; **182:** GW; **183:** Wikimedia Commons/Stefan-Xp; **184:** Martin Gertz/Sternwarte Welzheim; **185, 186 ol:** GW; **186/187:** Shutterstock/Stray Toki;

186 u, 187 u, 188: Deutsches Uhrenmuseum Furtwangen; **190:** Wikimedia Commons/ Haeferl; **191:** Wikimedia Commons/Herbert Raab; **193–196 alle:** GW; **197 o:** Deutsches Uhrenmuseum Furtwangen; **197 u:** GW; 198: Shutterstock/Igor Grochev; **200:** Deutsches Uhrenmuseum Furtwangen; **201, 202 o:** GW; **202 u:** Physikalisch-Technische Bundesanstalt; **203:** GW; **204 o:** Physikalisch-Technische Bundesanstalt; **204 u:** GW; **205:** Physikalisch-Technische Bundesanstalt; **208:** Shutterstock/Rost9; **209:** Wikimedia Commons/ Bs0u10e01; **210:** Shutterstock/joyfull; **211:** AIP Emilio Segrè Visual Archives, Lande Collection; **212:** Shutterstock/andrey_l; **216:** Frederik Marinus Kruseman: Monk Meditating near a Ruin by Moonlight, 1862 (Rijksmuseum, Netherlands); **218:** Shutterstock/PJ photography; **219 o:** Shutterstock/Studiotouch; **219 M:** Shutterstock/panpilai paipa; **219 u:** iStockphoto/Kevin McDonald; **223:** Shutterstock/Zuzha; **224:** Shutterstock/Buchholz90; **225:** Wellcome Collection; **227 beide:** GW.

IMPRESSUM

Umschlaggestaltung von Büro Jorge Schmidt, München, unter Verwendung von einer Abbildung von Shutterstock/kristalinaSD auf der Vorderseite und einer Illustration von Shutterstock/andrey_l auf der Rückseite.

Mit 65 Farb- und Schwarzweißfotos und 86 Zeichnungen

Unser gesamtes Programm finden Sie unter **kosmos.de**.
Über Neuigkeiten informieren Sie regelmäßig unsere Newsletter, einfach anmelden unter **kosmos.de/newsletter**

Gedruckt auf chlorfrei gebleichtem Papier

FSC www.fsc.org MIX Papier aus verantwortungsvollen Quellen FSC® C110508

Pfizerstraße 5–7, 70184 Stuttgart

ISBN 978-3-440-17585-9
Redaktion: Michael Vogel, Sven Melchert, Michael Geymeier
Gestaltung und Satz: Daniela Petrini, A-Reutte
Produktion: Ralf Paucke
Druck und Bindung: Westermann Druck Zwickau GmbH, Zwickau
Printed in Germany/Imprimé en Allemagne

Das aktuelle
—— Astrowissen.

448 Seiten, ca. €[D] 46,–

Planeten um fremde Sterne, Gravitationswellen und eine mysteriöse Energie, die das Universum immer schneller auseinandertreibt: Die Forschungsergebnisse der Astronomen erweitern stetig unseren Blick auf das Universum.

Das *Kompendium der Astronomie* vereint die Grundlagen der Himmelskunde mit aktuellen Erkenntnissen und schließt so die Lücke zwischen Einführungswerken für Laien und Fachbüchern der Forschung. Damit eignet es sich zum Selbststudium, als Begleitbuch zu Kursen und als kompaktes Nachschlagewerk.

kosmos.de